HAHN/DZEWAS

MATHEMATIK

Grundkurs Analysis

Ausgabe N

Herausgegeben von
Dr. Otto Hahn und
Dr. Jürgen Dzewas

Mitarbeiter:
Hans Borucki
Jutta Cukrowicz
Uwe Kliem
Günter Schmidt
Joachim Spree

westermann

1. Auflage Druck 6 5 4 3 2
Herstellungsjahr 1992 1991 1990 1989
Alle Drucke dieser Auflage können im Unterricht
parallel verwendet werden.

1. Auflage 1986
Verlagslektorat: Klaus-Peter Schrage, Rita Dittbrenner
Layout und Herstellung: Lubow Guth-Marx
Einbandgestalter: Heinz Neumann
Zeichnungen: Techn.-Graph. Abteilung Westermann
Gesamtherstellung: westermann druck GmbH, Braunschweig

ISBN 3-14-**11 1991**-0

Inhalt

Zeichenerklärung:

Aufgaben von höherem Schwierigkeitsgrad

Lesetips

Vorwort

Der vorliegende „Grundkurs Analysis Ausgabe N“ setzt die Kenntnis der Grundlagen der Differentialrechnung voraus, wie sie in den Kapiteln 1, 2, 4 und 5 des Bandes „Hahn/Dzewas Mathematik 11. Schuljahr“ dargestellt sind. Dieser Lehrgang wird hier mit der Integralrechnung und einer Erweiterung der Differentialrechnung fortgesetzt.

Die Darstellung legt besonderes Gewicht auf die Einsicht in die einfachen Grundvorstellungen, die der mathematischen Begriffsbildung vorausgehen, und beschränkt die technischen Einzelheiten der Theorie auf das für den Grundkurs Sinnvolle und Erreichbare. Große Aufmerksamkeit wurde den Anwendungen gewidmet. Überall werden auch komplexere Problemsituationen angesprochen, die mit Hilfe der erarbeiteten Begriffe mathematisiert werden.

Wie im Band für das 11. Schuljahr wird die selbständige Arbeit mit dem Buch durch „Lesetips“ unterstützt. Sie setzen in der hier angebotenen Form eine entsprechende Übung im 11. Schuljahr voraus, indem sie nun weniger eng begrenzte Hinweise und Aufforderungen enthalten, sondern den Blick stärker auf den größeren Zusammenhang lenken sollen.

Mathematische Zeichen

$\wedge$	„und“
$\vee$	„oder“
$\mathbb{R}$	Menge der reellen Zahlen
$\mathbb{R}^* (= \mathbb{R} \setminus \{0\})$	Menge der von Null verschiedenen reellen Zahlen
$\mathbb{R}_+$	Menge der nicht-negativen reellen Zahlen
$\mathbb{R}_+^*$	Menge der positiven reellen Zahlen
$\mathbb{N}$	Menge der natürlichen Zahlen (einschließlich Null)
$\mathbb{N}^*$	Menge der von Null verschiedenen natürlichen Zahlen
$\mathbb{Z}$	Menge der ganzen Zahlen
$\mathbb{Q}$	Menge der rationalen Zahlen
$[a; b]$	abgeschlossenes Intervall von a bis b
$]a; b[$	offenes Intervall von a bis b
$]a; b]$, $[a; b[$	halboffene Intervalle von a bis b
$[c; \infty[$, $]-\infty; c]$, $]c, \infty[$, $]-\infty; c[$	(unendliche) Intervalle
$f\colon x \to f(x);\ x \in D$	(reelle) Funktion f mit Definitionsmenge D
$f(x)$	Funktionswert von f an der Stelle x
$g \circ h$	Verkettung der Funktionen g und h
$\lvert x \rvert$	Absolutbetrag von x
$[x]$	größte ganze Zahl kleiner – gleich x
int	Integerfunktion $x \to [x]$
$\lim a_k$	Grenzwert der Folge mit a_k
$\lim\limits_{x \to x_0} f(x)$	Grenzwert von f an der Stelle x_0
$\lim\limits_{\substack{x \to x_0 \\ x < x_0}} f(x)$	linksseitiger Grenzwert
$\lim\limits_{\substack{x \to x_0 \\ x > x_0}} f(x)$	rechtsseitiger Grenzwert
$f'\colon x \to f'(x);\ x \in D_{f'}$	Ableitungsfunktion von f
$f'(x)$	Funktionswert der Ableitungsfunktion an der Stelle x
$\dfrac{\Delta y}{\Delta x}$	Differenzenquotient
A_a	Flächeninhaltsfunktion zur unteren Grenze a
F	Stammfunktion von f
$\int\limits_a^x f(t)\,\mathrm{d}t$	Integral von f in den Grenzen von a bis x
e	Eulersche Zahl (e = 2,718281828...)
π	Kreiszahl ($\pi = 3{,}141592654\ldots$)
exp	Exponentialfunktion (zur Basis e)
$\exp_a$	Exponentialfunktion zur Basis a
ln	(natürliche) Logarithmusfunktion
$\log_a$	Logarithmusfunktion zur Basis a
lg	Logarithmusfunktion zur Basis 10

1 Integralrechnung

Schlagen Sie das Inhaltsverzeichnis auf und schauen Sie sich die Gliederung dieses Kapitels an. Was erwarten Sie am Ende des Kapitels gelernt zu haben? Blättern Sie bestimmte Teilüberschriften auf, die Sie interessieren, z. B. die Anwendungen, und „schmökern" Sie.

1.1 Einführung

Im Rahmen des Analysisunterrichts haben Sie sich bisher mit der Differentialrechnung beschäftigt. Im Mittelpunkt der Differentialrechnung steht das Tangentenproblem, d.h. die Frage, ob sich an den Graphen einer Funktion in einem bestimmten Punkt eine Tangente legen läßt oder nicht. Gleichbedeutend damit ist die Frage, ob für eine Funktion f an einer Stelle x_0 der Grenzwert des Differenzenquotienten $\frac{f(x)-f(x_0)}{x-x_0}$ existiert oder nicht. Der Grenzwert $f'(x_0)$ dieses Differenzenquotienten heißt Ableitung von f an der Stelle x_0; die Ableitung gibt an, welche Steigung die Tangente an den Graphen von f im Punkte $(x_0; f(x_0))$ hat.
Mit Hilfe der Ableitung läßt sich das Änderungsverhalten der Funktionswerte einer Funktion beschreiben. Man kann z. B. entscheiden, ob die Funktion monoton wachsend oder fallend ist, oder man kann Stellen bestimmen, an denen die Funktion größte oder kleinste Werte besitzt. Ohne Kenntnis der Ableitung läßt sich der Verlauf einer komplizierten Funktion nicht exakt bestimmen.
In der Integralrechnung, einem anderen Teilgebiet der Analysis, geht es um etwas anderes. Im Mittelpunkt steht hier das Problem der Bestimmung von Flächeninhalten, und zwar insbesondere von Inhalten von Flächen, die von Funktionsgraphen begrenzt werden. Auf den ersten Blick scheint sich also die Fragestellung der Integralrechnung völlig von der der Differentialrechnung zu unterscheiden. Es wird jedoch im Verlaufe dieses Kapitels gezeigt werden, daß zwischen der Differential- und der Integralrechnung ein wichtiger Zusammenhang besteht.
Warum interessiert man sich nun für Flächen, die von Funktionsgraphen begrenzt werden? Mit dem folgenden Beispiel wollen wir versuchen, hierauf eine erste Antwort zu geben.

Beispiel 1: Einer Wetterstatistik entnimmt man, daß im Mai 1985 in Hamburg die mittlere Lufttemperatur 14,0 °C betrug. Die mittlere Temperatur für einen Monat wird berechnet, indem man das arithmetische Mittel der mittleren Tagestemperaturen dieses Monats bildet. Wie aber erhält man eine solche mittlere Tagestemperatur? Schließlich ändert sich die Temperatur im Verlaufe eines Tages erheblich! Bild 1 zeigt den Temperaturverlauf an einigen aufeinanderfolgenden Maitagen des Jahres 1985.

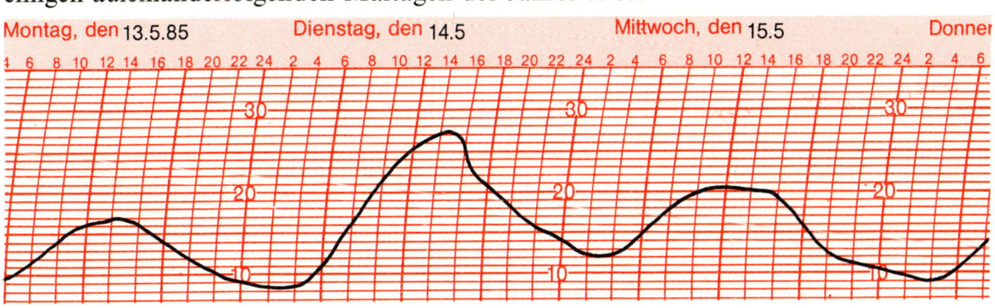

Bild 1

In der Klimakunde ist es üblich, die mittlere Tagestemperatur $\bar{\vartheta}$ durch Bildung des arithmetischen Mittels aus der 7-Uhr-Temperatur ϑ_7, der 14-Uhr-Temperatur ϑ_{14} und dem Doppelten der 21-Uhr-Temperatur ϑ_{21} zu berechnen:

$$\bar{\vartheta} = \frac{\vartheta_7 + \vartheta_{14} + 2 \cdot \vartheta_{21}}{4}.$$

In die mittlere Tagestemperatur gehen also die 7-Uhr- und die 14-Uhr-Temperatur zu je $\frac{1}{4}$, die 21-Uhr-Temperatur zur Hälfte ein. Man verfährt im Grunde so, als wenn morgens sechs Stunden lang (z.B. von 4 Uhr bis 10 Uhr) konstant die 7-Uhr-Temperatur, mittags von 10 bis 16 Uhr konstant die 14-Uhr-Temperatur und von 16 Uhr bis 4 Uhr des nächsten Morgens, also 12 Stunden lang, konstant die 21-Uhr-Temperatur geherrscht hätte.

Bild 2 zeigt den Verlauf einer solchen stückweise konstanten Temperaturfunktion im Vergleich zum tatsächlichen Temperaturverlauf.

Mit Hilfe eines kleinen Kunstgriffs können wir erreichen, daß sich der für $\bar{\vartheta}$ gefundene Term besser veranschaulichen läßt. Durch Erweitern des Terms mit dem Faktor 6 h (Stunden) erhält man

$$\bar{\vartheta} = \frac{6\,\text{h} \cdot \vartheta_7 + 6\,\text{h} \cdot \vartheta_{14} + 12\,\text{h} \cdot \vartheta_{21}}{24\,\text{h}}.$$

Zähler und Nenner dieses Bruches lassen sich geometrisch deuten: Die Produkte im Zähler stellen die Flächeninhalte der Rechtecke in Bild 3 dar, im Nenner tritt die Länge des (Zeit)intervalls auf, über dem die Temperaturfunktion betrachtet wird.

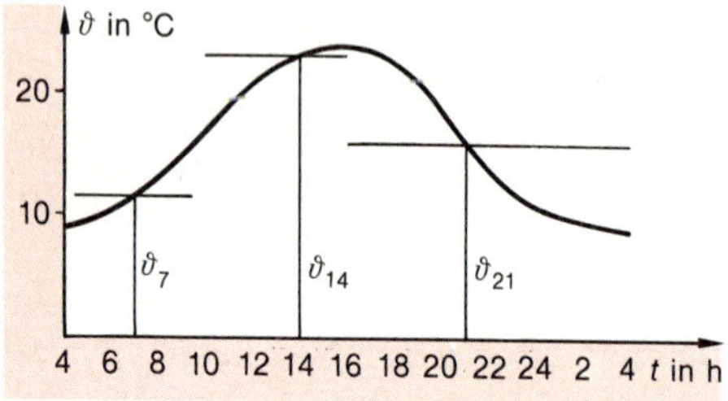

Bild 2

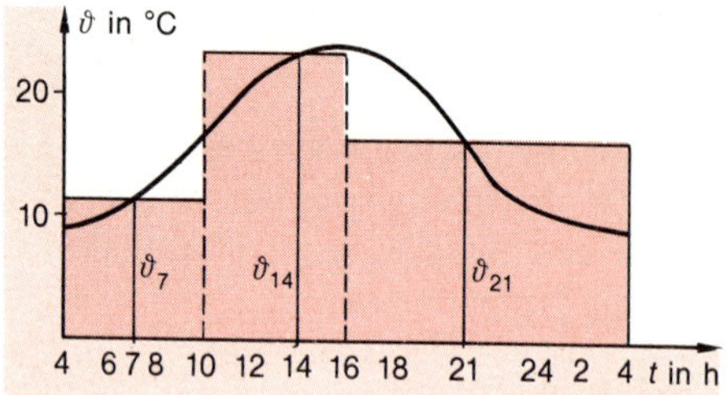

Bild 3

Die hier angewandte Methode der Mittelwertberechnung ist noch recht grob. Einen genaueren Wert für die mittlere Tagestemperatur erhält man, wenn man die Temperaturen stündlich, etwa um 4.30 Uhr, 5.30 Uhr usw. bis 3.30 Uhr mißt und von diesen Meßwerten den Mittelwert bildet:

$$\bar{\vartheta} = \frac{1\,\text{h} \cdot \vartheta_{4.30} + 1\,\text{h} \cdot \vartheta_{5.30} + \cdots + 1\,\text{h} \cdot \vartheta_{3.30}}{24\,\text{h}}.$$

Dem Zähler dieses Terms entspricht der Flächeninhalt der Rechtecksfigur in Bild 4. Die Fläche dieser Rechtecksfigur unterscheidet sich nur noch wenig von der Fläche unter der Temperaturkurve.

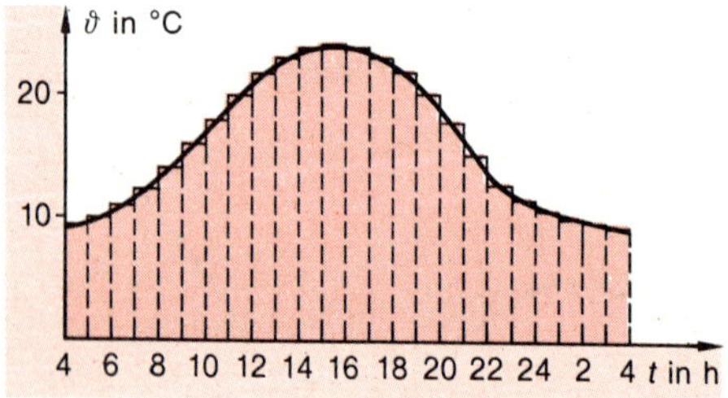

Bild 4

Eine weitere Verbesserung der Genauigkeit bei der Mittelwertberechnung würde man z. B. erreichen, wenn man die Temperaturmessung in jeder Minute oder in noch kürzeren Zeitabständen durchführte.

Als Term für den Temperaturmittelwert ergäbe sich schließlich

$$\bar{\vartheta} = \frac{A_\vartheta}{24\,\text{h}},$$

worin A_ϑ den Inhalt der Fläche unter der Temperaturkurve bezeichnet.

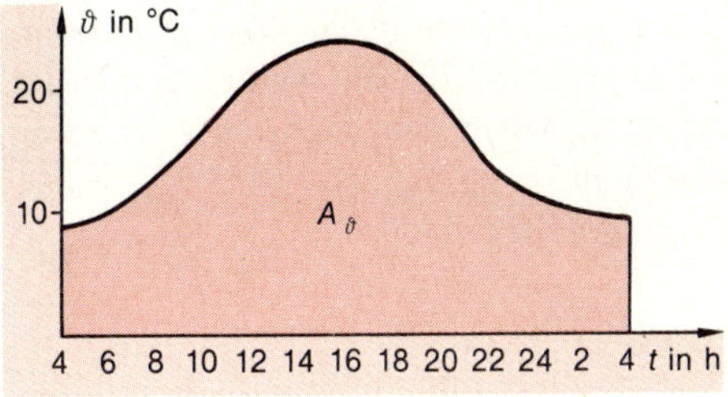

Bild 5

In diesem Term für $\bar{\vartheta}$ tritt im Zähler ein Flächeninhalt unter einem Funktionsgraphen auf, im Nenner die Länge des zugehörigen Intervalls. Ebenso wie hier hat man es auch in einigen anderen Beispielen, in denen Mittelwerte zu bestimmen sind, mit Flächen unter Funktionsgraphen zu tun (vgl. Aufgabe 1 c)).
In den beiden folgenden Aufgaben sollen Flächeninhalte unter Funktionsgraphen physikalisch gedeutet werden.

1. a) Eine geradlinige Bewegung, bei der der zurückgelegte Weg s und die vergangene Zeit t zueinander proportional sind, heißt **gleichförmige Bewegung.** Für die Geschwindigkeit v einer gleichförmigen Bewegung gilt $v = \frac{s}{t}$, die Geschwindigkeit ist konstant.
Zeichnen Sie ein s-t- und ein v-t-Diagramm einer gleichförmigen Bewegung mit $v = 3\,\frac{\text{cm}}{\text{s}}$. Zeigen Sie, daß sich der im Zeitintervall $[0; 5\text{s}]$ zurückgelegte Weg $s = 15\,\text{m}$ als Flächeninhalt unterhalb des Graphen der Funktion $t \to v(t)$ deuten läßt.
b) Eine geradlinige Bewegung, bei der die Geschwindigkeit in gleichen Zeitabschnitten um gleiche Beträge zunimmt, heißt **gleichmäßig beschleunigte Bewegung.** Das Weg-Zeit-Gesetz einer gleichmäßig beschleunigten Bewegung lautet $s(t) = \frac{1}{2}at^2$; das Geschwindigkeits-Zeit-Gesetz heißt $v = a \cdot t$.
Zeichnen Sie ein s-t- und ein v-t-Diagramm einer gleichmäßig beschleunigten Bewegung mit $a = 2{,}5\,\frac{\text{cm}}{\text{s}^2}$. Zeigen Sie, daß sich der im Zeitintervall $[0; 4\,\text{s}]$ zurückgelegte Weg $s = 20\,\text{m}$ als Flächeninhalt unter dem Graphen der Funktion $t \to v(t)$ deuten läßt.

c) Bild 6 zeigt das v-t-Diagramm einer Bewegung. Fassen Sie den Flächeninhalt unter dem Graphen der Funktion $t \to v(t)$ als den im Zeitintervall $[0; t]$ zurückgelegten Weg s auf, und ermitteln Sie zeichnerisch eine konstante Geschwindigkeit $\bar{v}$, so daß der bei gleichförmiger Bewegung mit der Geschwindigkeit $\bar{v}$ im Zeitintervall $[0; t]$ zurückgelegte Weg mit s übereinstimmt. ($\bar{v}$ heißt Durchschnittsgeschwindigkeit der Geschwindigkeit $v(t)$ im Zeitintervall $[0; t]$. Geben Sie eine Begründung für diese Namensgebung.)

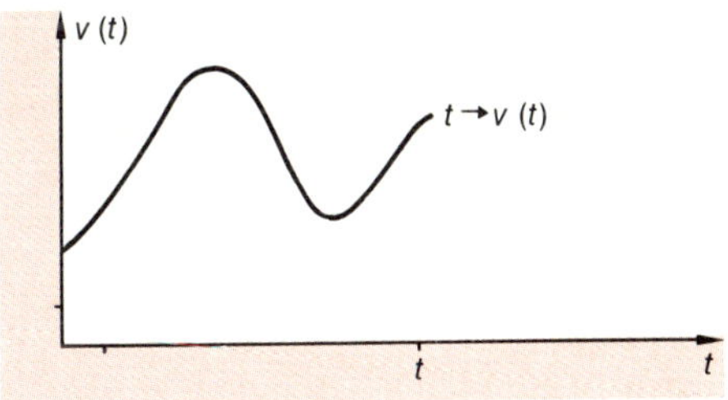

Bild 6

d) Auf der Autobahn fahren zwei Lkws zu einem bestimmten Zeitpunkt ($t_0 = 0$) mit gleicher Geschwindigkeit nebeneinander her. Mit Hilfe der Fahrtenschreiber kann man ein Geschwindigkeits-Zeit-Diagramm (v-t-Diagramm) für die weitere Fahrt der beiden Lkws in den nächsten 4 Minuten gewinnen:

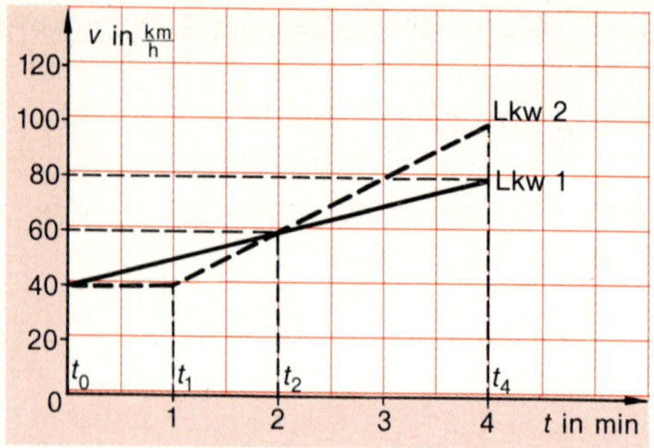

Bild 7

α) Beschreiben Sie die Fahrt der beiden Lkws anhand dieses Diagramms. Was geschieht zu den Zeitpunkten t_1 und t_2?

β) Weisen Sie nach, daß Lkw 1 zum Zeitpunkt t_1 die größere Strecke zurückgelegt hat. Wie groß ist sein Vorsprung?

γ) Kann Lkw 2 den Lkw 1 bis zum Zeitpunkt t_4 einholen? Geben Sie ggf. den genauen Zeitpunkt des Einholens an.

2. a) Ein Wagen werde mit einer konstanten Kraft F eine schiefe Ebene hinaufgezogen. Zieht man den Wagen um ein Wegstück der Länge s, so muß man dafür die Arbeit $W = F \cdot s$ aufwenden.

Stellen Sie die Funktion $s \rightarrow F(s)$ in einem s-F-Diagramm dar, und deuten Sie die Arbeit W als Flächeninhalt.

b) Um eine elastische Schraubenfeder (innerhalb der Elastizitätsgrenze) um die Länge s auszudehnen, sei die Kraft F aufzuwenden. Nach dem Hookeschen Gesetz gilt $F = D \cdot s$; D heißt Richtgröße der Feder.

Stellen Sie die Funktion $s \rightarrow F(s)$ in einem s-F-Diagramm dar. Der Flächeninhalt unter dem Graphen der Funktion $s \rightarrow F(s)$ läßt sich als die zum Dehnen der Feder nötige Arbeit deuten (Spannarbeit). Berechnen Sie die Spannarbeit, die nötig ist, um die entspannte Feder um die Länge s_1 zu dehnen.

1.2 Bestimmung von Flächeninhalten

Flächeninhaltsbestimmungen haben Sie sicherlich häufig im Geometrieunterricht der Sekundarstufe I durchgeführt. In der folgenden Tabelle sind einige der Ihnen bekannten Formeln zusammengestellt.

Figur		Flächeninhalt
Rechteck	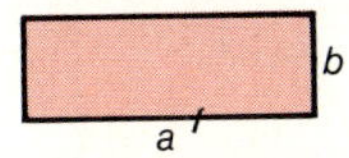	$A=ab$
Parallelogramm	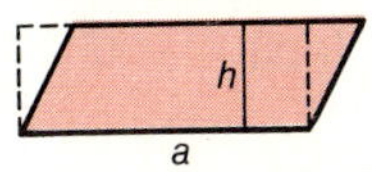	$A=ah$
Dreieck	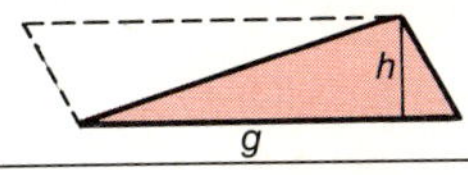	$A=\frac{1}{2}gh$
Trapez	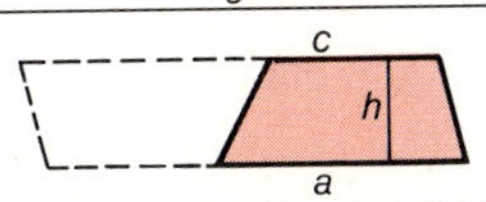	$A=\frac{1}{2}(a+c)h$
Kreis	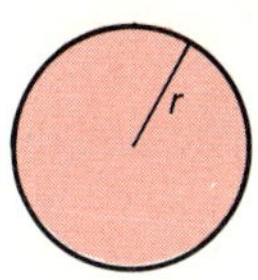	$A=\pi r^2$

Tabelle 1

In der Tabelle ist angedeutet, wie sich die Flächeninhaltsformel des Parallelogramms aus der des Rechtecks und die Flächeninhaltsformeln für Dreieck und Trapez aus der des Parallelogramms herleiten lassen.
Bei der Bestimmung des Kreisflächeninhalts ist man dagegen auf Näherungsverfahren angewiesen. Wir erinnern hierzu an ein Verfahren, das Sie möglicherweise im Mathematikunterricht der Sekundarstufe I kennengelernt haben.

Beispiel 1: Der Flächeninhalt eines Viertelkreises vom Radius 1 soll näherungsweise berechnet werden. Zu diesem Zweck wird der Kreisbogen in ein Koordinatensystem eingezeichnet. Das Intervall [0; 1] wird in n gleiche Teile geteilt und eine äußere und eine innere Rechtecksfigur festgelegt. (Bild 1 zeigt solche Rechtecksfiguren für $n=4$.)

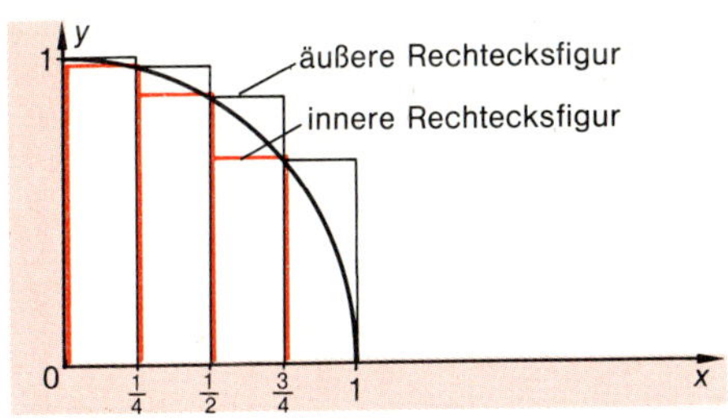

Bild 1

Da das Intervall [0; 1] in n gleiche Teile geteilt ist, liegen die Teilpunkte bei $0, \frac{1}{n}, \frac{2}{n}, \ldots, 1$.
Wie man sieht, ist der Flächeninhalt U_n der inneren Rechtecksfigur kleiner als der Inhalt A_{Vk} des Viertelkreises; dieser wiederum ist kleiner als der Inhalt O_n der äußeren Rechtecksfigur:

$$U_n < A_{\mathrm{Vk}} < O_n.$$

Um den Inhalt des Viertelkreises abzuschätzen, berechnen wir U_n und O_n. Nach dem Satz des Pythagoras hat das erste Rechteck der inneren Rechtecksfigur die Höhe $\sqrt{1-\left(\frac{1}{n}\right)^2}$. Das zweite Rechteck der inneren Rechtecksfigur hat die Höhe $\sqrt{1-\left(\frac{2}{n}\right)^2}$ usw. Die Flächeninhalte dieser Rechtecke erhält man, indem man ihre Höhen mit der Rechtecksbreite $\frac{1}{n}$ multipliziert. Auf diese Weise ergibt sich

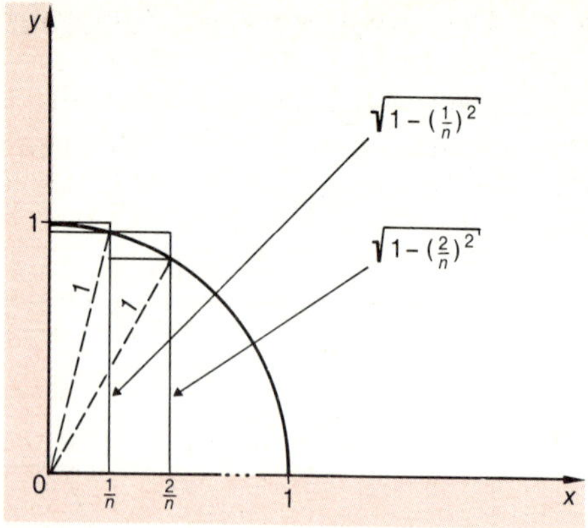

Bild 2

$$U_n = \frac{1}{n} \cdot \sqrt{1-\left(\frac{1}{n}\right)^2} + \frac{1}{n} \cdot \sqrt{1-\left(\frac{2}{n}\right)^2} + \cdots + \frac{1}{n} \cdot \sqrt{1-\left(\frac{n}{n}\right)^2}.$$

Den Inhalt der äußeren Rechtecksfigur berechnet man ganz entsprechend: Das erste Rechteck der äußeren Rechtecksfigur hat die Höhe 1, also den Flächeninhalt $\frac{1}{n} \cdot 1$. Das zweite Rechteck der äußeren Rechteckfigur ist genauso groß wie das erste Rechteck der inneren Rechteckfigur, hat also den Flächeninhalt $\frac{1}{n} \cdot \sqrt{1-\left(\frac{1}{n}\right)^2}$ usw. Damit ergibt sich

$$O_n = \frac{1}{n} \cdot 1 + \frac{1}{n} \cdot \sqrt{1-\left(\frac{1}{n}\right)^2} + \cdots + \frac{1}{n} \cdot \sqrt{1-\left(\frac{n-1}{n}\right)^2}.$$

In der folgenden Tabelle sind für einige Werte von n die Flächeninhalte U_n und O_n auf 4 Stellen nach dem Komma angegeben.

n	U_n	O_n
1	0,0000	1,0000
2	0,4330	0,9330
4	0,6239	0,8739
8	0,7100	0,8350
16	0,7496	0,8121
32	0,7682	0,7995
64	0,7770	0,7926
128	0,7813	0,7891
256	0,7834	0,7873
512	0,7844	0,7864
1024	0,7849	0,7859

Tabelle 2

Das Zahlenmaterial der Tabelle führt auf folgende Vermutungen:

1. Durch Einfügen weiterer Teilpunkte ergeben sich äußere Rechtecksfiguren mit kleineren und innere Rechtecksfiguren mit größeren Flächeninhalten.
2. Mit wachsendem n wird die Differenz zwischen den Flächeninhalten der äußeren und inneren Rechtecksfiguren beliebig klein.

Zu 1. Die Verdoppelung von n bedeutet eine Halbierung jedes Teilintervalls der Teilung von [0; 1]. Dabei wird von jedem Teilrechteck der äußeren Rechtecksfigur das graue Rechteck abgeschnitten und zu jedem Teilrechteck der inneren Rechtecksfigur das rote Rechteck hinzugefügt (Bild 3). Daher ist die erste Vermutung richtig.

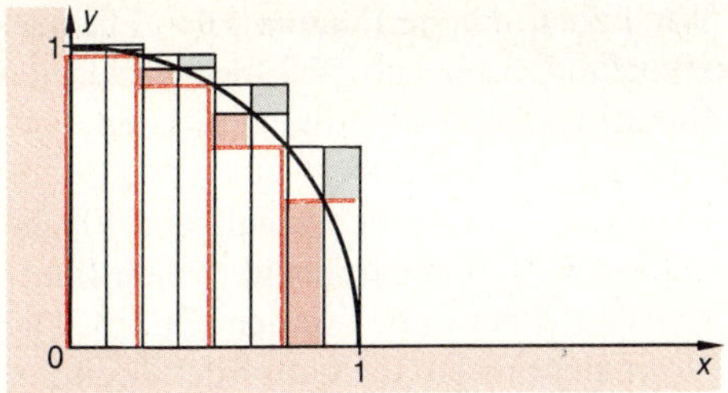

Bild 3

Zu 2. Tatsächlich ist

$$O_n - U_n = \frac{1}{n} \cdot 1 - \frac{1}{n} \cdot \sqrt{1 - \left(\frac{n}{n}\right)^2}$$
$$= \frac{1}{n} - 0$$
$$= \frac{1}{n}.$$

Die Folge $O_n - U_n$ stellt also eine Nullfolge dar. Dies liest man auch unmittelbar aus Bild 4 ab.

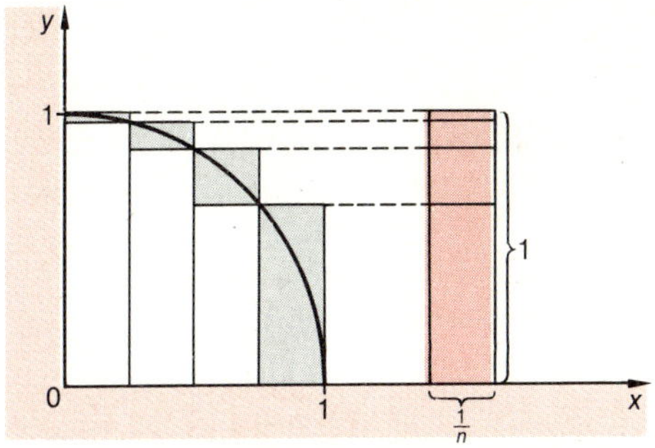

Bild 4: Die Differenz $O_n - U_n$ ist gleich dem Flächeninhalt des roten Rechtecks. Dieser wird mit wachsendem n beliebig klein.

Aus 1. und 2. folgt, daß die Intervalle $[U_n; O_n]$ eine Intervallschachtelung bilden.

Informieren Sie sich über Definition und Eigenschaften einer Intervallschachtelung.

Einen Näherungswert für die innere Zahl dieser Intervallschachtelung erhält man, wenn man die Folge der arithmetischen Mittel der U_n und O_n bildet:

n	$\frac{1}{2}(U_n + O_n)$
1	0,5000
2	0,6830
4	0,7489
8	0,7725
16	0,7809
32	0,7839
64	0,7848
128	0,7852
256	0,7854
512	0,7854
1024	0,7854

Tabelle 3

Als Ergebnis erhält man für den Flächeninhalt des Viertelkreises mit dem Radius 1 näherungsweise $A_{\text{Vk}} \approx 0{,}7854$. Dies ist ein guter Näherungswert für den Inhalt des Viertelkreises $A_{\text{Vk}} = \frac{\pi}{4}$. Tatsächlich ist $\frac{\pi}{4} \approx 0{,}7854$ auf vier Stellen nach dem Komma genau.

Wir haben die Bestimmung des Flächeninhalts eines Viertelkreises hier noch einmal vorgeführt, weil sich nach dem gleichen Prinzip auch die Flächeninhalte unter vielen Funktionsgraphen bestimmen lassen.

Beispiel 2: Es soll der Inhalt der Fläche unter der Normalparabel über dem Intervall [0; 1] bestimmt werden (Bild 5). Die Normalparabel ist der Graph der Funktion $f: x \to x^2$.

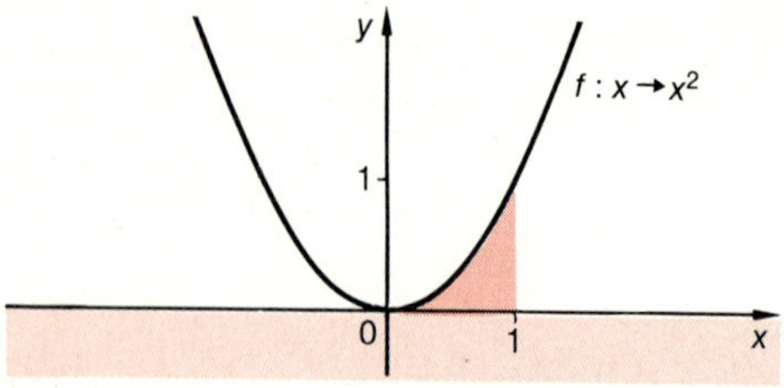

Bild 5

Wir teilen das Intervall [0; 1] in n gleiche Teile; dadurch entstehen die Teilpunkte $0, \frac{1}{n}, \frac{2}{n}, \ldots, \frac{n-1}{n}, 1$. Wie in Beispiel 1 legen wir zu der Fläche unter der Parabel eine innere und eine äußere Rechtecksfigur fest (Bild 6).

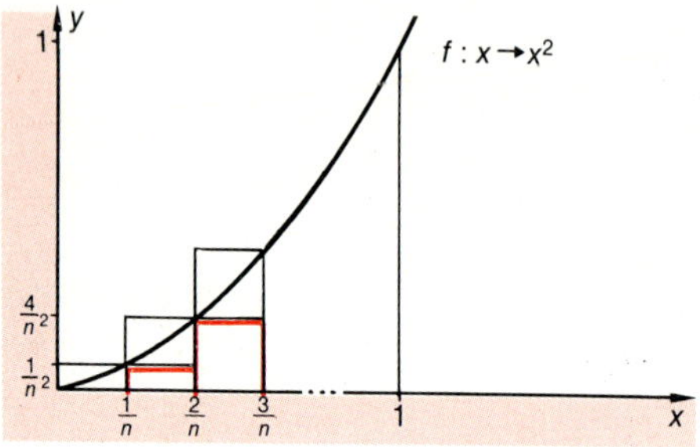

Bild 6

Alle Rechtecke der inneren und äußeren Rechtecksfigur besitzen die Breite $\frac{1}{n}$. Das erste Rechteck der inneren Rechtecksfigur hat die Höhe 0, das zweite Rechteck hat die Höhe $f(\frac{1}{n}) = (\frac{1}{n})^2 = \frac{1}{n^2}$, das dritte die Höhe $f(\frac{2}{n}) = (\frac{2}{n})^2 = \frac{4}{n^2}$ usw. Insgesamt ergibt sich für den Flächeninhalt der inneren Rechtecksfigur

$$U_n = \frac{1}{n} \cdot 0 + \frac{1}{n} \cdot \frac{1}{n^2} + \frac{1}{n} \cdot \frac{4}{n^2} + \cdots + \frac{1}{n} \cdot \frac{(n-1)^2}{n^2}.$$

Durch Ausklammern von $\frac{1}{n^3}$ aus dem rechten Term erhält man

$$U_n = \frac{1}{n^3} \cdot (0 + 1 + 4 + \cdots + (n-1)^2).$$

In der Klammer steht eine Summe von Quadraten aufeinanderfolgender natürlicher Zahlen. In der vorliegenden Form ist dieser Term jedoch recht unhandlich. Einer Formelsammlung kann man aber für die Zusammenfassung eines solchen Terms folgende Formel entnehmen (vgl. Aufgabe 1):

$$1^2 + 2^2 + 3^2 + \cdots + k^2 = \tfrac{1}{6} \cdot k \cdot (k+1) \cdot (2k+1).$$

Damit ergibt sich

$$U_n = \frac{1}{n^3} \cdot \frac{1}{6} \cdot (n-1) \cdot n \cdot (2n-1).$$

Den Flächeninhalt der äußeren Rechtecksfigur bestimmt man entsprechend: Das erste Rechteck der äußeren Rechteckfigur ist genauso groß wie das zweite der inneren Rechteckfigur, das zweite Rechteck der äußeren Rechtecksfigur ist so groß wie das dritte der inneren Rechtecksfigur usw. Man erhält so

$$O_n = \frac{1}{n} \cdot \frac{1}{n^2} + \frac{1}{n} \cdot \frac{4}{n^2} + \frac{1}{n} \cdot \frac{9}{n^2} + \cdots + \frac{1}{n} \cdot \left(\frac{n}{n}\right)^2.$$

Ausklammern von $\frac{1}{n^3}$ und Anwenden der Formel für die Quadratsummen liefert

$$O_n = \frac{1}{n^3} \cdot \frac{1}{6} \cdot n \cdot (n+1) \cdot (2n+1).$$

Die gefundenen Terme für U_n und O_n lassen sich noch vereinfachen. Durch Kürzen mit dem Faktor n erhält man

$$U_n = \frac{1}{n^2} \cdot \frac{1}{6} \cdot (n-1) \cdot (2n-1) = \frac{1}{6} \cdot \frac{n-1}{n} \cdot \frac{2n-1}{n};$$

$$O_n = \frac{1}{n^2} \cdot \frac{1}{6} \cdot (n+1) \cdot (2n+1) = \frac{1}{6} \cdot \frac{n+1}{n} \cdot \frac{2n+1}{n}.$$

Weiteres Umformen liefert

$$U_n = \frac{1}{6} \cdot \left(1 - \frac{1}{n}\right) \cdot \left(2 - \frac{1}{n}\right);$$

$$O_n = \frac{1}{6} \cdot \left(1 + \frac{1}{n}\right) \cdot \left(2 + \frac{1}{n}\right).$$

Wie bei der Inhaltsberechnung des Viertelkreises (vgl. Beispiel 1) kann man untersuchen, wie sich U_n und O_n bei Veränderung von n verhalten. Im Gegensatz zu den Betrachtungen in Beispiel 1 (dort wurde gezeigt, daß die Intervalle $[U_n; O_n]$ eine Intervallschachtelung bilden, und die innere Zahl der Intervallschachtelung näherungsweise bestimmt) kann man hier die Grenzwerte der Folgen mit den Gliedern U_n und O_n direkt berechnen. Es gilt

$$\lim_{n \to \infty} U_n = \lim_{n \to \infty} O_n = \frac{1}{6} \cdot 1 \cdot 2 = \frac{1}{3}.$$

Wir können davon ausgehen, mit diesem gemeinsamen Grenzwert $\frac{1}{3}$ der Folgen der U_n und O_n einen Wert für den Inhalt der Fläche unterhalb der Normalparabel über dem Intervall $[0; 1]$ bestimmt zu haben. Leider läßt sich das hier praktizierte Verfahren bei der Berechnung von Flächeninhalten unter den Graphen anderer Funktionen nicht ohne weiteres anwenden, denn dort steht uns nicht ein so wesentliches Hilfsmittel wie die Quadratsummenformel zur Verfügung.
Aus diesem Grunde werden wir im nächsten Abschnitt andere, insgesamt weiterreichende Überlegungen zur Bestimmung von Flächeninhalten unter Funktionsgraphen entwickeln.

1. Leiten Sie die in Beispiel 2 verwendete Quadratsummenformel

$$1^2 + 2^2 + 3^2 + \cdots + k^2 = \tfrac{1}{6} k \cdot (k+1) \cdot (2k+1)$$

her, indem Sie die folgenden Schritte nachvollziehen:

(1) Addieren Sie einerseits die Terme $(m-1)^3$, andererseits die dazu äquivalenten Terme $(m^3 - 3m^2 + 3m - 1)$ jeweils von $m = 1$ bis k:

$$\begin{aligned} 0^3 + 1^3 + 2^3 + \cdots + (k-1)^3 &= (1^3 - 3 \cdot 1^2 + 3 \cdot 1 - 1) + (2^3 - 3 \cdot 2^2 + 3 \cdot 2 - 1) \\ &\quad + \cdots + ((k-1)^3 - 3(k-1)^2 + 3(k-1) - 1) + (k^3 - 3k^2 + 3k - 1). \end{aligned}$$

(2) Subtrahieren Sie gleiche 3. Potenzen auf beiden Seiten der Gleichung, und formen Sie um:

$$3(1^2 + 2^2 + \cdots + k^2) - 3(1 + 2 + \cdots + k) + k = k^3.$$

Woher stammt der Summand k auf der linken Seite dieser Gleichung?

(3) Nutzen Sie aus, daß $1 + 2 + \cdots + k = \frac{1}{2} k \cdot (k+1)$ gilt (vgl. z. B. Hahn/Dzewas Band 11, S. 32, Aufgabe 17).

(4) Benutzen Sie $k^3 - k = k \cdot (k+1) \cdot (k-1)$.

2. Bestimmen Sie wie im Beispiel 2 den Flächeninhalt unter der Normalparabel über dem Intervall $[0; b]$ $(b>0)$.

3. Bestimmen Sie wie in Beispiel 2 den Flächeninhalt unter dem Graphen von f über dem Intervall I.

a) $f\colon x \to x$, $I=[0;1]$ b) $f\colon x \to \frac{1}{2}x^2$, $I=[0;3]$

c) $f\colon x \to 2x^2+3x+1$, $I=[0;1]$ d) $f\colon x \to x^3$, $I=[0;b]$

Anleitung zu d): Verwenden Sie die Formel

$$1^3+2^3+3^3+\cdots+k^3=\tfrac{1}{4}k^2\cdot(k+1)^2.$$

Flächeninhaltsfunktionen

Das Ziel dieses Abschnitts ist es, Methoden zu entwickeln, mit deren Hilfe man Inhalte von Flächen unter Funktionsgraphen bestimmen kann, ohne auf Rechteckssummen zurückgreifen zu müssen.

Sofern es sich bei den betrachteten Funktionen um lineare Funktionen handelt, lassen sich die Flächeninhalte elementargeometrisch mit Hilfe der Formeln aus Tabelle 1 (Seite 11) berechnen.

Beispiel 3: a) Bild 7 zeigt den Graphen der konstanten Funktion $f\colon x \to 3$ über dem Intervall $[0;4]$. Die Fläche unter dem Graphen von f ist eine Rechtecksfläche, die den Flächeninhalt

$$A=3\cdot 4=12$$

hat.

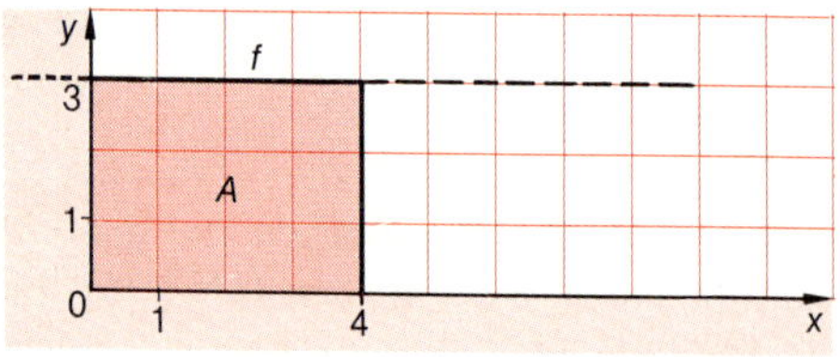

Bild 7

b) Wir betrachten die über dem abgeschlossenen Intervall $[0;6]$ definierte lineare Funktion $g\colon x \to \frac{1}{2}x+2$, deren Graph in Bild 8 dargestellt ist. Der Graph der Funktion g begrenzt über dem Intervall $[0;6]$ eine Trapezfläche, deren Flächeninhalt A sich zu

$$A=\tfrac{1}{2}\cdot(g(0)+g(6))\cdot 6=\tfrac{1}{2}\cdot(2+5)\cdot 6=21$$

berechnet.

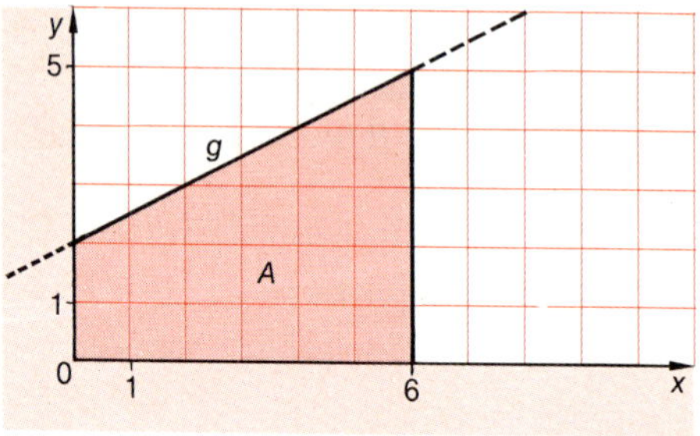

Bild 8

4. Zeichnen Sie den Graphen der Funktion f. Bestimmen Sie den Flächeninhalt A unter dem Graphen von f über dem Intervall I.

a) $f\colon x \to 2$, $I=[2;7]$ b) $f\colon x \to \frac{1}{2}x$, $I=[0;9]$

c) $f\colon x \to -x+5$, $I=[2;5]$ d) $f\colon x \to 2x+3$, $I=[-1;\frac{7}{2}]$

Wie so oft in mathematischen Lehrtexten wird im folgenden ein grundlegender, allgemeiner Gedankengang zunächst an sehr einfachen Beispielen dargestellt. Lesen Sie deshalb sehr gründlich und überlegen Sie, welche Schritte nur für die Beispielfunktionen gelten und welche verallgemeinert werden können.

Die in den Beispielen 3a) und b) für feste Intervallgrenzen angestellten Berechnungen lassen sich ebenso für variable Intervallgrenzen durchführen. Im folgenden halten wir allerdings zunächst die untere Grenze 0 des Definitionsintervalls fest und machen nur die obere Grenze, die wir mit x bezeichnen, variabel. Für jeden Wert von $x \geq 0$ erhalten wir dann bei der Funktion f aus Beispiel 3a) einen von x abhängigen Flächeninhalt $A_0(x)$ zu

$$A_0(x) = 3x.$$

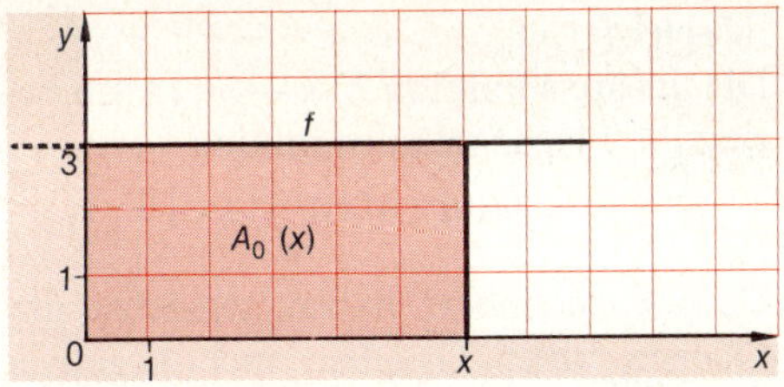

Bild 9a

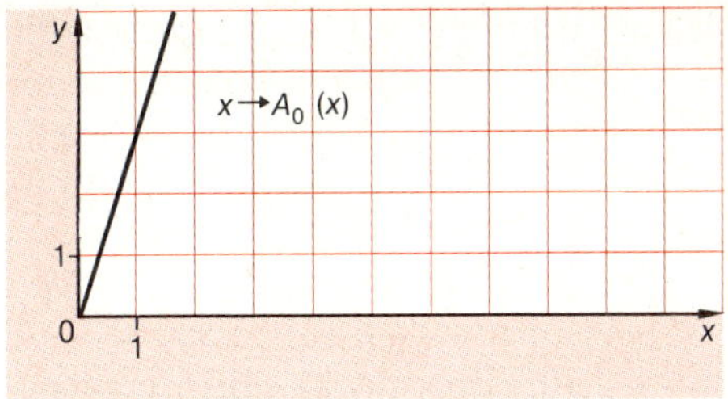

Bild 9b

Die Zuordnung $A_0: x \rightarrow A_0(x)$ nennen wir **Flächeninhaltsfunktion von f zur unteren Grenze 0.** Bild 9b zeigt den Graphen dieser Flächeninhaltsfunktion. Durch Einsetzen von nicht-negativen Zahlen x in den Funktionsterm von A_0 können wir den Flächeninhalt $A_0(x)$ für jedes Definitionsintervall $[0; x]$ berechnen. So ergibt sich z.B. mit $A_0(4) = 3 \cdot 4 = 12$ der in Beispiel 3a) berechnete Flächeninhalt. Durch Einsetzen von 0 in den Funktionsterm von A_0 ergibt sich $A_0(0) = 0$; dies ist auch anschaulich klar, denn in diesem Fall entartet die Fläche des Rechtecks zu einer Strecke, die keinen Flächeninhalt hat.

Für die lineare Funktion $g: x \rightarrow \frac{1}{2}x + 2$ aus Beispiel 3b) ergibt sich für $x \geq 0$ die Flächeninhaltsfunktion A_0 von g zu

$$A_0: x \rightarrow \tfrac{1}{2}(g(0) + g(x)) \cdot x.$$

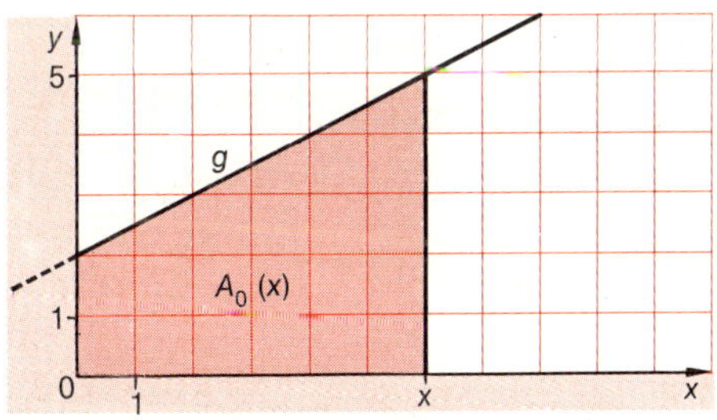

Bild 10a

Einsetzen und Ausrechnen ergeben

$$A_0(x) = \tfrac{1}{2} \cdot (2 + \tfrac{1}{2}x + 2) \cdot x$$
$$= \tfrac{1}{4}x^2 + 2x.$$

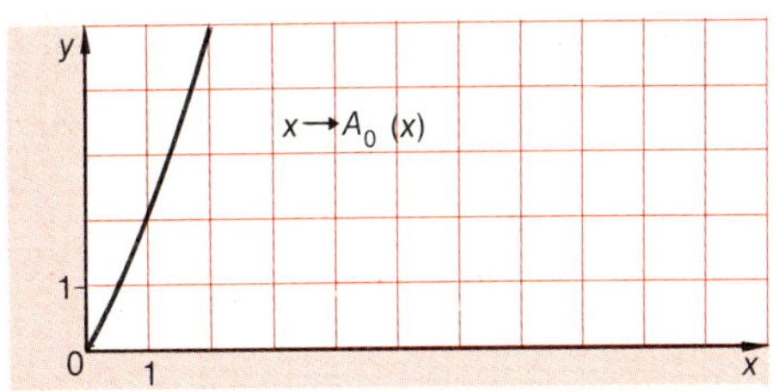

Bild 10b

Wir erhalten in diesem Fall also eine quadratische Flächeninhaltsfunktion.

Beispiel 4:

Die lineare Funktion $h: x \to -2x+6$ besitzt die Flächeninhaltsfunktion

$$A_0: x \to \tfrac{1}{2} \cdot (h(0)+h(x)) \cdot x;\ x \in [0\,;3].$$

Da wir vereinbart haben, zunächst nur Flächen unter Graphen nicht-negativer Funktionen zu betrachten, dürfen wir in den Funktionsterm von A_0 nur reelle Zahlen aus dem Intervall $[0; 3]$ einsetzen (für $x > 3$ nimmt die Funktion h negative Funktionswerte an!). Als Funktionsgleichung für die Flächeninhaltsfunktion von h erhält man

$$A_0(x) = \tfrac{1}{2} \cdot (6+(-2x+6)) \cdot x = -x^2+6x.$$

Auch diese Flächeninhaltsfunktion ist eine quadratische Funktion.

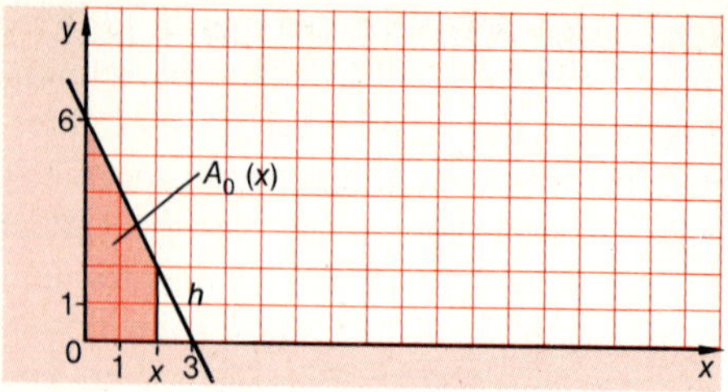

Bild 11a

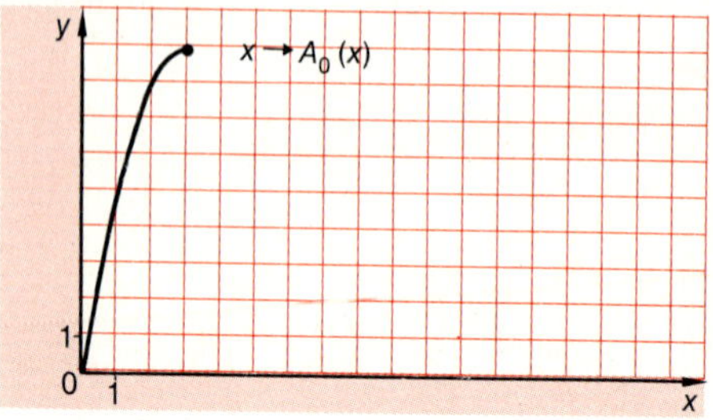

Bild 11b

5. Bestimmen Sie die Flächeninhaltsfunktion von f zur unteren Grenze 0.

a) $f: x \to 2;\ x \in \mathbb{R}$,

b) $f: x \to 2x+1;\ x \in [-\tfrac{1}{2}; \infty[$,

c) $f: x \to -x+2;\ x \in \mathbb{R}_+$,

d) $f: x \to \tfrac{1}{2}x;\ x \in \mathbb{R}_+$.

6. Welche Funktionswerte haben die Flächeninhaltsfunktionen A_0 aus Aufgabe 5 jeweils in der Stelle 1? Geben Sie Stellen x an, so daß gilt

$$A_0(x) = \tfrac{1}{2} \cdot A_0(1) \quad (A_0(x) = 3 \cdot A_0(1)).$$

7. Einen guten Näherungswert für den Flächeninhalt A unter dem Graphen einer (nicht-negativen) Funktion f über dem Intervall $I=[a; b]$ liefert die Formel

$$A \approx \frac{b-a}{6} \cdot \left(f(a) + 4f\left(\frac{a+b}{2}\right) + f(b) \right) \quad \textbf{(Keplersche Faßregel).}$$

(Anmerkung: Für ganzrationale Funktionen höchstens 3. Grades liefert die Keplersche Faßregel sogar den genauen Wert für A.)

Bestimmen Sie den Flächeninhalt A unter dem Graphen von f über dem Intervall I näherungsweise mit Hilfe der Keplerschen Faßregel. Zeichnen Sie den Graphen von f.

a) $f: x \to x^2$, $\quad I=[1; 3]$

b) $f: x \to \frac{1}{x}$, $\quad I=[1; 2]$

c) $f: x \to x^3 - x$, $\quad I=[-1; 0]$

d) $f: x \to x^3 - 6x^2 + 3x + 10$, $\quad I=[-1; 2]$

e) $f: x \to \dfrac{1}{x^2}$, $\quad I=[\tfrac{1}{4}; 1]$

Anmerkung: Zum Vergleich die wahren Flächeninhalte:

a) $\frac{26}{3}$; b) 0,693…; c) $\frac{1}{4}$; d) $\frac{81}{4}$; e) 3.

1.3 Der Hauptsatz für Flächeninhaltsfunktionen

Vergleicht man die auf den Seiten 17 und 18 berechneten Flächeninhaltsfunktionen der linearen Funktionen $x \to 3$, $x \to \frac{1}{2}x + 2$ und $x \to -2x + 6$ mit den linearen Funktionen selbst, so macht man eine überraschende Entdeckung:

Flächeninhaltsfunktion	Funktion
$x \to 3x$	$x \to 3$
$x \to \frac{1}{4}x^2 + 2x$	$x \to \frac{1}{2}x + 2$
$x \to -x^2 + 6x$	$x \to -2x + 6$

Tabelle 1

Offensichtlich sind die Funktionen rechts gerade die Ableitungsfunktionen ihrer Flächeninhaltsfunktionen.

Überprüfen Sie die Aussage. Betrachten Sie auch andere Beispiele, die Sie bereits behandelt haben, z. B. die Funktionen aus Aufgabe 5 auf S. 18.

Die Flächeninhaltsberechnung würde sehr vereinfacht werden, wenn ein solcher Zusammenhang auch für die Flächeninhaltsfunktionen anderer Funktionen gälte.

In den vorigen Abschnitten wurde mehrfach das Ziel angesprochen, ein allgemeines Verfahren zu entwickeln, um Inhalte von Flächen unter Funktionsgraphen zu berechnen. Wie könnte der eben entdeckte Zusammenhang hierzu nützlich sein?

Beispiel 1: Wir zeigen, daß die Flächeninhaltsfunktion A_0 der Quadratfunktion $f\colon x \to x^2$ an der Stelle $x_0 (x_0 \geq 0)$ differenzierbar ist und daß $A_0'(x_0) = f(x_0)$ gilt.
Wir betrachten dazu ein schmales Flächenstück unter der Normalparabel, das auf der x-Achse durch die Stellen x_0 und x $(x_0, x \geq 0)$ begrenzt wird. Wir unterscheiden die Fälle $x > x_0$ und $x < x_0$ (Bilder 1a und b).

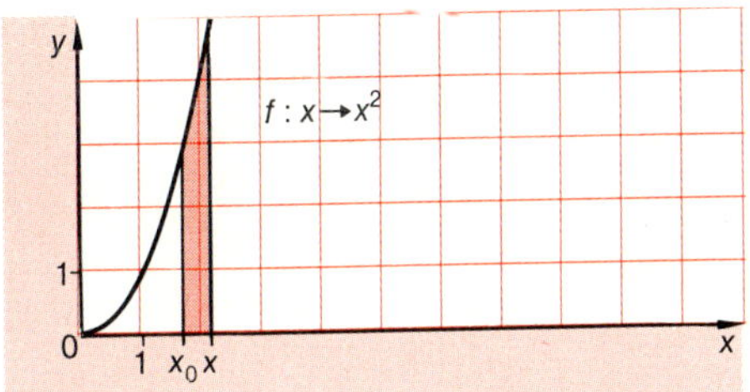

Bild 1a

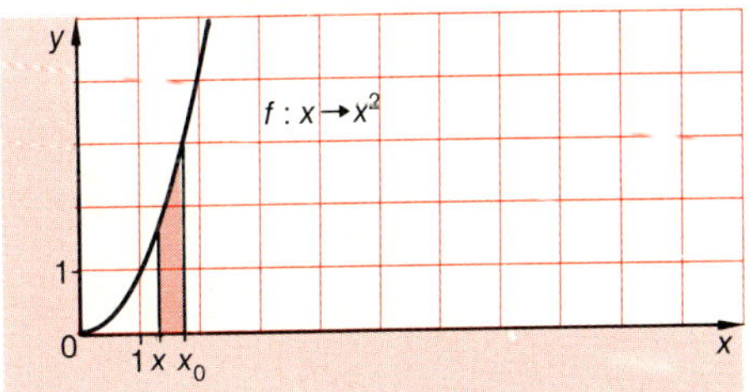

Bild 1b

$$x > x_0 \quad | \quad x < x_0$$

Für den Flächeninhalt A des schmalen Flächenstücks gilt

$$A = A_0(x) - A_0(x_0) \quad | \quad A = A_0(x_0) - A_0(x)$$

Dem Flächenstück mit dem Inhalt A läßt sich ein inneres und ein äußeres Rechteck zuordnen (Bilder 2a und b), so daß der Inhalt des inneren Rechtecks kleiner als A ist und A wiederum kleiner als der Inhalt des äußeren Rechtecks ist.

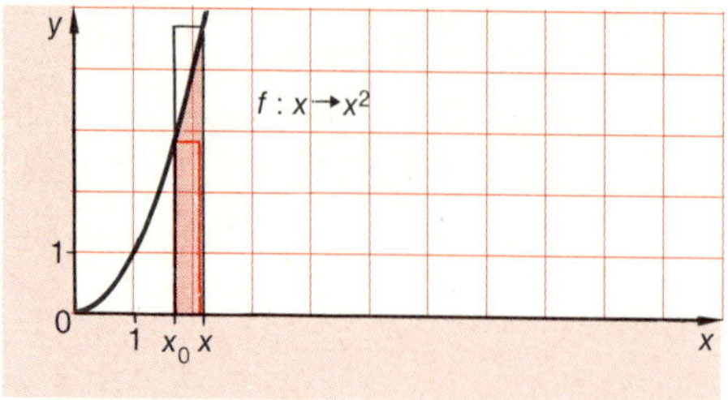

Bild 2a

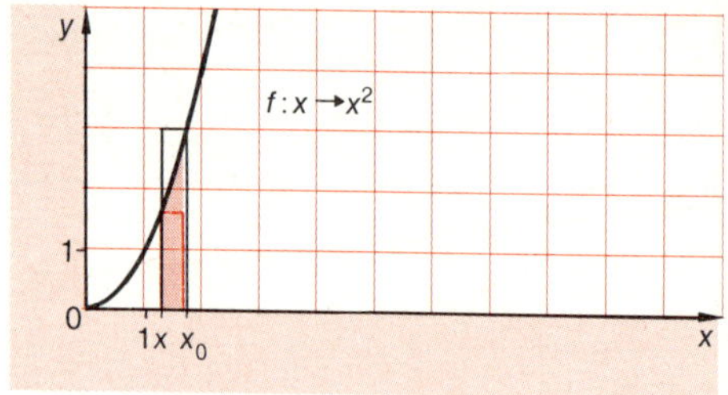

Bild 2b

Das innere Rechteck hat die Höhe

$$x_0^2 \quad | \quad x^2$$

das äußere Rechteck hat die Höhe

$$x^2 \quad | \quad x_0^2$$

beide Rechtecke haben die Breite

$$x - x_0 \quad | \quad x_0 - x$$

Demnach gilt

$$x_0^2 \cdot (x - x_0) < A < x^2 \cdot (x - x_0) \quad | \quad x^2 \cdot (x_0 - x) < A < x_0^2 (x_0 - x)$$

Wir ersetzen A durch

$$A_0(x) - A_0(x_0) \quad | \quad A_0(x_0) - A_0(x)$$

und dividieren durch

$$x - x_0 \quad | \quad x_0 - x$$

Man erhält

$$x_0^2 < \frac{A_0(x) - A_0(x_0)}{x - x_0} < x^2 \quad | \quad x^2 < \frac{A_0(x_0) - A_0(x)}{x_0 - x} < x_0^2$$

bzw.

$$x^2 < \frac{A_0(x) - A_0(x_0)}{x - x_0} < x_0^2$$

Bei dem Term $\frac{A_0(x) - A_0(x_0)}{x - x_0}$ handelt es sich um den Differenzenquotienten der Funktion A_0 an der Stelle x_0. Der Differenzenquotient liegt zwischen den Funktionswerten von f an den Stellen x und x_0.

Beim Grenzübergang $x \to x_0$ strebt x^2 gegen x_0^2; damit muß für den Grenzwert des zwischen x^2 und x_0^2 liegenden Differenzenquotienten gelten

$$\lim_{x \to x_0} \frac{A_0(x) - A_0(x_0)}{x - x_0} = x_0^2.$$

Mit diesen Überlegungen haben wir zwei Dinge gezeigt:

– der Grenzwert $\lim\limits_{x \to x_0} \frac{A_0(x) - A_0(x_0)}{x - x_0}$ des Differenzenquotienten der Flächeninhaltsfunktion existiert, d. h. die Flächeninhaltsfunktion von f ist an der Stelle x_0 differenzierbar;

– die Ableitung A_0' hat an der Stelle x_0 den Wert x_0^2, also gilt $A_0'(x_0) = f(x_0)$.

Versuchen Sie diese Überlegungen für einen der Fälle $x < x_0$, $x > x_0$ aus dem Gedächtnis zu reproduzieren.

Damit haben wir für die Quadratfunktion bewiesen, was wir entsprechend schon für lineare Funktionen gefunden hatten: Die Quadratfunktion ist die Ableitungsfunktion ihrer Flächeninhaltsfunktion zur unteren Grenze 0.
Dies läßt sich ausnutzen, um für die Flächeninhaltsfunktion der Quadratfunktion $x \to x^2$ einen Funktionsterm zu bestimmen. Ein Beispiel für eine Funktion, die als Ableitungsfunktion die Quadratfunktion hat, ist $x \to \frac{1}{3}x^3$. Auch andere Funktionen haben diese Eigenschaft, etwa $x \to \frac{1}{3}x^3 + 1$ und $x \to \frac{1}{3}x^3 + 2$, da die Summanden 1 und 2 beim Differenzieren wegfallen.

Allgemein gilt, daß jede Funktion $x \to \frac{1}{3}x^3 + c$ mit $c \in \mathbb{R}$ als Ableitungsfunktion die Quadratfunktion besitzt.
Wir benötigen hier allerdings die Umkehrung dieses Satzes, die wesentlich tieferliegend ist:

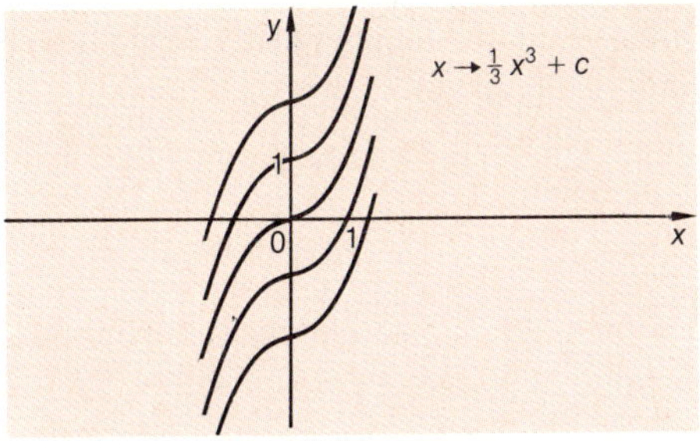

Bild 3

Wenn eine Funktion als Ableitungsfunktion die Quadratfunktion $x \to x^2$ hat, dann ist sie von der Form

$x \to \frac{1}{3}x^3 + c$ mit $c \in \mathbb{R}$.

1. Beweisen Sie diese Behauptung mit Hilfe des Monotoniesatzes (vgl. Hahn/Dzewas Band 11, S. 172 Satz 1, Teil c): „Wenn eine Funktion f auf $[a; b]$ differenzierbar ist und wenn $f'(x) = 0$ für alle $x \in [a; b]$ gilt, dann ist f auf $[a; b]$ konstant").
Anleitung: Wenn f_1 und f_2 Funktionen sind, die als Ableitungsfunktion die Quadratfunktion besitzen, dann gilt $(f_1 - f_2)'(x) = f_1'(x) - f_2'(x) = x^2 - x^2 = 0$.

Welche der unendlich vielen Funktionen $x \to \frac{1}{3}x^3 + c$ ist nun unsere gesuchte Flächeninhaltsfunktion A_0 zur unteren Grenze 0; mit anderen Worten, wie groß muß c sein? Um diese Frage zu beantworten, machen wir den Ansatz $A_0(x) = \frac{1}{3}x^3 + c$ und nutzen aus, daß wir einen Funktionswert von A_0 kennen, nämlich $A_0(0) = 0$. Der konstante Summand c muß so beschaffen sein, daß man beim Einsetzen von 0 in die Funktionsgleichung von A_0 den Funktionswert 0 erhält; es muß also gelten $0 = \frac{1}{3} \cdot 0^3 + c$. Daraus ergibt sich unmittelbar $c = 0$.
Wir haben somit als Ergebnis erhalten:

Die Funktion $A_0\colon x \to \frac{1}{3}x^3$; $x \in \mathbb{R}_+$ ist die Flächeninhaltsfunktion zur unteren Grenze 0 der Quadratfunktion $f\colon x \to x^2$.

Jetzt läßt sich auch das in Beispiel 2 von Abschnitt 1.2 gefundene Ergebnis $\frac{1}{3}$ für den Flächeninhalt unter der Normalparabel über dem Intervall $[0; 1]$ bestätigen: Dieser Flächeninhalt ist gleich dem Funktionswert der Flächeninhaltsfunktion A_0 an der Stelle 1, und dafür gilt $A_0(1) = \frac{1}{3} \cdot 1^3 = \frac{1}{3}$.

Stetige Funktionen

Wir haben für die Flächeninhaltsfunktion A_0 der Quadratfunktion $f\colon x \to x^2$ gezeigt, daß $A_0'(x_0) = f(x_0)$ gilt. Bei der Herleitung dieser Tatsache haben wir wesentlichen Gebrauch davon gemacht, daß $\lim\limits_{x \to x_0} x^2 = x_0^2$, also $\lim\limits_{x \to x_0} f(x) = f(x_0)$ gilt. Gilt Entsprechendes auch für andere Funktionen?

Wir zeigen an einem Beispiel, daß

$$\lim_{x \to x_0} f(x) = f(x_0)$$

für beliebige Funktionen f nicht unbedingt zu gelten braucht. Dazu betrachten wir die Integerfunktion int über dem offenen Intervall $]1; 3[$. Es gilt

$$\text{int}(x) = \begin{cases} 1 & \text{für } 1 < x < 2 \\ 2 & \text{für } 2 \leq x < 3 \end{cases}$$

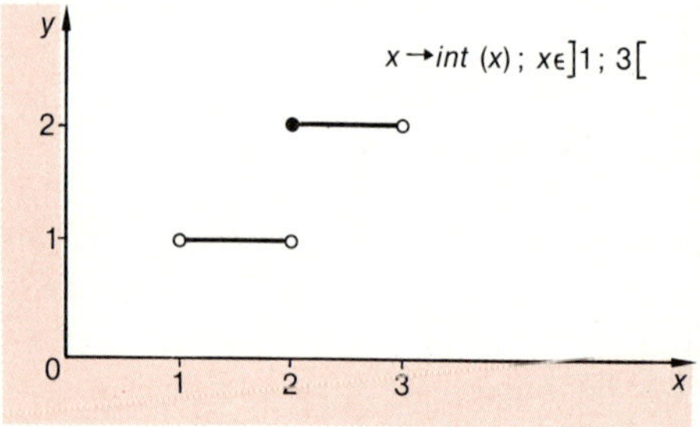

Bild 4

Für den linksseitigen Grenzwert von int an der Stelle 2 gilt

$$\lim_{\substack{x \to 2 \\ x < 2}} \text{int}(x) = \lim_{\substack{x \to 2 \\ x < 2}} 1 = 1.$$

Wie man sieht, ist der linksseitige Grenzwert 1 von dem Funktionswert int(2), der gleich 2 ist, verschieden, es gilt also

$$\lim_{\substack{x \to 2 \\ x < 2}} \text{int}(x) \neq \text{int}(2).$$

Auf der anderen Seite gibt es eine große Klasse von Funktionen, für die, wie bei der Quadratfunktion, der Grenzwert an einer Stelle stets gleich dem Funktionswert an dieser Stelle ist. Man legt fest:

> Eine an einer Stelle x_0 definierte Funktion f heißt an der Stelle x_0 **stetig,** wenn die beiden folgenden Bedingungen erfüllt sind:
> – der Grenzwert von f bei x_0 existiert;
> – der Grenzwert bei x_0 stimmt mit dem Funktionswert $f(x_0)$ überein.
> *Kurz:* f heißt **stetig** bei x_0, wenn $\lim\limits_{x \to x_0} f(x) = f(x_0)$ gilt.

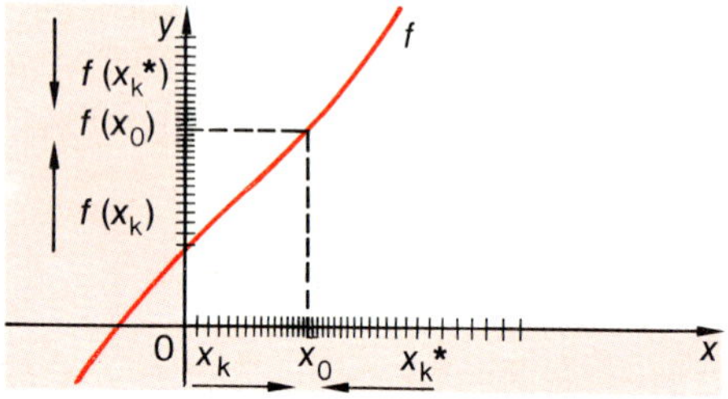

Bild 5: Für $x_k \to x_0$ gilt $f(x_k) \to f(x_0)$

Benutzen Sie den Graphen der Integerfunktion, um sich klar zu machen, wie der Graph einer bei x_0 stetigen Funktion dort nicht aussehen kann. Welche der beiden Bedingungen aus der Definition der Stetigkeit ist für die Integerfunktion an der Stelle 2 verletzt? Können Sie einen Graphen zeichnen, bei dem die andere Bedingung an der Stelle 2 verletzt ist?

Unter einer **stetigen Funktion** versteht man eine Funktion, die an jeder Stelle ihrer Definitionsmenge stetig ist.

Der Graph einer über $\mathbb{R}$ oder einem Intervall stetigen Funktion verläuft über $\mathbb{R}$ bzw. dem Intervall ohne Sprünge, man kann ihn, ohne abzusetzen, „in einem Zug" durchzeichnen. Für das folgende ist es nützlich zu wissen, daß differenzierbare Funktionen, und mit solchen beschäftigen wir uns hier ausschließlich, auch die Eigenschaften stetiger Funktionen besitzen. Es gilt

> Wenn eine Funktion f an einer Stelle x_0 differenzierbar ist, dann ist sie dort auch stetig.

Überlegen Sie, was hier zu zeigen ist.

Beweis: Für die Ableitung $f'(x_0)$ einer bei x_0 differenzierbaren Funktion f gilt

$$f'(x_0) = \lim_{x \to x_0} \frac{f(x) - f(x_0)}{x - x_0}.$$

Wir multiplizieren diesen Grenzwert mit $\lim\limits_{x \to x_0} (x - x_0)$. Da $\lim\limits_{x \to x_0} (x - x_0) = 0$ ist, gilt

$$0 = \left(\lim_{x \to x_0} \frac{f(x) - f(x_0)}{x - x_0} \right) \cdot \left(\lim_{x \to x_0} (x - x_0) \right),$$

also

$$0 = \lim_{x \to x_0} \left(\frac{f(x) - f(x_0)}{x - x_0} \cdot (x - x_0) \right)$$

und damit

$$0 = \lim_{x \to x_0} (f(x) - f(x_0)).$$

Geben Sie Begründungen an.

Addiert man auf bieden Seiten dieser Gleichung $\lim\limits_{x \to x_0} f(x_0)$, so erhält man

$$\begin{aligned} \lim_{x \to x_0} f(x_0) &= \lim_{x \to x_0} (f(x) - f(x_0)) + \lim_{x \to x_0} f(x_0) \\ &= \lim_{x \to x_0} ((f(x) - f(x_0) + f(x_0)) \\ &= \lim_{x \to x_0} f(x). \end{aligned}$$

Da $\lim\limits_{x \to x_0} f(x_0) = f(x_0)$ ist, gilt somit

$$\lim_{x \to x_0} f(x) = f(x_0).$$

Damit haben wir gezeigt, daß die differenzierbare Funktion f an der Stelle x_0 stetig ist.

2. a) Machen Sie sich klar, daß die folgende Aussage gleichbedeutend mit dem Satz ist, daß eine bei x_0 differenzierbare Funktion bei x_0 stetig ist:
Wenn eine Funktion an einer Stelle x_0 nicht stetig ist, dann ist sie dort auch nicht differenzierbar.
b) Zeigen Sie am Beispiel der Integerfunktion, daß ein Grenzwert des Differenzenquotienten $\frac{\text{int}(x) - \text{int}(2)}{x - 2}$ an der Stelle 2 nicht existiert, die Funktion also tatsächlich an einer Unstetigkeitsstelle nicht differenzierbar ist.

Sie wissen inzwischen: Wenn differenzierbar, dann stetig, und: Wenn nicht stetig, dann nicht differenzierbar. Können Sie auch etwas über die Differenzierbarkeit einer stetigen Funktion aussagen?

Der Hauptsatz für Flächeninhaltsfunktionen

Es ist unser Ziel, in Anlehnung an den Gedankengang in Beispiel 1 (Quadratfunktion) einen Zusammenhang zwischen einer stetigen Funktion und ihren Flächeninhaltsfunktionen herzuleiten. Dazu erinnern wir zunächst noch einmal an den Begriff der Flächeninhaltsfunktion und betrachten anschließend zwei Eigenschaften von Flächeninhaltsfunktionen.

Gegeben seien eine stetige, nichtnegative Funktion f und eine Stelle a aus der Definitionsmenge von f. Wird jeder Stelle $x \in D_f$ mit $x \geq a$ der Flächeninhalt unter dem Graphen von f über dem Intervall $[a; x]$ zugeordnet, so erhält man eine Funktion

$$A_a\colon x \to A_a(x);\ x \in D_f.$$

Die Funktion A_a heißt **Flächeninhaltsfunktion von f zur unteren Grenze a.**

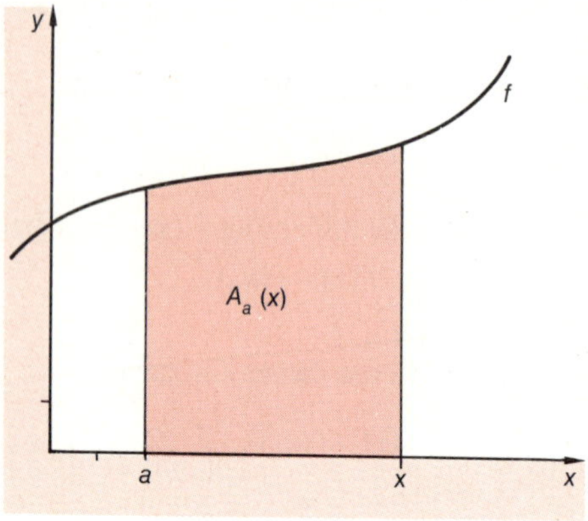

Bild 6

In welcher Hinsicht wurde hier der frühere Gedankengang verallgemeinert?

Der Anschauung entnimmt man zwei Eigenschaften von Flächeninhaltsfunktionen:

Gegeben seien eine stetige, nichtnegative Funktion f und reelle Zahlen a, b, c mit $a \leq b \leq c$ aus der Definitionsmenge von f. Dann gilt für die Flächeninhaltsfunktionen A_a und A_b von f

$$A_a(b) + A_b(c) = A_a(c).$$

(Intervalladditivität von Flächeninhaltsfunktionen)

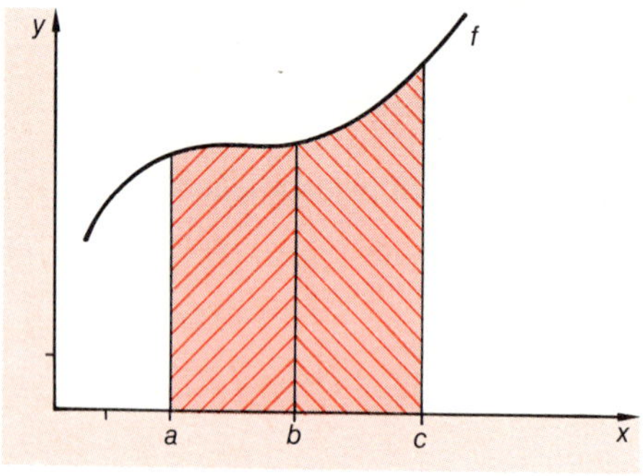

Bild 7

Gegeben seien eine stetige, nichtnegative Funktion f und reelle Zahlen a, b mit $a \leq b$ aus der Definitionsmenge von f. Dann besitzt f über dem Intervall $[a; b]$ einen kleinsten Funktionswert m und einen größten Funktionswert M, und für die Flächeninhaltsfunktion A_a von f gilt

$$m \cdot (b-a) \leq A_a(b) \leq M \cdot (b-a).$$

(Abschätzbarkeit einer Flächeninhaltsfunktion)

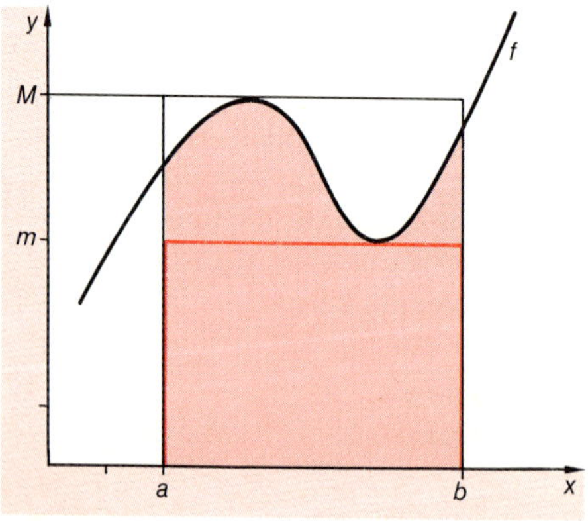

Bild 8

Machen Sie eine Skizze und bezeichnen Sie die verschiedenen Flächen.

Kurz gesagt:
- Flächeninhalte unter Funktionsgraphen lassen sich intervallweise addieren;
- ein Flächeninhalt unter einem Funktionsgraphen kann durch Rechtecksflächeninhalte abgeschätzt werden.

Mit Hilfe dieser beiden Eigenschaften läßt sich nun eine grundlegende Aussage über die Differenzierbarkeit von Flächeninhaltsfunktionen herleiten.

Es sei f eine stetige, nicht-negative Funktion, a ein Element der Definitionsmenge von f und A_a die Flächeninhaltsfunktion von f zur unteren Grenze a. Für reelle Zahlen x_0 und x mit $a \leq x_0 < x$ gilt

$$A_a(x_0) + A_{x_0}(x) = A_a(x).$$

Man stellt um

$$A_{x_0}(x) = A_a(x) - A_a(x_0)$$

und schätzt $A_{x_0}(x)$ ab:

$$m_x \cdot (x - x_0) \leq A_a(x) - A_a(x_0) \leq M_x \cdot (x - x_0),$$

wobei m_x und M_x der kleinste bzw. größte Funktionswert von f auf dem Intervall $[x_0; x]$ ist.

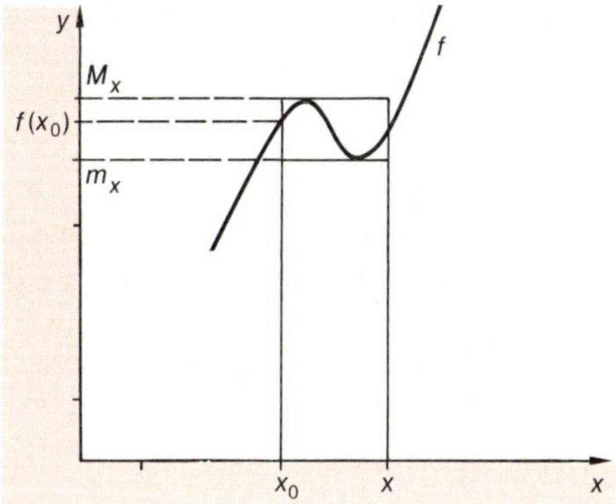

Bild 9

Division durch $x - x_0$ ergibt

$$m_x \leq \frac{A_a(x) - A_a(x_0)}{x - x_0} \leq M_x.$$

Wenn man das Intervall $[x_0; x]$ auf $\{x_0\}$ zusammenzieht, ergibt sich

$$\begin{array}{ccc} m_x \leq & \dfrac{A_a(x) - A_a(x_0)}{x - x_0} & \leq M_x \\ \downarrow & \downarrow & \downarrow \\ f(x_0) \leq & A'_a(x_0) & \leq f(x_0) \end{array}$$

Man erhält also $A'_a(x_0) = f(x_0)$.

Damit haben wir gezeigt, daß die Ableitung der Flächeninhaltsfunktion A_a an der Stelle x_0 existiert und daß diese gleich dem Funktionswert von f an der Stelle x_0 ist (vgl. Beispiel 1).

Versuchen Sie diese Überlegung aus dem Gedächtnis zu reproduzieren.

Es gilt

Satz 1 (Hauptsatz für Flächeninhaltsfunktionen): Es sei f eine stetige, nicht-negative Funktion, a ein Element der Definitionsmenge von f und A_a die Flächeninhaltsfunktion von f zur unteren Grenze a.
Dann gilt:
- die Flächeninhaltsfunktion A_a ist an jeder Stelle x_0 aus der Definitionsmenge von f mit $x_0 \geq a$ differenzierbar;
- die Ableitung $A'_a(x_0)$ ist gleich dem Funktionswert $f(x_0)$.

3. Beweisen Sie den Hauptsatz für den Fall, daß $a \leq x < x_0$ gilt.

Fassen Sie zusammen, was Sie inzwischen über die Flächeninhaltsfunktion wissen. Notieren Sie auch Beispiele. Was fehlt noch für die Bestimmung von Flächeninhalten?

Stammfunktionen

Satz 1 besagt, daß die Ableitung einer Flächeninhaltsfunktion einer stetigen, nicht-negativen Funktion f mit f übereinstimmt. Um somit eine Flächeninhaltsfunktion von f bestimmen zu können, müssen wir die bisherigen Differentiationsregeln „umkehren". Im Gegensatz zum Differenzieren, das einer differenzierbaren Funktion stets eine eindeutig bestimmte Ableitungsfunktion zuordnet, erhält man umgekehrt zu einer Funktion f mehrere Funktionen, deren Ableitungsfunktion f ist. So besitzen z. B. sowohl die Funktion $F_1: x \rightarrow \frac{1}{3}x^3$ als auch die Funktion $F_2: x \rightarrow \frac{1}{3}x^3 + 1$ die Ableitungsfunktion $f: x \rightarrow x^2$.

Definition 1 (Stammfunktion): Eine differenzierbare Funktion F, für die $F' = f$ gilt, heißt eine **Stammfunktion** der Funktion f.

Satz 1 läßt sich dann formulieren:

Wenn A_a Flächeninhaltsfunktion einer stetigen, nicht-negativen Funktion f ist, dann ist A_a eine Stammfunktion von f.

Ein wichtiger Satz über Stammfunktionen ist

Satz 2: Zwei Stammfunktionen F_1 und F_2 einer Funktion f, die über $\mathbb{R}$ oder einem Intervall definiert ist, unterscheiden sich nur um einen konstanten Summanden.

Beweis: Wenn F_1 und F_2 Stammfunktionen von f sind, gilt $F_1'(x) = F_2'(x) = f(x)$.
Damit gilt $0 = F_1'(x) - F_2'(x) = (F_1 - F_2)'(x)$.
Aus dem Monotoniesatz (vgl. Aufgabe 1, S. 21) folgt, daß dann die Differenzfunktion $F_1 - F_2$ eine konstante Funktion ist, also gilt
$(F_1 - F_2)(x) = c$ und damit $F_1(x) = F_2(x) + c$.

In der nebenstehenden Tabelle sind zu einigen Funktionen Stammfunktionen angegeben.

f	F
$x \rightarrow 0$	$x \rightarrow 1$
$x \rightarrow 1$	$x \rightarrow x$
$x \rightarrow x$	$x \rightarrow \frac{1}{2}x^2$
$x \rightarrow x^2$	$x \rightarrow \frac{1}{3}x^3$
$x \rightarrow \frac{1}{x^2}$	$x \rightarrow -\frac{1}{x}$

Tabelle 2

Überprüfen Sie die Tabelle durch Bilden der Ableitung.

Das in Beispiel 1 für die Quadratfunktion beschriebene Verfahren zur Bestimmung des Funktionsterms einer Flächeninhaltsfunktion läßt sich allgemein für eine stetige, nicht-negative Funktion f durchführen. Nach Satz 1 ist die Flächeninhaltsfunktion A_a zur unteren Grenze a für $x \geq a$ eine Stammfunktion von f. Ist F eine beliebige Stammfunktion von f, dann gilt nach Satz 2

$$A_a(x) = F(x) + c.$$

Man setzt a ein und erhält

$$0 = A_a(a) = F(a) + c,$$

also ist

$$c = -F(a),$$

und somit gilt für $x \geq a$

$$A_a(x) = F(x) - F(a).$$

Machen Sie sich anhand einer Skizze die anschauliche Bedeutung von $A_a(x)$ klar.

Damit ist der folgende Satz bewiesen:

Satz 3: Es sei f eine stetige, nicht-negative Funktion, a ein Element der Definitionsmenge von f, A_a die Flächeninhaltsfunktion von f zur unteren Grenze a und F eine beliebige Stammfunktion von f. Dann gilt:

$$A_a(x) = F(x) - F(a) \quad \text{für alle} \quad x \in D_f \quad \text{mit} \quad x \geq a.$$

4. Geben Sie eine Stammfunktion der Funktion f an.

a) $f\colon x \to x^6$ b) $f\colon x \to 5x^4$

c) $f\colon x \to \dfrac{1}{2x^3}$ d) $f\colon x \to \frac{1}{2}x^2 + x + 3$

e) $f\colon x \to (2x+1)^2$ f) $f\colon x \to \dfrac{1}{(1-x)^2}$

5. Bestimmen Sie die Flächeninhaltsfunktionen von f zur unteren Grenze a.

a) $f\colon x \to x^2,\quad a = -2$

b) $f\colon x \to x^2 - 4x + 5,\quad a = 3$

c) $f\colon x \to x^3 - 6x^2 + 9x;\quad x \in \mathbb{R}_+,\quad a = 2$

d) $f\colon x \to \dfrac{1}{x^2};\quad x \in \mathbb{R}_+^*,\quad a = \frac{1}{2}$

6. Berechnen Sie den Flächeninhalt unter dem Graphen der Funktion f über dem Intervall I.

a) $f\colon x \to x^2 + 1,\quad I = [0; 4]$ b) $f\colon x \to x^3 - x,\quad I = [-1; 0]$

c) $f\colon x \to \dfrac{1}{x^2},\quad I = [1; 3]$ d) $f\colon x \to x^4 - 2x^2 + 1,\quad I = [-1; 1]$

e) $f\colon x \to \frac{1}{2}\sqrt{x},\quad I = [0; 1]$ f) $f\colon x \to x + \sqrt{x},\quad I = [0; 9]$

Anleitung zu *e) und f)*: Eine Stammfunktion zu $x \to \sqrt{x}$ ist $x \to \frac{2}{3}x\sqrt{x}$.

7. Geben Sie, falls möglich, zu der Funktion F eine nicht-negative Funktion f und eine Zahl a an, so daß F Flächeninhaltsfunktion von f zur unteren Grenze a ist.

a) $F: x \to 3x+1$ b) $F: x \to x^2$

c) $F: x \to x^2+1$ d) $F: x \to \frac{1}{3}x^3 + \frac{1}{2}x^2 - 2x - \frac{2}{3}$

8. Ein Becken wird über ein Zuflußrohr mit Wasser gefüllt. Zum Zeitpunkt $t_0 = 0$ ist das Becken leer, und der Schieber am Zuflußrohr wird langsam geöffnet.

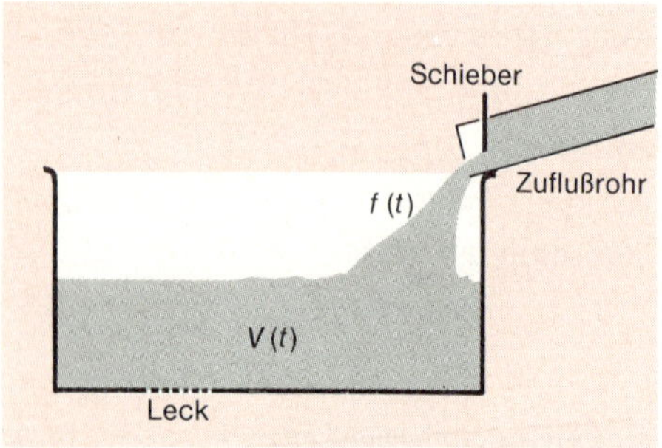

Bild 10

Bis zum Zeitpunkt $t_1 = 10\,\text{s}$ nimmt die Zulaufgeschwindigkeit gleichmäßig zu, und zwar in jeder Sekunde um $2\frac{l}{s}$. Nach einer Sekunde beträgt sie also $2\frac{l}{s}$, nach 2 Sekunden $4\frac{l}{s}$, nach 3 Sekunden $6\frac{l}{s}$ usw. Anschließend bleibt die Zulaufgeschwindigkeit für 2 min konstant. Dann wird der Schieber wieder langsam geschlossen, wobei die Zuflußgeschwindigkeit gleichmäßig in jeder Sekunde um $2\frac{l}{s}$ abnimmt. Nach 10 s ist der Schließvorgang abgeschlossen und der Zufluß vollständig gesperrt.

a) Zeichnen Sie den Graphen der „Zulauffunktion" f als Funktion der Zeit t.

b) Berechnen Sie für verschiedene Zeitpunkte t das jeweils im Becken befindliche Wasservolumen $V(t)$.
Zeichnen Sie entsprechend den Graphen der Volumenfunktion V, die jedem Zeitpunkt t das im Becken befindliche Wasservolumen $V(t)$ zuordnet, und vergleichen Sie die Graphen von f und V.

c) Nach der Füllung verliert das Becken durch ein plötzlich aufgetretenes Leck pro Sekunde $4\,l$ Wasser.
Ergänzen Sie die Graphen der Zulauffunktion f und der Volumenfunktion V entsprechend.

1.4 Integralfunktion und Integral

In den Abschnitten 1.2 und 1.3 haben wir uns mit Flächeninhaltsfunktionen beschäftigt. Aufgrund der in 1.3 angestellten Überlegungen können wir mit Hilfe von Stammfunktionen zu einigen Funktionen Flächeninhaltsfunktionen berechnen.

Wie weit sind wir mit dem Vorhaben „Bestimmung von Flächeninhalten" nun gekommen?

Leider ist der Begriff der Flächeninhaltsfunktion noch mit zwei wesentlichen Einschränkungen behaftet:
1. Eine Flächeninhaltsfunktion ist nur für nicht-negative Funktionen f erklärt;
2. die Flächeninhaltsfunktion A_a ist nur für $x \geq a$ erklärt.

Um diese Einschränkungen künftig nicht mehr beachten zu müssen, erweitern wir den Begriff der Flächeninhaltsfunktion, d.h., wir definieren eine Funktion, die mit einer Flächeninhaltsfunktion übereinstimmt, falls die Voraussetzungen für Flächeninhaltsfunktionen erfüllt sind, die jedoch den Einschränkungen 1. und 2. nicht mehr unterliegt.

Definition 1 (Integralfunktion): Es sei f eine stetige Funktion, a ein Element der Definitionsmenge von f und F eine Stammfunktion von f. Die Funktion $x \to F(x) - F(a)$ heißt **Integralfunktion von f zur unteren Grenze a.**

Den Funktionswert an der Stelle x der Integralfunktion von f zur unteren Grenze a bezeichnen wir mit

$\int_a^x f(t)\,\mathrm{d}t$ **(Integral von f in den Grenzen von a bis x),** also

$$\int_a^x f(t)\,\mathrm{d}t = F(x) - F(a).$$

Im Integral $\int_a^x f(t)\,\mathrm{d}t$ heißen
- der Term $f(t)$ **Integrand,**
- die Variable t **Integrationsvariable** und
- die Variablen a und x **Integrationsgrenzen.**

Anstelle von t können auch andere Integrationsvariablen, z.B. u, x usw. benutzt werden. Wenn allerdings, wie hier, x eine Integrationsgrenze ist, sollte x als Integrationsvariable nicht verwendet werden.

Mit der Definition der Integralfunktion haben wir die angestrebte Erweiterung der Flächeninhaltsfunktion erhalten, denn
- die Integralfunktion unterliegt nicht mehr den Einschränkungen 1. und 2.;
- für $f(x) \geq 0$ und $x \geq a$ gilt gemäß Satz 3 aus Abschnitt 1.3

$$\int_a^x f(t)\,\mathrm{d}t = F(x) - F(a) = A_a(x).$$

Beispiel 1: a) Zu berechnen ist das Integral der Funktion $f: x \to x^2 - 2x + 2$ in den Grenzen von -1 bis 3. Eine Stammfunktion von f ist $F: x \to \frac{1}{3}x^3 - x^2 + 2x$.

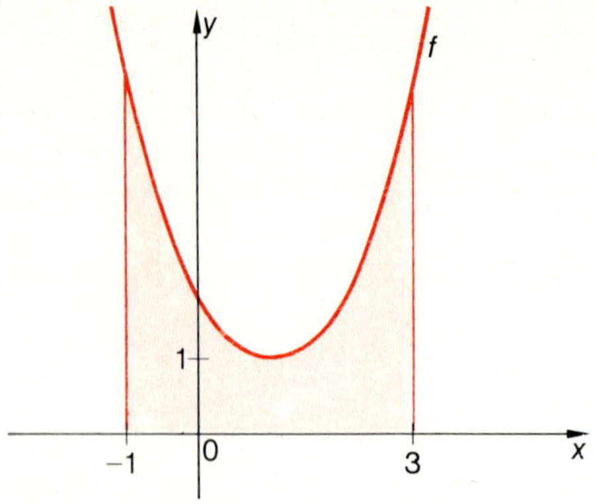

Bild 1

Man erhält

$$\int_{-1}^{3} (x^2 - 2x + 2)\,dx = F(3) - F(-1)$$
$$= (\tfrac{1}{3} \cdot 3^3 - 3^2 + 2 \cdot 3) - (\tfrac{1}{3} \cdot (-1)^3 - (-1)^2 + 2 \cdot (-1))$$
$$= 6 - (-\tfrac{10}{3}) = \tfrac{28}{3}.$$

Statt $F(3) - F(-1)$ schreibt man auch $[F(x)]_{-1}^{3}$. Diese Schreibweise, die wir im folgenden verwenden werden, erspart ein gesondertes Notieren der Stammfunktion.
In diesem Beispiel ist $f(x) = x^2 - 2x + 2 = (x-1)^2 + 1 > 0$, und die obere Integrationsgrenze 3 ist größer als die untere Integrationsgrenze -1. Daher gibt das Integral

$$\int_{-1}^{3} (x^2 - 2x + 2)\,dx$$

den *Flächeninhalt* unter dem Graphen der Funktion $f: x \to x^2 - 2x + 2$ über dem Intervall $[-1; 3]$ an.

b) Wir berechnen das Integral $\int_{-2}^{2} x^3\,dx$:

$$\int_{-2}^{2} x^3\,dx = [\tfrac{1}{4}x^4]_{-2}^{2} = \tfrac{1}{4} \cdot 2^4 - \tfrac{1}{4} \cdot (-2)^4 = 4 - 4 = 0.$$

Das Integral gibt *keinen Flächeninhalt* an, da die Funktion $x \to x^3$ über dem Intervall $[-2; 2]$ positive und negative Funktionswerte besitzt.

c) $\int_{0}^{-1} (x^2 + 1)\,dx = [\tfrac{1}{3}x^3 + x]_0^{-1} = (\tfrac{1}{3} \cdot (-1)^3 + (-1)) - (\tfrac{1}{3} \cdot 0^3 + 0) = -\tfrac{4}{3}.$

Das Integral gibt *keinen Flächeninhalt* an, da die obere Integrationsgrenze -1 kleiner als die untere Grenze 0 ist.

Fertigen Sie zu Beispiel 1b) und 1c) eine Skizze entsprechend Bild 1 an.

Das Berechnen von Integralfunktionen bzw. von Integralen nennt man auch „Integrieren". Da wir Integralfunktionen mit Hilfe von Stammfunktionen definiert haben, sagen wir stark verkürzt auch: Das Integrieren ist die Umkehrung des Differenzierens.

Wir leiten einige Eigenschaften von Integralen her:

Die Beweise der Eigenschaften 1 bis 3 sind leicht. Versuchen Sie sie selbständig zu führen. Formulieren Sie die Eigenschaften als Merkregeln.

(1) $\int_a^a f(x)\,dx = 0$

Beweis: Es sei F eine Stammfunktion zu f. Dann gilt

$$\int_a^a f(x)\,dx = F(a) - F(a) = 0.$$

Ein Integral, bei dem obere und untere Grenze gleich sind, hat den Wert 0.

(2) $\int_a^b f(x)\,dx + \int_b^c f(x)\,dx = \int_a^c f(x)\,dx$

(**Intervalladditivität** des Integrals)

Beweis: Es sei F eine Stammfunktion von f. Dann gilt

$$\int_a^b f(x)\,dx + \int_b^c f(x)\,dx = (F(b) - F(a)) + (F(c) - F(b)) = F(c) - F(a) = \int_a^c f(x)\,dx.$$

(3) $\int_a^b f(x)\,dx = -\int_b^a f(x)\,dx$

Beweis: $\int_a^b f(x)\,dx = F(b) - F(a) = -(F(a) - F(b)) = -\int_b^a f(x)\,dx.$

Vertauschen der Integrationsgrenzen verändert das Vorzeichen des Integrals.

(4a) $\int_a^b (f(x) + g(x))\,dx = \int_a^b f(x)\,dx + \int_a^b g(x)\,dx$

(4b) $\int_a^b (c \cdot f(x))\,dx = c \cdot \int_a^b f(x)\,dx$

(**Linearität** des Integrals)

Beweis zu (4a): Es seien F und G Stammfunktionen zu f bzw. g. Dann gilt

$$\int_a^b (f(x) + g(x))\,dx = (F(b) + G(b)) - (F(a) + G(a)) = (F(b) - F(a)) + (G(b) - G(a))$$
$$= \int_a^b f(x)\,dx + \int_a^b g(x)\,dx.$$

Beweis zu (4b):

$$\int_a^b (c \cdot f(x)\,dx = c \cdot F(b) - c \cdot F(a) = c(F(b) - F(a)) = c \cdot \int_a^b f(x)\,dx.$$

Setzen Sie Ihr bisheriges Wissen über Integrale in Beziehung zu der Zielsetzung, Flächeninhalte zu bestimmen.

1. Bestimmen Sie die Integralfunktion von f zur unteren Grenze a.

a) $f\colon x \to 2;\ x \in \mathbb{R},\ a = -1\ \ (a \in \mathbb{R})$

b) $f\colon x \to -\frac{1}{2}x;\ x \in \mathbb{R},\ a = -4\ \ (a \in \mathbb{R})$

c) $f\colon x \to x^2 + 2x + 2;\ x \in \mathbb{R},\ a = 0\ \ (a \in \mathbb{R})$

d) $f\colon x \to x + \frac{1}{x^2};\ x \in \mathbb{R}_+^*,\ a = 1\ \ (a \in \mathbb{R}_+^*)$

2. Berechnen Sie die Integrale.

a) $\int_1^2 5x^4\,dx$

b) $\int_1^5 \left(x - \frac{2}{x^2}\right) dx$

c) $\int_{-1}^1 (x^3 - x)\,dx$

d) $\int_1^3 (x^2 + 3x - 4)\,dx$

e) $\int_2^2 (3x + 1)\,dx$

f) $\int_2^{-1} x^2\,dx$

3. Zeigen Sie, daß die Keplersche Faßregel (vgl. S. 18)

$\int_a^b f(x)\,\mathrm{d}x \approx \frac{b-a}{6}\left(f(a)+4f\left(\frac{a+b}{2}\right)+f(b)\right)$ für die ganzrationalen Funktionen

$f\colon x \to ux^2+vx+w$ und $f\colon x \to x^3$ den genauen Wert für $\int_a^b f(x)\,\mathrm{d}x$ liefert.

4. Bestimmen Sie die untere bzw. obere Integrationsgrenze des Integrals so, daß die Gleichungen erfüllt sind (Anzahl der Lösungen beachten).

a) $\int_1^b x\,\mathrm{d}x = 4$ b) $\int_a^3 \frac{x^2}{3}\,\mathrm{d}x = 3$ c) $\int_0^b (3x^2-1)\,\mathrm{d}x = 0$ d) $\int_a^0 (4x^3-2x)\,\mathrm{d}x = 0$

5. Zeigen Sie, daß $\int_a^b f(x)\,\mathrm{d}x \geq 0 \left(\int_a^b f(x)\,\mathrm{d}x \leq 0\right)$ gilt, wenn f eine über $[a;b]$ nicht-negative (nicht-positive) Funktion ist.

Anleitung: Schließen Sie aufgrund des Monotoniesatzes (vgl. Hahn/Dzewas Band 11, S. 172, Satz 1 a), b)): „Wenn $f'(x) > 0$ ($f'(x) < 0$) für alle $x \in [a;b]$ ist, dann ist f auf $[a;b]$ streng monoton wachsend (fallend)“ von f auf die Stammfunktion F.

Zusammenhang zwischen Flächeninhalt und Integral

Es ist unser Ziel, Flächeninhaltsberechnungen künftig mit Hilfe von Integralen durchzuführen. Wie wir wissen, erhält man den Inhalt A der Fläche unter dem Graphen einer Funktion f über einem Intervall $[a;b]$ durch

$$A = \int_a^b f(x)\,\mathrm{d}x,$$

falls f eine nicht-negative stetige Funktion ist (vgl. Beispiel 1 a)).

Beispiel 2: Zu bestimmen ist der Flächeninhalt A unter dem Graphen der Funktion $p_3\colon x \to x^3$ über dem Intervall $[-2;0]$. Die Funktion p_3 ist über diesem Intervall nicht-positiv, denn aus $x \leq 0$ folgt $x^3 \leq 0$.
(Der Einfachheit halber behalten wir die Sprechweise „Flächeninhalt unter dem Graphen von f“ auch dann bei, wenn f – wie hier – eine nicht-positive Funktion ist.)

Spiegelt man den Graphen von p_3 an der x-Achse, so erhält man den Graphen der Funktion $-p_3\colon x \to -x^3$. Diese Funktion ist über dem Intervall $[-2;0]$ nicht-negativ. Die Inhalte der Flächen unter den Graphen von p_3 und $-p_3$ sind gleich, so daß man den gesuchten Flächeninhalt A durch Berechnung des Integrals der Funktion $-p_3$ in den Grenzen -2 bis 0 bestimmen kann:

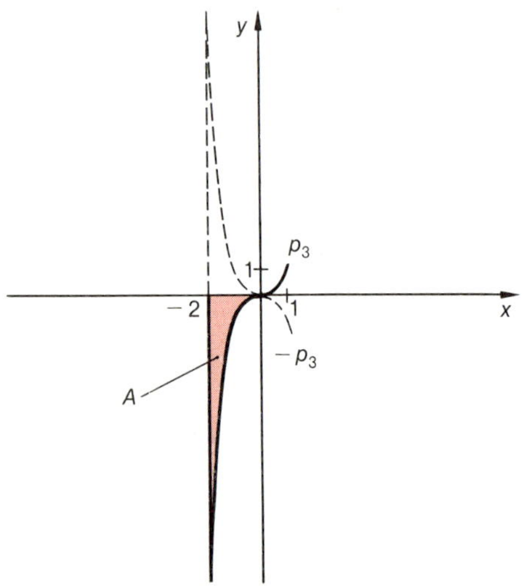

Bild 2

$$A=\int_{-2}^{0}(-p_3(x))\,\mathrm{d}x=\int_{-2}^{0}(-x^3)\,\mathrm{d}x=-\int_{-2}^{0}x^3\,\mathrm{d}x=-[\tfrac{1}{4}x^4]_{-2}^{0}$$
$$=-(0-\tfrac{1}{4}\cdot(-2)^4)=4.$$

Wir hätten in Beispiel 2 auch zunächst das Integral $\int_{-2}^{0}x^3\,\mathrm{d}x$ berechnen können; dabei ergibt sich $\int_{-2}^{0}x^3\,\mathrm{d}x=-4$. Der Flächeninhalt unter dem Graphen von p_3 über dem Intervall $[-2;0]$ ist dann gleich dem Absolutbetrag dieses Integrals.

Allgemein gilt

> Es sei f eine über dem Intervall $[a;b]$ stetige, nicht-negative oder nicht-positive Funktion. Dann erhält man den Flächeninhalt A unter dem Graphen von f über dem Intervall $[a;b]$ durch
> $$A=\left|\int_a^b f(x)\,\mathrm{d}x\right|.$$

Den Fall, daß f eine auf $[a;b]$ stetige Funktion mit positiven und negativen Funktionswerten ist, untersuchen wir anhand der in Bild 3 dargestellten Funktion. Man setzt

$$A=A_1+A_2+A_3.$$

Es gilt $A_1=\left|\int_a^c f(x)\,\mathrm{d}x\right|$,

$$A_2=\left|\int_c^d f(x)\,\mathrm{d}x\right| \quad \text{und}$$

$$A_3=\left|\int_d^b f(x)\,\mathrm{d}x\right|.$$

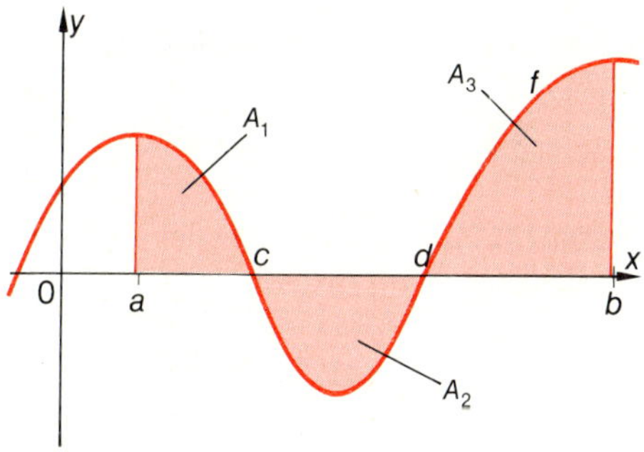

Bild 3

Somit gilt für die in Bild 3 dargestellte Funktion

$$A=\left|\int_a^c f(x)\,\mathrm{d}x\right|+\left|\int_c^d f(x)\,\mathrm{d}x\right|+\left|\int_d^b f(x)\,\mathrm{d}x\right|.$$

] *Warum muß man hier in drei Summanden aufspalten? Was käme für* $\left|\int_a^b f(x)\,\mathrm{d}x\right|$ heraus?

Beispiel 3: Zu berechnen ist der Flächeninhalt unter dem Graphen der Funktion $f\colon x \to x^2+x-2$ über dem Intervall $[-1;3]$.
Wir bestimmen zunächst die Nullstellen von f im Intervall $[-1;3]$:

$$f(x)=0$$
$$x^2+x-2=0$$
$$(x+2)\cdot(x-1)=0$$
$$x=-2 \vee x=1$$

Die Nullstellen der Funktion f sind -2 und 1; die Nullstelle 1 liegt im Intervall $[-1;3]$.

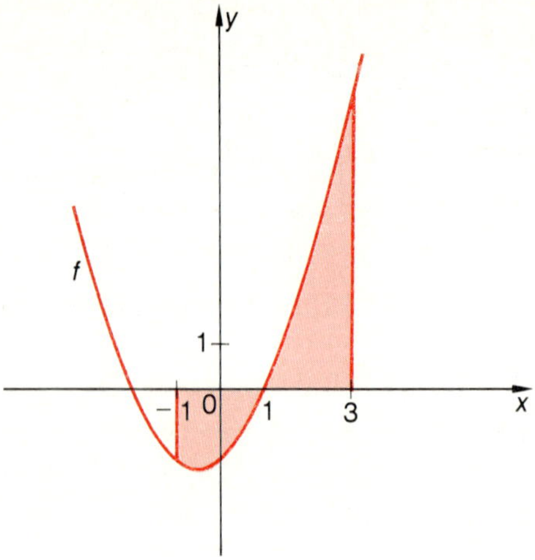

Bild 4

Für den Flächeninhalt unter dem Graphen von f über $[-1;3]$ gilt

$$A=\left|\int_{-1}^{1}(x^2+x-2)\,dx\right|+\left|\int_{1}^{3}(x^2+x-2)\,dx\right|$$
$$=\left|[\tfrac{1}{3}x^3+\tfrac{1}{2}x^2-2x]_{-1}^{1}\right|+\left|[\tfrac{1}{3}x^3+\tfrac{1}{2}x^2-2x]_{1}^{3}\right|$$
$$=\left|-\tfrac{7}{6}-\tfrac{13}{6}\right|+\left|\tfrac{9}{2}-(-\tfrac{7}{6})\right|$$
$$=\tfrac{20}{6}+\tfrac{34}{6}=9.$$

Beispiel 4: Zu berechnen ist der Flächeninhalt unter dem Graphen der Funktion $f\colon x \to x^3-2x^2-11x+12$ über dem Intervall $[-4;6]$. Zunächst müssen die Nullstellen der Funktion f bestimmt werden. Durch Probieren findet man: 1 ist eine Nullstelle von f. Der Funktionsterm $f(x)$ läßt sich also in der Form $(x-1)\,g(x)$ schreiben, wobei $g(x)$ der Funktionsterm einer quadratischen Funktion ist. Man bestimmt $g(x)$ durch Polynomdivision:

$$\begin{array}{l}
x^3-2x^2-11x+12=(x-1)\cdot(x^2-x-12)\\
\underline{-(x^3-x^2)}\\
\qquad -x^2-11x\\
\qquad \underline{-(-x^2+x)}\\
\qquad\qquad -12x+12\\
\qquad\qquad \underline{-(-12x+12)}\\
\qquad\qquad\qquad 0
\end{array}$$

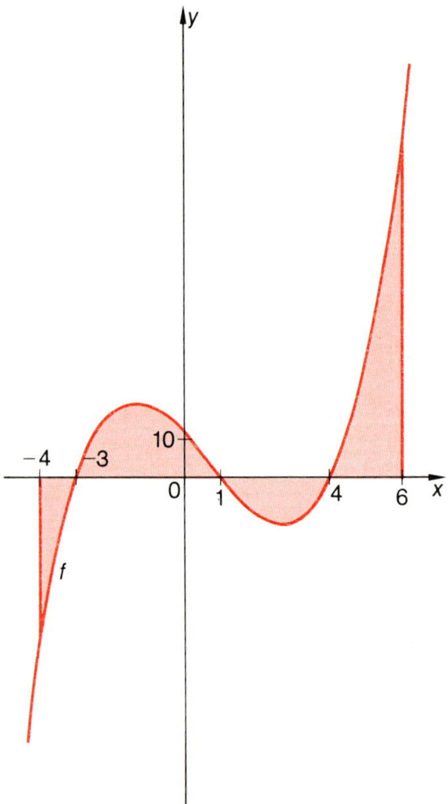

Bild 5

Man erhält

$f(x)=(x-1)(x^2-x-12)$.

Die Nullstellen von f sind 1, -3 und 4; alle Nullstellen liegen im Intervall $[-4;6]$. Es gilt dann für den Flächeninhalt A unter dem Graphen der Funktion f

$$A=\left|\int_{-4}^{-3}(x^3-2x^2-11x+12)\,dx\right|+\left|\int_{-3}^{1}(x^3-2x^2-11x+12)\,dx\right|$$

$$+\left|\int_{1}^{4}(x^3-2x^2-11x+12)\,dx\right|+\left|\int_{4}^{6}(x^3-2x^2-11x+12)\,dx\right|$$

$$=\left|\left[\tfrac{1}{4}x^4-\tfrac{2}{3}x^3-\tfrac{11}{2}x^2+12x\right]_{-4}^{-3}\right|+\left|\left[\tfrac{1}{4}x^4-\tfrac{2}{3}x^3-\tfrac{11}{2}x^2+12x\right]_{-3}^{1}\right|$$

$$+\left|\left[\tfrac{1}{4}x^4-\tfrac{2}{3}x^3-\tfrac{11}{2}x^2+12x\right]_{1}^{4}\right|+\left|\left[\tfrac{1}{4}x^4-\tfrac{2}{3}x^3-\tfrac{11}{2}x^2+12x\right]_{4}^{6}\right|$$

$$=\left|-\tfrac{189}{4}-\left(-\tfrac{88}{3}\right)\right|+\left|\tfrac{73}{12}-\left(-\tfrac{189}{4}\right)\right|+\left|-\tfrac{56}{3}-\tfrac{73}{12}\right|+\left|54-\left(-\tfrac{56}{3}\right)\right|$$

$$=\tfrac{215}{12}+\tfrac{640}{12}+\tfrac{297}{12}+\tfrac{872}{12}=\tfrac{2024}{12}=168\tfrac{2}{3}.$$

6. Berechnen Sie den Flächeninhalt A unter dem Graphen der Funktion f über dem Intervall I.

a) $f\colon x\to -x^2+4x$, $\quad I=[-1;3]$

b) $f\colon x\to x^3-2x^2-4x+8$, $\quad I=[-3;4]$

c) $f\colon x\to x^3-x$, $\quad I=[-1;2]$

d) $f\colon x\to x^3-2x^2-x+2$, $\quad I=[0;2]$

e) $f\colon x\to \begin{cases}-x+1 & \text{für } x<3\\ x^2-6x+7 & \text{für } x\geq 3\end{cases}$, $\quad I=[-2;5]$

7. Vergleichen Sie das Integral von f in den Grenzen von a bis b mit dem Flächeninhalt unter dem Graphen von f über dem Intervall $[a;b]$.

a) $f\colon x\to x^3$, $\quad a=-1$, $\quad b=1$

b) $f\colon x\to x^3-6x^2+9x$, $\quad a=1$, $\quad b=2$

c) $f\colon x\to \frac{1}{4}x^4-x^2$, $\quad a=-2$, $\quad b=0$

d) $f\colon x\to 1-\sqrt{x}$, $\quad a=0$, $\quad b=4$

8. a) Der Graph einer ganzrationalen Funktion 4. Grades, der zur y-Achse symmetrisch ist, berührt die x-Achse in $(-2;0)$ und $(2;0)$. Der Graph der Funktion schließt zwischen den Berührstellen mit der x-Achse den Flächeninhalt $\frac{128}{15}$ ein. Bestimmen Sie die Funktionsgleichung.

b) Eine ganzrationale Funktion 3. Grades hat bei 2 eine Wendestelle; ihr Graph berührt in $(0;0)$ die x-Achse und schließt mit der x-Achse den Flächeninhalt 13,5 ein. Bestimmen Sie die Funktionsgleichung.

Anmerkung zu a) und b): Beachten Sie die Anzahl der Lösungen.

9. Durch den Hochpunkt des Graphen der Funktion $f\colon x\to\frac{1}{3}x^3-3x^2+6x;\ x\in[0;3]$ wird eine Parallele zur y-Achse gezogen, die die Fläche, welche der Graph von f mit der x-Achse einschließt, in zwei Teilflächen zerlegt. In welchem Verhältnis stehen die Flächeninhalte der beide Teilflächen zueinander?

10. a) Berechnen Sie das Integral $\int_1^b \frac{1}{x^2}\,dx$ für $b\geq 1$.

b) Bestimmen Sie den Grenzwert $\lim\limits_{b\to\infty}\int\limits_1^b \frac{1}{x^2}\,dx$ und deuten Sie diesen als Flächeninhalt. (Eine sich ins „Unendliche" erstreckende Fläche kann einen endlichen Flächeninhalt haben!)

Anmerkung: Anstelle von $\lim\limits_{b\to\infty}\int\limits_1^b \frac{1}{x^2}\,dx$ schreibt man auch $\int\limits_1^\infty \frac{1}{x^2}\,dx$; der Term $\int\limits_1^\infty \frac{1}{x^2}\,dx$ heißt **uneigentliches Integral** der Funktion $x \to \frac{1}{x^2}$ über dem Intervall $[1; \infty[$.

c) Zeigen Sie, daß die folgenden uneigentlichen Integrale existieren, und bestimmen Sie ihre Werte.

α) $\int\limits_{-\infty}^{-3} \frac{1}{x^2}\,dx$

β) $\int\limits_0^\infty \frac{2}{(3x+1)^3}\,dx$

γ) $\int\limits_2^\infty \frac{1}{x\sqrt{x}}\,dx$

δ) $\int\limits_{-\infty}^{-2} \frac{x^2+1}{x^4-2x+1}\,dx$

Anleitung zu γ): Eine Stammfunktion zu $x \to \frac{1}{x\sqrt{x}}$ ist $x \to -\frac{2}{\sqrt{x}}$;

Anleitung zu δ): Nutzen Sie aus, daß $\frac{x^2+1}{x^4-2x+1} = \frac{1}{2(x-1)^2} + \frac{1}{2(x+1)^2}$ ist.

Flächeninhalte zwischen Funktionsgraphen

Beispiel 5: Von den Graphen der Funktionen $f: x \to -x+6$ und $g: x \to x^2-6x+10$ wird ein Flächenstück eingeschlossen. Wie groß ist dessen Flächeninhalt?

Überlegen Sie, wie man grundsätzlich vorgehen könnte, wenn man die schraffierte Fläche in Bild 6 mit den bereits erarbeiteten Mitteln berechnen will.

Wir betrachten beide Funktionen über demjenigen abgeschlossenen Intervall, das von den Schnittstellen der Funktionen begrenzt wird.

Die Schnittstellen von f und g berechnet man mit Hilfe der Gleichung $f(x)=g(x)$:

$$f(x)=g(x)$$
$$-x+6=x^2-6x+10$$
$$0=x^2-5x+4$$
$$x=1 \vee x=4$$

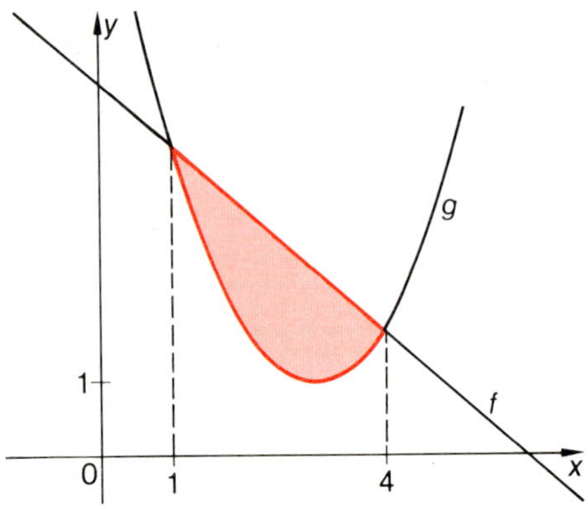

Bild 6

Die Schnittstellen von f und g sind also 1 und 4. Über dem Intervall $[1; 4]$ gilt $f(x) \geq g(x)$. Der Flächeninhalt A zwischen den Graphen der beiden Funktionen ist gleich der Differenz des Flächeninhalts unter dem Graphen von f und des Flächeninhalts unter dem Graphen von g, jeweils über dem Intervall $[1; 4]$, also gilt

$$A = \int\limits_1^4 f(x)\,dx - \int\limits_1^4 g(x)\,dx = \int\limits_1^4 (f(x)-g(x))\,dx$$
$$= \int\limits_1^4 (-x^2+5x-4)\,dx = [-\tfrac{1}{3}x^3 + \tfrac{5}{2}x^2 - 4x]_1^4 = \tfrac{8}{3} - (-\tfrac{11}{6}) = \tfrac{9}{2}.$$

Wir durften so vorgehen, denn

- die Funktion f ist auf dem Intervall $[1;4]$ positiv, da aus $1 \le x \le 4$ folgt $2 \le -x+6 \le 5$;
- die Funktion g ist auf $[1;4]$ positiv, da $g(x) = x^2 - 6x + 10 = (x-3)^2 + 1$ gilt.

Beispiel 6: Zu bestimmen ist der Flächeninhalt A zwischen den Graphen der Funktionen
$f: x \to -\frac{1}{2}x^2 + 5$ und $g: x \to x^2 + 3x + \frac{1}{2}$.
Die Schnittstellen von f und g sind -3 und 1. Die Funktion f ist über dem Intervall $[-3;1]$ positiv, denn aus $-3 \le x \le 1$ folgt $x^2 \le 9$, also $-\frac{1}{2}x^2 + 5 \ge \frac{1}{2}$. Die Funktion g dagegen besitzt auf $[-3;1]$ positive und negative Funktionswerte, denn es gilt z.B. $g(-3) = \frac{1}{2}$ und $g(-2) = -\frac{3}{2}$.

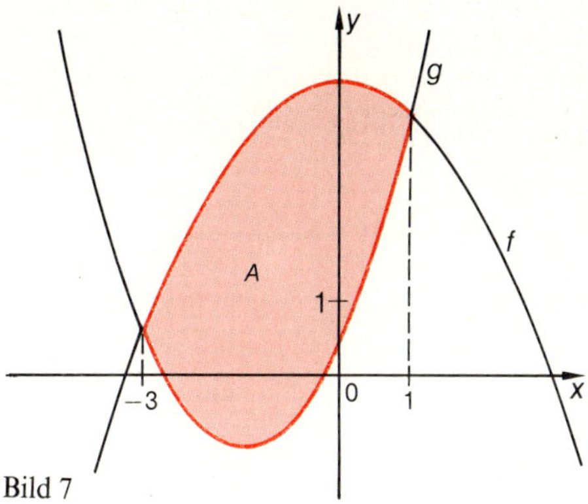

Bild 7

Stellen Sie A als Summe bzw. Differenz von bereits berechenbaren Flächeninhalten dar.

Wir zeigen, daß sich dennoch der Flächeninhalt zwischen den Graphen von f und g wie in Beispiel 5 berechnen läßt.
Wir verschieben beide Funktionen um 2 in y-Richtung. Dabei geht f über in die Funktion $f_1: x \to -\frac{1}{2}x^2 + 7$, g in die Funktion $g_1: x \to x^2 + 3x + \frac{5}{2}$. Durch die Verschiebung ändern sich weder die Schnittstellen noch der Flächeninhalt, der von beiden Funktionsgraphen eingeschlossen wird.
Die Funktion f_1 ist über dem Intervall $[-3;1]$ sicherlich positiv, weil schon die Funktion f es war; die Funktion g_1 ist über diesem Intervall positiv, denn es gilt $g_1(x) = x^2 + 3x + \frac{5}{2} = (x+\frac{3}{2})^2 + \frac{1}{4}$. Auf dem Intervall $[-3;1]$ gilt $f_1(x) \ge g_1(x)$.

Wir können also – wie im Beispiel 5 – den Flächeninhalt A zwischen den Graphen der Funktionen f_1 und g_1 und damit zwischen den Graphen der Funktionen f und g berechnen durch

$$A = \int_{-3}^{1} (f_1(x) - g_1(x))\,dx$$
$$= \int_{-3}^{1} ((f(x)+2) - (g(x)+2))\,dx = \int_{-3}^{1} (f(x) - g(x))\,dx$$
$$= \int_{-3}^{1} (-\tfrac{3}{2}x^2 - 3x + \tfrac{9}{2})\,dx = [-\tfrac{1}{2}x^3 - \tfrac{3}{2}x^2 + \tfrac{9}{2}x]_{-3}^{1} = \tfrac{5}{2} - (-\tfrac{27}{2}) = 16.$$

Man sieht: Für die Rechnung ist die Verschiebung um 2 in y-Richtung unwesentlich.

Für den Flächeninhalt A zwischen den Graphen der Funktionen f und g mit den Schnittstellen a und b gilt $A = \int_a^b (f(x) - g(x))\,dx$, wenn $f(x) \ge g(x)$ auf dem Intervall $[a;b]$ gilt, unabhängig davon, welche Vorzeichen die Funktionswerte der Funktionen f und g besitzen.

Auf eine Betrachtung, welche der beiden Funktionen zwischen den Schnittstellen größere Funktionswerte annimmt, können wir verzichten, wenn wir mit Absolutbeträgen arbeiten:

> Es seien f und g stetige Funktionen mit genau zwei Schnittstellen a und $b (a < b)$. Dann schließen die Graphen von f und g zwischen den Schnittstellen a und b den Flächeninhalt
>
> $$A = \left| \int_a^b (f(x) - g(x))\,\mathrm{d}x \right|$$
>
> ein.

Beispiel 7: Welchen Flächeninhalt schließen die Graphen der Funktionen

$f: x \to 2\sqrt{x};\ x \in \mathbb{R}_+$ und

$g: x \to -\frac{1}{3}x^2 + \frac{7}{3}x;\ x \in \mathbb{R}$ ein?

Berechnung der Schnittstellen von f und g:

$f(x) = g(x)$

$2\sqrt{x} = -\frac{1}{3}x^2 + \frac{7}{3}x.$

Durch Quadrieren beider Seiten erhält man

$4x = \frac{1}{9}x^4 - \frac{14}{9}x^3 + \frac{49}{9}x^2$

$0 = \frac{1}{9}x(x^3 - 14x^2 + 49x - 36)$

$x = 0 \vee x^3 - 14x^2 + 49x - 36 = 0$

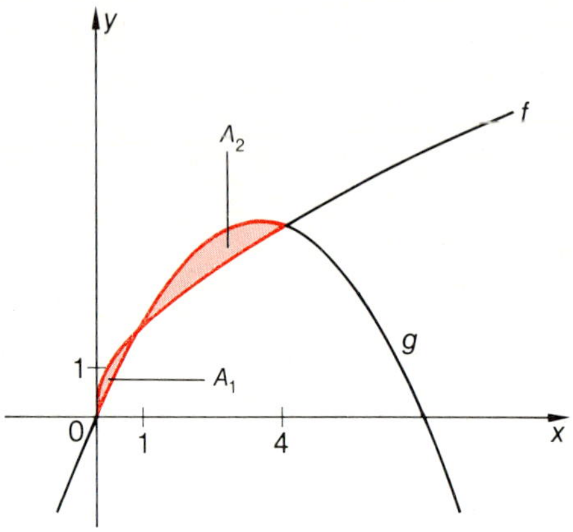

Bild 8

Durch Probieren findet man, daß 1 eine Lösung der Gleichung $x^3 - 14x^2 + 49x - 36 = 0$ ist. Man erhält

$$x^3 - 14x^2 + 49x - 36 = 0$$
$$(x-1)(x^2 - 13x + 36) = 0$$
$$x = 1 \vee x = 4 \vee x = 9.$$

Die Lösungen der Gleichung $4x = \frac{1}{9}x^4 - \frac{14}{9}x^3 + \frac{49}{9}x^2$ sind also 0, 1, 4 und 9; davon sind jedoch nur 0, 1 und 4 Lösungen der Gleichung $2\sqrt{x} = -\frac{1}{3}x^2 + \frac{7}{3}x$ und damit Schnittstellen der Funktionen f und g.

Für den Flächeninhalt A_1 zwischen den Schnittstellen 0 und 1 gilt

$$A_1 = \left| \int_0^1 (f(x) - g(x))\,\mathrm{d}x \right|,$$

für den Flächeninhalt A_2 zwischen den Schnittstellen 1 und 4 gilt

$$A_2 = \left| \int_1^4 (f(x) - g(x))\,\mathrm{d}x \right|.$$

Damit erhält man für den Flächeninhalt A zwischen den Graphen von f und g:

$$A = \left|\int_0^1 (f(x) - g(x))\,dx\right| + \left|\int_1^4 (f(x) - g(x))\,dx\right|$$
$$= \left|\int_0^1 (2\sqrt{x} + \tfrac{1}{3}x^2 - \tfrac{7}{3}x)\,dx\right| + \left|\int_1^4 (2\sqrt{x} + \tfrac{1}{3}x^2 - \tfrac{7}{3}x)\,dx\right|$$
$$= \left|[\tfrac{4}{3}x\sqrt{x} + \tfrac{1}{9}x^3 - \tfrac{7}{6}x^2]_0^1\right| + \left|[\tfrac{4}{3}x\sqrt{x} + \tfrac{1}{9}x^3 - \tfrac{7}{6}x^2]_1^4\right|$$
$$= \left|\tfrac{5}{18} - 0\right| + \left|-\tfrac{16}{18} - \tfrac{5}{18}\right|$$
$$= \tfrac{5}{18} + \tfrac{21}{18} = \tfrac{26}{18} = \tfrac{13}{9}.$$

11. Welchen Flächeninhalt schließen die Graphen der Funktionen f und g zwischen ihren Schnittstellen ein?

a) $f\colon x \to x^2$, $\quad g\colon x \to 2x + 3$
b) $f\colon x \to x^2$, $\quad g\colon x \to \sqrt{x}$
c) $f\colon x \to \dfrac{1}{x^2}$, $\quad g\colon x \to -\tfrac{5}{2}x + \tfrac{21}{4}$
d) $f\colon x \to x^3$, $\quad g\colon x \to x^2 + 4x - 4$
e) $f\colon x \to x^3 + 2$, $\quad g\colon x \to 2x^2 + x$

12. Berechnen Sie den Flächeninhalt des Dreiecks ABC.
a) $A = (3; 1)$, $\quad B = (1; 4)$, $\quad C = (-1; -2)$
b) $A = (-2; 1)$, $\quad B = (1; -6)$, $\quad C = (0; 5)$

13. Durch den Punkt $(u; f(u))$ mit $0 < u < 2$ des Graphen der Funktion
$f\colon x \to -x^3 + 3x^2;\ x \in [0; 2]$
wird eine Parallele zur x-Achse gezogen. Der Graph der Funktion f schließt mit der Parallelen zwei Flächenstücke ein (Skizze!).
Wie muß u gewählt werden, damit
a) die Flächeninhalte beider Flächenstücke gleich sind;
b) die Summe beider Flächeninhalte minimal ist?

14. Die Fläche, die der Graph der Funktion $f\colon x \to -x^2 + 6x$ mit der x-Achse einschließt, werde durch eine Ursprungsgerade in zwei Teile zerlegt.
Bestimmen Sie die Funktionsgleichung derjenigen Ursprungsgeraden, für die die Flächeninhalte beider Teilflächen a) gleich sind; b) sich wie 1 : 2 verhalten (2 Lösungen).

Eine Integrationsregel

Wir haben gezeigt, wie man z.B. das Integral $\int_2^5 x^3\,dx$ berechnet. Es ergibt sich

$$\int_2^5 x^3\,dx = [\tfrac{1}{4}x^4]_2^5 = \tfrac{1}{4} \cdot 625 - \tfrac{1}{4} \cdot 16 = 152{,}25.$$

Das Integral $\int_2^5 (2x + 1)^3\,dx$ läßt sich dagegen nicht ohne weiteres berechnen, es sei denn, man multipliziert den Term $(2x + 1)^3$ aus und berechnet das Integral summandenweise. Dies ist jedoch – insbesondere bei höheren Potenzen – recht umständlich, so daß wir nach einer einfachen Methode suchen.

Es sei f eine auf $[a; b]$ stetige Funktion und F eine Stammfunktion zu f. Dann gilt nach Definition 1 (S. 29)

$$\int_a^b f(x)\,\mathrm{d}x = F(b) - F(a).$$

Es ist unser Ziel, den Wert des Integrals $\int_a^b f(ux+v)\,\mathrm{d}x$ zu bestimmen, wobei wir $u \neq 0$ voraussetzen.

Was passiert für $u=0$?

Eine Stammfunktion der Funktion $f_1\colon x \to f(ux+v)$ ist die Funktion

$$F_1\colon x \to \frac{1}{u} F(ux+v),$$

da nach einer Ableitungsregel (vgl. Hahn/Dzewas Band 11, S. 164/165) gilt

$$F_1'(x) = \frac{1}{u}(F(ux+v))' = \frac{1}{u}(F'(ux+v)) \cdot u = F'(ux+v) = f(ux+v) = f_1(x).$$

(Bei der Umformung haben wir ausgenutzt, daß $F' = f$ gilt.) Es gilt also

$$\int_a^b f(ux+v)\,\mathrm{d}x = \left[\frac{1}{u} \cdot F(ux+v)\right]_a^b = \frac{1}{u} \cdot (F(ub+v) - F(ua+v)).$$

Bilden Sie sich eine Merkregel.

Mit Hilfe dieser Regel läßt sich jetzt das Integral $\int_2^5 (2x+1)^3\,\mathrm{d}x$ berechnen: Man faßt den Term $(2x+1)^3$ als Funktionsterm $f(ux+v)$ auf mit $f\colon x \to x^3$, $u=2$ und $v=1$. Dann ist $F\colon x \to \frac{1}{4}x^4$ eine Stammfunktion von f, und es gilt

$$\int_2^5 (2x+1)^3\,\mathrm{d}x = [\tfrac{1}{2} \cdot \tfrac{1}{4}(2x+1)^4]_2^5 = \tfrac{1}{8}((2 \cdot 5+1)^4 - (2 \cdot 2+1)^4) = 1752.$$

Beispiel 8: Zu berechnen ist das Integral $\int_4^{10} \sqrt{\tfrac{1}{2}x - 1}\,\mathrm{d}x$.

In diesem Fall ist $f\colon x \to \sqrt{x}$, $F\colon x \to \frac{2}{3}x \cdot \sqrt{x}$ (vgl. Seite 27), $u = \frac{1}{2}$ und $ux+v = \frac{1}{2}x - 1$. Damit gilt

$$\begin{aligned}\int_4^{10} \sqrt{\tfrac{1}{2}x-1}\,\mathrm{d}x &= \left[\frac{1}{\frac{1}{2}} \cdot \tfrac{2}{3} \cdot (\tfrac{1}{2}x-1) \cdot \sqrt{\tfrac{1}{2}x-1}\right]_4^{10}\\ &= \tfrac{4}{3}((\tfrac{1}{2} \cdot 10 - 1) \cdot \sqrt{\tfrac{1}{2} \cdot 10 - 1} - (\tfrac{1}{2} \cdot 4 - 1) \cdot \sqrt{\tfrac{1}{2} \cdot 4 - 1})\\ &= \tfrac{4}{3} \cdot (4 \cdot 2 - 1 \cdot 1)\\ &= \tfrac{28}{3}.\end{aligned}$$

Halten Sie Rückschau: Inwieweit hat das Kapitel die Erwartungen erfüllt, die Sie vor Beginn des Lesens hatten?

15. Berechnen Sie folgende Integrale.

a) $\int_{-4}^{0} (\frac{1}{2}x+1)^2\,dx$ b) $\int_{0}^{\frac{1}{2}} (-2x+\frac{1}{2})^5\,dx$ c) $\int_{-1}^{4} \frac{1}{(2x+3)^2}\,dx$

d) $\int_{-2}^{0} \frac{1}{(1-x)^3}\,dx$ e) $\int_{-3}^{1} \sqrt{1-x}\,dx$ f) $\int_{0}^{3} ((2-3x)^2+\sqrt{2x+1})\,dx$

16. Berechnen Sie den Flächeninhalt unter dem Graphen der Funktion f über dem Intervall I.

a) $f: x \rightarrow (\frac{1}{4}x+2)^3$, $I=[-9;\,-3]$

b) $f: x \rightarrow \frac{1}{(1-\frac{1}{2}x)^2}$, $I=[-3;0]$

c) $f: x \rightarrow \sqrt{2x+1}-1$, $I=[-\frac{1}{2};4]$

d) $f: x \rightarrow (2x-1)^3-2x+1$, $I=[0;1]$

17. Welchen Flächeninhalt schließen die Graphen der Funktionen f und g zwischen ihren Schnittstellen ein?

a) $f: x \rightarrow \frac{1}{(1-x)^2}$, $g: x \rightarrow 1$

b) $f: x \rightarrow \frac{1}{2}x^2$, $g: x \rightarrow \sqrt{2x}$

c) $f: x \rightarrow x^2-2x+1$, $g: x \rightarrow \sqrt{1-x}$

d) $f: x \rightarrow \frac{1}{(2x+1)^2}$, $g: x \rightarrow -\frac{8}{9}x+1;\ x \in \mathbb{R}_+$

18. Es sei f eine auf $\mathbb{R}$ definierte, stetige Funktion. Zeigen Sie:

a) $\int_{a}^{b} f(ux)\,dx = \frac{1}{u}\int_{ua}^{ub} f(x)\,dx \quad (u \in \mathbb{R}^*)$;

b) $\int_{a}^{b} f(x+v)\,dx = \int_{a+v}^{b+v} f(x)\,dx \quad (v \in \mathbb{R})$.

Deuten Sie die Regeln graphisch.

1.5 Anwendungen

In der Mathematik gibt es viele Anwendungen der Integralrechnung. Beispiele dafür sind die in diesem Abschnitt dargestellten Flächeninhaltsberechnungen. Weitere Anwendungen, die hier jedoch nicht behandelt werden, sind z. B. die Berechnungen von Oberflächen geometrischer Körper und Bogenlängen von Funktionsgraphen.
Zum Abschluß dieses Kapitels wollen wir verschiedene Anwendungsaspekte der Integralrechnung noch einmal zusammenstellen und durch einige weitere Beispiele ergänzen.

Mittelwerte

Unter diesem Aspekt haben wir in die Integralrechnung gleich zu Beginn dieses Kapitels (Beispiel 1 in Abschnitt 1.1, Seite 7) eingeführt. In dem Beispiel wurde der Temperaturverlauf in einem bestimmten Zeitintervall $[t_1, t_2]$ als Funktion $t \to \vartheta(t)$ aufgezeichnet. Die mittlere Temperatur $\overline{\vartheta}$ für dieses Intervall läßt sich mit Hilfe des Flächeninhalts unter dem Graphen der Funktion $t \to \vartheta(t)$ ausdrücken:

$$\overline{\vartheta} = \frac{1}{t_2 - t_1} \int_{t_1}^{t_2} \vartheta(t)\, dt$$

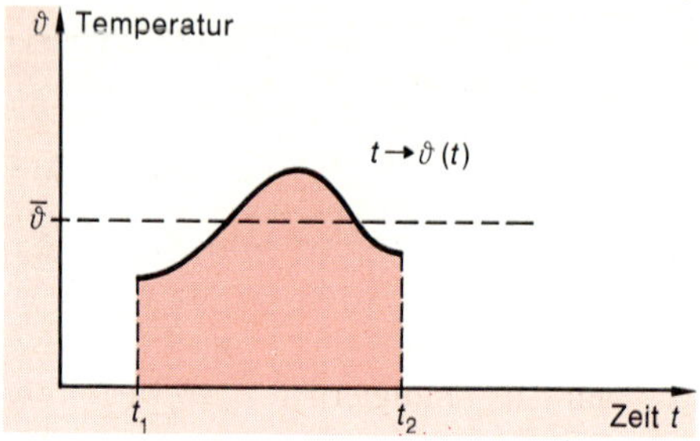

Bild 1

Ein weiteres Beispiel, in dem ein Mittelwert bestimmt wird, ist die Ermittlung der Durchschnittsgeschwindigkeit in Aufgabe 1c) von Abschnitt 1.1.

Konstruktion von Funktionen

In Aufgabe 1d) von Abschnitt 1.1 (Seite 10) haben wir aus den Geschwindigkeits-Zeit-Funktionen von fahrenden Lkws die Weg-Zeit-Funktionen ermittelt.
In Aufgabe 2 des gleichen Abschnitts konnten wir von der längs eines Weges s wirkenden Kraft F auf die dabei geleistete Arbeit W schließen.
In Aufgabe 8 des Abschnitts 1.3 (Seite 28) haben wir aus der Zulauffunktion f die Volumenfunktion V gewonnen.
In allen Fällen ging es darum, aus einer Änderungsrate (die Geschwindigkeit ist die Ableitung des Weges nach der Zeit, die Kraft ist die Ableitung der Arbeit nach dem Weg, die Zulauffunktion ist die Ableitung der Volumenfunktion nach der Zeit) einer Größe auf diese Größe selbst zu schließen.

1. Ein Boot liegt an einer 10 m tiefen Stelle vor Anker.
Der Anker wiegt im Wasser 150 N, das Gewicht der Ankerkette beträgt im Wasser $5\,\frac{\mathrm{N}}{\mathrm{m}}$.

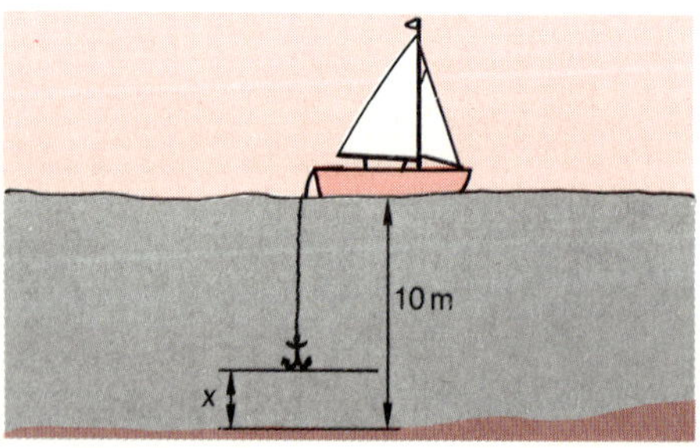

Bild 2

Wieviel Arbeit ist erforderlich, um den Anker mit der Winde bis an die Wasseroberfläche zu bringen, wenn das Gewicht des Teils der Ankerkette, der sich jeweils über der Wasseroberfläche befindet, vernachlässigt werden kann?
Anleitung: Die aufzubringende Kraft ist abhängig von dem Ankergewicht und dem Gewicht des Teils der Kette, der noch nicht auf der Winde aufgerollt ist. Es gilt

$F(x) = 150 + (10 - x) \cdot 5$ (Man erhält dabei die Kraft $F(x)$ in N).

2. Läßt man eine Kraft F längs eines geradlinigen Weges $s_2 - s_1$ wirken, so verrichtet man die Arbeit $W = \int_{s_1}^{s_2} F(s)\,\mathrm{d}s$ (vgl. Aufgabe 2 von Abschnitt 1.1, S. 10).

a) Zwei kugelförmige Massen m_1 und m_2, deren Mittelpunkte den Abstand r haben, ziehen einander mit der Kraft $F(r) = G\frac{m_1 m_2}{r^2}$ an **(Gravitationsgesetz).** Der Faktor G heißt **Gravitationskonstante;** es gilt $G = 6{,}67 \cdot 10^{-11}\,\frac{\mathrm{m}^3}{\mathrm{kg\,s}^2}$. Die Masse m_2 werde längs der Verbindungsgeraden der Massenmittelpunkte von dem Abstand r_1 in den Abstand $r_2\,(r_2 > r_1)$ von m_1 gebracht. Zeigen Sie, daß dazu die Arbeit $W = G m_1 m_2 \left(\frac{1}{r_1} - \frac{1}{r_2}\right)$ notwendig ist.

b) Welche Arbeit ist nötig, um einen Erdsatelliten mit $m = 1000$ kg von der Erdoberfläche in eine Höhe von 3000 km zu heben? (Erdmasse $M = 5{,}97 \cdot 10^{24}$ kg, Erdradius $R = 6370$ km.)

3. Beim Auswendiglernen z. B. von Vokabeln wächst die Lernrate, d. h. die Anzahl der neu gelernten Wörter pro Minute, zunächst mit der Zeit an. Nach dem Erreichen eines Maximums fällt sie wieder ab.

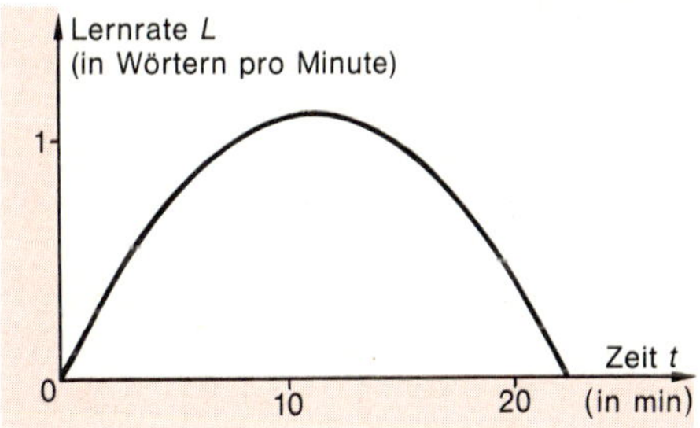

Bild 3

Wir wollen annehmen, daß die Lernrate $L(t)$ in einem bestimmten Experiment durch die Funktionsgleichung

$L(t) = -0{,}009\,t^2 + 0{,}2\,t$

beschrieben wird. Hierbei ist für t die Anzahl der vergangenen Minuten einzusetzen.

a) Wie viele Wörter wurden in den ersten 10 Minuten gelernt?

b) Wie viele Wörter wurden bis zu dem Zeitpunkt gelernt, an dem die Lernrate auf 0 gesunken ist?

4. In der Psychologie beobachtet man das Verhalten von Gruppen. Dabei hat man festgestellt, daß die Zeit t, die eine Gruppe zur Bewältigung eines festumrissenen Auftrages benötigt, mit der Anzahl x der erfolgreichen Ausführungen dieses Auftrags abnimmt. Die Gruppe tendiert dazu, die Fähigkeit zur Bewältigung des Auftrages zu perfektionieren. Wir wollen nun annehmen, daß im Rahmen der ersten 25 Wiederholungen

$t(x) = 0{,}3\,x^2 - 18\,x + 270$ mit $0 \le x \le 25$

gilt. Man erhält dabei die Zeit $t(x)$ in Sekunden.

a) Zeigen Sie, daß t eine streng monoton fallende Funktion ist.
b) Welche Zeit benötigt die Gruppe, um die Aufgabe die ersten zehn Male zu bewältigen?
c) Welche Zeit benötigt die Gruppe, um die Aufgabe anschließend noch zehnmal zu lösen?
d) Zeigen Sie, daß der Lernzuwachs der Gruppe bei den ersten Wiederholungen größer ist als bei den späteren Wiederholungen.

Flächeninhalte unter Funktionsgraphen

Die Berechnung von Flächeninhalten unter Funktionsgraphen haben wir in den vorausgehenden Abschnitten als zentrale Aufgabe der Integralrechnung erkannt. Auch die bisher in diesem Abschnitt behandelten Anwendungen lassen sich unter diesem Aspekt einordnen: Sowohl bei der Bestimmung von Mittelwerten als auch bei der Konstruktion von Funktionen treten Flächeninhalte auf.
Eine weitere interessante Anwendung, bei der ein Problem aus dem wirtschaftswissenschaftlichen Bereich mit Hilfe der Berechnung von Flächeninhalten unter Funktionsgraphen bearbeitet wird, wollen wir etwas ausführlicher vorstellen.

Beispiel 1 (Konsumentenrente): In der Regel wird ein Fabrikant um so mehr produzieren, je höher der Preis einer Ware ist. Ist die Produktionsmenge x, die **Ausbringung,** hoch, so ist dies ein Zeichen dafür, daß der Fabrikant einen guten Preis p erzielen konnte. Die Funktion $f\colon x \to p$ mit $p = f(x)$, die diesen Zusammenhang zwischen Produktionsmenge x (gemessen in Mengeneinheiten ME) und Preis p (gemessen in Geldeinheiten pro Mengeneinheit, $\frac{\text{GE}}{\text{ME}}$) beschreibt, ist also (in der Regel) streng monoton wachsend und heißt **Angebotsfunktion.**

Das Interesse der Käufer ist entgegengesetzt. Sie werden in der Regel um so weniger kaufen, je höher der Preis ist. Ist die **nachgefragte Warenmenge** x hoch, so ist dies ein Zeichen für einen geringen Preis p. Die Funktion $g\colon x \to p$ mit $p = g(x)$, die diesen Zusammenhang zwischen nachgefragter Menge x und Preis p beschreibt, ist also (in der Regel) streng monoton fallend und heißt **Nachfragefunktion.**

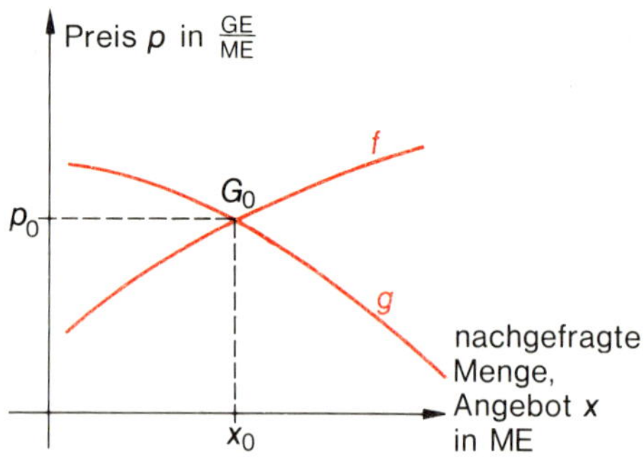

Bild 4

Indem wir die komplexe Realität idealisieren, nehmen wir an, daß der Preis allein von Angebot und Nachfrage abhängt (nicht aber z. B. von staatlichen Preisverordnungen). Ein **Marktgleichgewicht** $G_0 = (x_0; p_0)$ stellt sich ein, wenn die nachgefragte Menge gleich der Ausbringung ist. Der **Marktpreis** p_0 ergibt sich dann aus dem Schnitt der Funktionen f und g:

$$p_0 = f(x_0) = g(x_0),$$

wobei x_0 den **Absatz** bedeutet.

In der Realität wird die Nachfragefunktion g im allgemeinen keine über einem Intervall $[a; b]$ stetige Funktion sein, sondern eher eine Treppenfunktion darstellen.
Das heißt, daß eine bestimmte Stückzahl der Ware jeweils zu einem entsprechenden Höchstpreis p_i verkauft werden könnte, z.B. $(x_4 - x_3)$ ME zum Preis $p_4 \frac{\text{GE}}{\text{ME}}$. Eine bestimmte Zahl von Konsumenten wäre also bereit, einen Preis zu bezahlen, der höher als der Marktpreis p_0 ist.

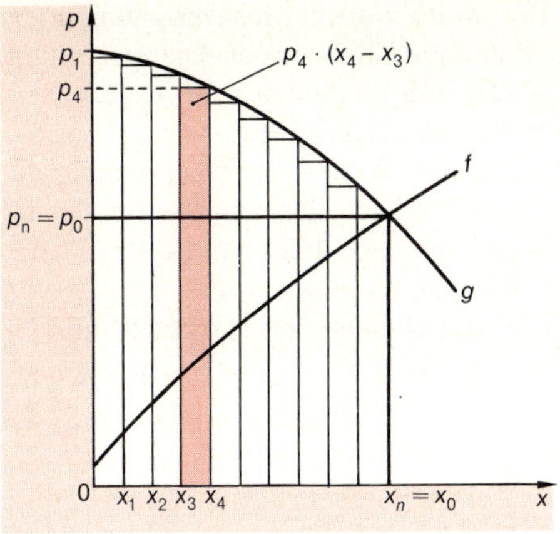

Bild 5

Der Produzent würde dann maximalen Gewinn erzielen, wenn er die Ware zu verschiedenen Preisen verkaufen könnte, und zwar immer gerade soviel zum Preis p_i, wie Konsumenten bereit sind, diesen Preis zu zahlen („perfekte Preisdifferenzierung").
Damit würde sich die Gesamteinnahme E berechnen lassen:

$$E = x_1 p_1 + (x_2 - x_1) \cdot p_2 + (x_3 - x_2) \cdot p_3 + \cdots + (x_n - x_{n-1}) \cdot p_n$$

Dies entspricht in der graphischen Darstellung gerade dem Gesamtflächeninhalt der einzelnen Streifen.
In Wirklichkeit werden aber x_0 ME zum Preis von p_0 verkauft, so daß die Gesamteinnahmen nur $E_0 = x_0 \cdot p_0$ ME betragen.
Die Gesamtheit der Konsumenten hat somit weniger für die Menge x_0 der Ware bezahlt, als sie eigentlich zu zahlen bereit war.
Der entsprechende Differenzbetrag $E - E_0$ kann somit als Überschuß der Konsumenten betrachtet werden. Man bezeichnet ihn als **Konsumentenrente** K.

Beim Übergang zum stetigen Modell läßt sich die hypothetische Einnahme E als Fläche unter dem Graphen der Nachfragefunktion g deuten.

Damit können wir die Konsumentenrente nach der Formel berechnen:

$$K = \int_0^{x_0} g(x)\,dx - x_0 \cdot p_0$$

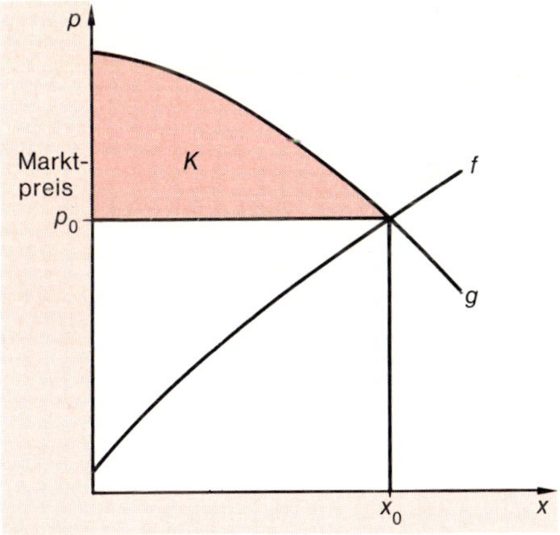

Bild 6

Anmerkung: Ein interessanter Aspekt dieser speziellen Anwendung von Methoden der Analysis besteht in der Tatsache, daß die betrachteten Angebots- und Nachfragefunktionen in Wirklichkeit diskreter Natur sind – sie springen von Wert zu Wert – und daß diese durch stetige Funktionen ersetzt werden.

Der wahre Wert der Konsumentenrente müßte mit Hilfe der entsprechenden Rechtecksummen ermittelt werden. Die Berechnung durch das Integral ist nur dann zulässig, wenn die „Sprünge" hinreichend klein sind und die Anzahl der summierten Rechtecke entsprechend groß wird.
Hier werden also die Rechtecksummen durch ein Integral näherungsweise berechnet; das ist aber gerade der umgekehrte Aspekt wie bei der Einführung des Integrals zur Berechnung von Flächeninhalten unter Funktionsgraphen.

5. Die Angebots- und Nachfragefunktion seien gegeben durch

$f(x) = x^2 + x + 3 \quad \text{und} \quad g(x) = (x-5)^2.$

a) Berechnen Sie die Gesamteinnahme des Produzenten unter der Annahme, daß eine perfekte Preisdifferenzierung möglich wäre.
b) Welche Einnahmen erzielt der Produzent, wenn er zum Marktpreis p_0 verkauft?
c) Bestimmen Sie die Konsumentenrente.

6. Die Angebots- und Nachfragefunktion seien gegeben durch

$$f(x) = \frac{x^2}{500000} \quad \text{und} \quad g(x) = 144 - \frac{x}{500} \quad \text{mit} \quad 0 < x \leq 65000.$$

Bestimmen Sie den Marktpreis p_0 und die zugehörige Konsumentenrente.

Beispiel 1 (Fortsetzung: Abschöpfung der Konsumentenrente): Falls es dem Produzenten möglich ist, eine Ware zunächst deutlich über dem Marktpreis anzubieten und dann erst den Preis in bestimmten Stufen bis zum Marktpreis abzusenken, kann er einen Teil der Konsumentenrente „abschöpfen". Ein solches Vorgehen kann häufig beobachtet werden, wenn neue attraktive Modelle z. B. bei Fernsehgeräten, Videoanlagen, Computern u. ä. auf dem Markt erscheinen.

7. Berechnen Sie den Anteil der Abschöpfung an der Konsumentenrente in dem Beispiel aus Aufgabe 5, wenn die Ware zunächst für 20,25 DM angeboten wird und der Preis dann stufenweise über 16 DM und 12,25 DM auf den Marktpreis von 9 DM abgesenkt wird.

8. Es sei $f(x) = x$ und $g(x) = 12 - x^2$.

a) Bestimmen Sie den Marktpreis p_0 und die zugehörige Stückzahl x_0.

b) Nehmen Sie an, daß der Produzent in der Lage ist, die Ware zusätzlich zu einem höheren Preis $p_1 > p_0$ anzubieten.
Bestimmen Sie p_1 so, daß dadurch ein möglichst großer Anteil an der Konsumentenrente abgeschöpft wird.
Wie groß ist dieser Anteil?

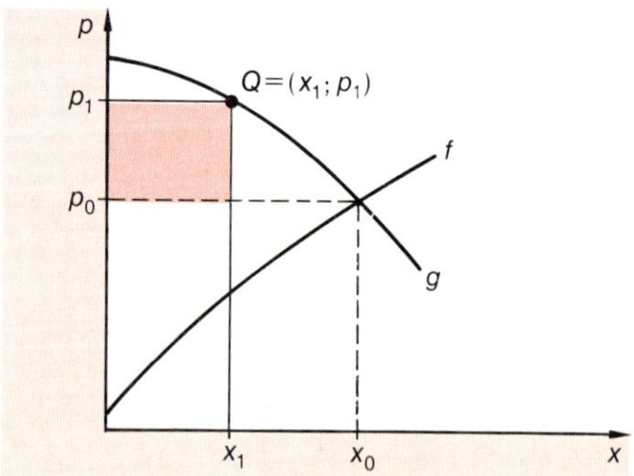

Bild 7

Beispiel 1 (Fortsetzung: Produzentenrente): Die Produzenten, die bereit gewesen waren, zu einem niedrigeren Preis als dem Marktpreis p_0 zu verkaufen, haben auf Grund des erzielten Marktpreises eine „Mehreinnahme" erzielt.

9. a) Zeigen Sie, daß diese Mehreinnahme, die sogenannte **Produzentenrente** P, durch die Formel

$$P = x_0 \cdot p_0 - \int_0^{x_0} f(x)\,\mathrm{d}x$$

berechnet werden kann.

b) Berechnen Sie die Produzentenrente in den Beispielen von Aufgabe 5 und 6.

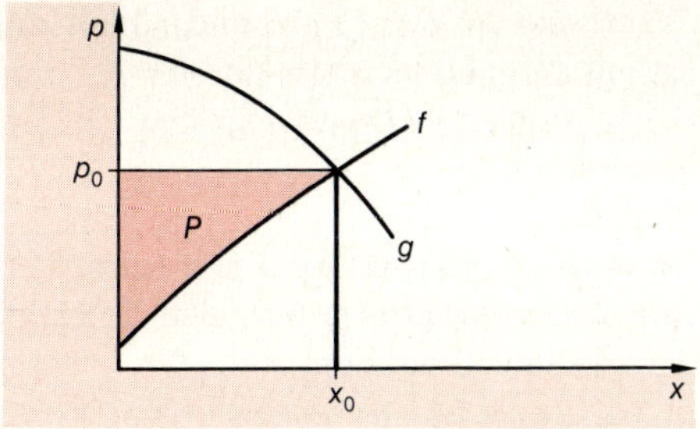

Bild 8

Rotationskörper

Beispiel 2: a) Wir lassen ein Rechteck der Höhe c und der Breite $b-a$ wie in der nebenstehenden Abbildung um die x-Achse rotieren.

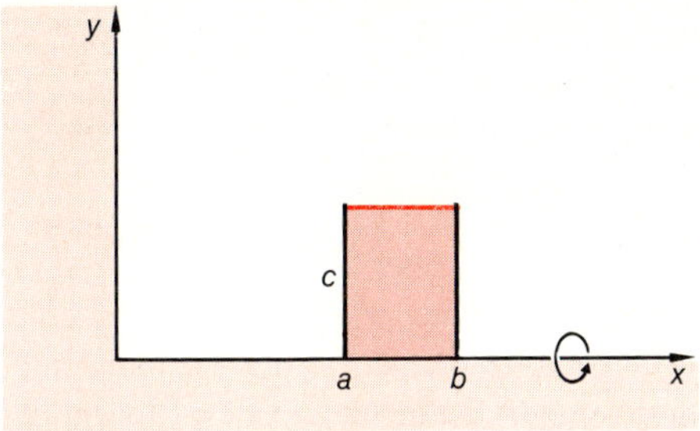

Bild 9 a

Das rotierende Rechteck erzeugt einen Zylinder, dessen Volumen durch

$$V = \pi c^2 (b-a)$$

gegeben ist.

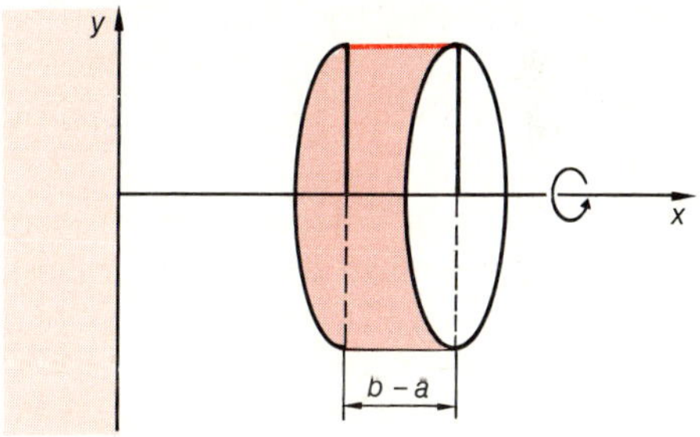

Bild 9 b

b) Auf die gleiche Weise können wir einen Rotationskörper durch ein Trapez erzeugen, das durch den Graphen einer linearen Funktion f über dem Intervall $[a; b]$ begrenzt wird.

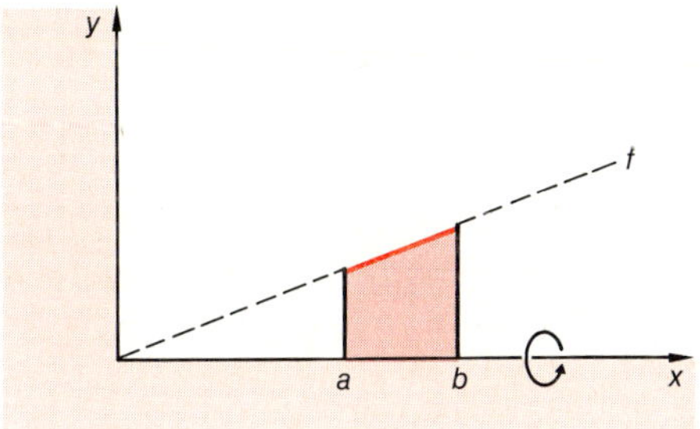

Bild 10 a

Es wird ein Kegelstumpf erzeugt, dessen Volumen durch

$$V = \tfrac{1}{3}\pi h (r_1^2 + r_1 r_2 + r_2^2)$$

gegeben ist (Formelsammlung).

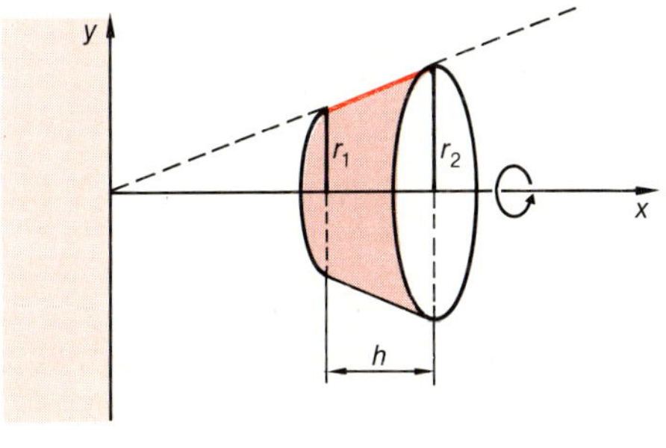

Bild 10 b

Dabei sind die Werte r_1, r_2 und h durch die Funktion f und das Intervall $[a; b]$ bestimmt. Es gilt $r_1 = f(a)$, $r_2 = f(b)$ und $h = b - a$ und damit

$$V = \frac{1}{3}\pi(b-a)\,[f^2(a) + f(a)\,f(b) + f^2(b)]$$

Anstelle der linearen Funktion betrachten wir nun eine beliebige über dem Intervall $[a; b]$ stetige Funktion f.

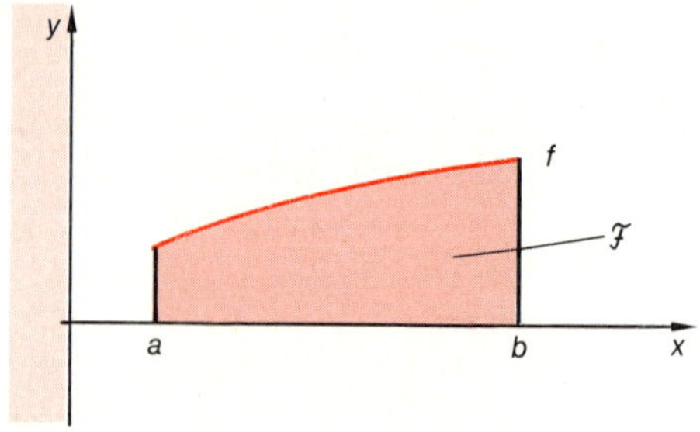

Bild 11 a

Auch in diesem Fall wird durch Rotation (der durch f über dem Intervall $[a; b]$ begrenzten Figur $\mathcal{F}$) ein Körper erzeugt. Allerdings finden wir in der Formelsammlung keinen Term für die Berechnung des Volumens $V_{\mathcal{F}}$ dieses Rotationskörpers.

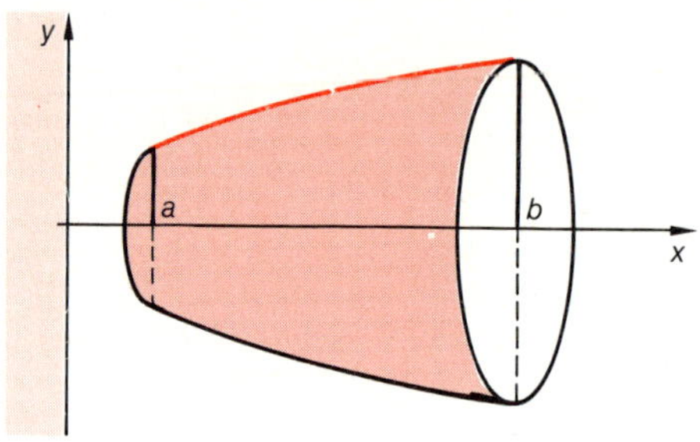

Bild 11 b

Wie läßt sich das Volumen eines solchen Rotationskörpers berechnen?
Wir erinnern uns an das eingangs dieses Kapitels benutzte Näherungsverfahren zur Bestimmung von Flächeninhalten mittels Rechtecksummen. (Seite 11ff.)
Ähnlich wollen wir hier vorgehen:

Wir unterteilen das Intervall $[a; b]$ in n kleine Abschnitte der Breite $\Delta x = \frac{b-a}{n}$.
Die Figur $\mathcal{F}$ wird damit durch eine innere und äußere Rechteckfigur R_n ersetzt. Die Volumina der durch Rotation der Rechteckfiguren erzeugten Körper können wir nun berechnen.

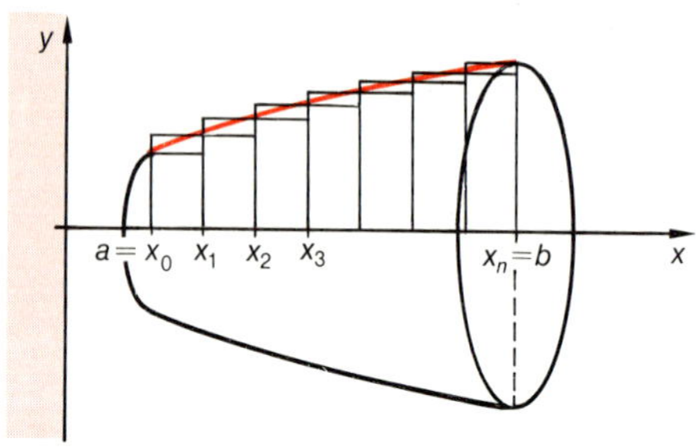

Bild 12

Damit erhalten wir Näherungswerte für unser gesuchtes Volumen $V_{\mathcal{F}}$.
Zur Abkürzung betrachten wir nur die innere Rechteckfigur etwas genauer. (Für die äußere Rechteckfigur verlaufen die Überlegungen analog.)
Für das Volumen des von der Rechteckfigur R_n erzeugte Rotationskörpers gilt

$$V_{R_n} = \pi f^2(x_0) \cdot \Delta x + \pi f^2(x_2) \cdot \Delta x + \cdots + \pi f^2(x_{n-1}) \cdot \Delta x$$

Durch immer feinere Zerlegung des Intervalls $[a; b]$ $(n \to \infty)$ können wir auf diese Weise immer bessere Näherungswerte für $V_{\mathcal{F}}$ erreichen.

Nun steht uns aber mit der Integralrechnung eine Möglichkeit zur Verfügung, das Volumen exakt zu bestimmen.
Dazu interpretieren wir den für V_{R_n} erhaltenen Term

$$V_{R_n} = \pi\left(f^2(x_0) \cdot \Delta x + f^2(x_2) \cdot \Delta x + \cdots + f^2(x_{n-1}) \cdot \Delta x\right)$$

so, daß wir an Bekanntes anknüpfen können.
Der in der Klammer stehende Term stellt einen Näherungswert für den Inhalt A der Fläche unter dem Graphen der Funktion $x \to f^2(x)$ über dem Intervall $[a; b]$ dar.
Da f^2 aber eine stetige und über dem Intervall $[a; b]$ nicht-negative Funktion ist, können wir diesen Flächeninhalt mit Hilfe der entsprechenden Integralfunktion

$$x \to \int_a^x f^2(t)\,\mathrm{d}t$$

bestimmen.

Es gilt also:

> Es sei f eine über dem Intervall $[a; b]$ stetige Funktion und $\mathcal{F}$ die durch den Graphen von f über $[a; b]$ begrenzte Figur. Dann gilt für das Volumen $V_{\mathcal{F}}$ des durch Rotation von $\mathcal{F}$ um die x-Achse erzeugten Körpers
>
> $$V_{\mathcal{F}} = \pi \int_a^b f^2(x)\,\mathrm{d}x$$

Falls wir eine Stammfunktion zu f^2 bestimmen können, haben wir damit ein einfaches Verfahren zur Berechnung des Volumens von Rotationskörpern zur Verfügung.

Beispiel 3: Wir bestimmen das Volumen des „Paraboloids", das durch Rotation der durch den Graphen von $f: x \to \sqrt{x}$ über dem Intervall $[0; 4]$ begrenzten Figur entsteht.

$$V = \pi \int_0^4 (\sqrt{x})^2\,\mathrm{d}x$$

$$V = \pi \int_0^4 x\,\mathrm{d}x$$

$$V = \pi \left[\tfrac{1}{2} x^2\right]_0^4 = 8\pi$$

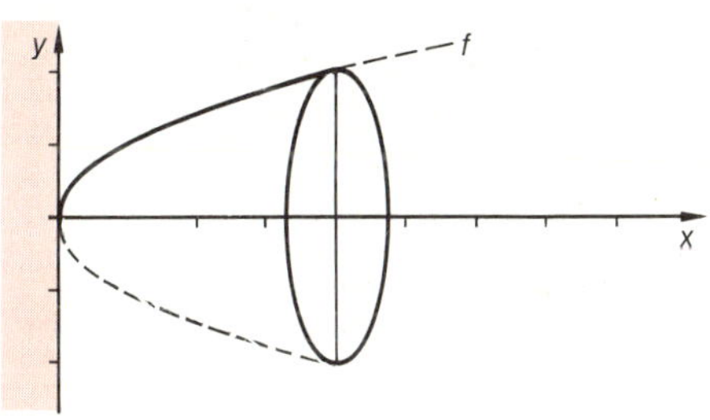

Bild 13

10. Bestätigen Sie die in Beispiel 2a) angegebene Formel für das Volumen eines Zylinders, indem Sie die Funktion $f: x \to c$ betrachten.

11. Bestätigen Sie die in Beispiel 2b) aufgeführte Formel für das Volumen des Kegelstumpfs, wenn die lineare Funktion f durch $x \to c \cdot x$ gegeben ist.
Anleitung: Beachten Sie: $b^3 - a^3 = (b - a) \cdot (b^2 + ba + a^2)$

12. Die Fläche zwischen den Graphen der Funktionen $f_1(x) = x^2$ und $f_2(x) = \sqrt{x}$ rotiere um die x-Achse.
Beschreiben Sie die Form des dabei entstehenden Rotationskörpers, und berechnen Sie dessen Volumen.

Beispiel 4: Ein **Torus** entsteht durch Rotation eines oberhalb der x-Achse gelegenen Kreises um die x-Achse. (Ein Beispiel für einen Torus ist ein aufgepumpter Fahrradschlauch.) Es sei r der Radius und $(0; R)$ der Mittelpunkt des zu drehenden Kreises $(R > r)$. Man erhält das Volumen V_T des Torus, indem man das Volumen V_g des vom Graphen der Funktion

$$g: x \to R - \sqrt{r^2 - x^2};\ x \in [-r; r]$$

erzeugten Rotationskörpers von dem Volumen V_f des durch den Graphen von

$$f: x \to R + \sqrt{r^2 - x^2};\ x \in [-r; r]$$

erzeugten Rotationskörpers subtrahiert.

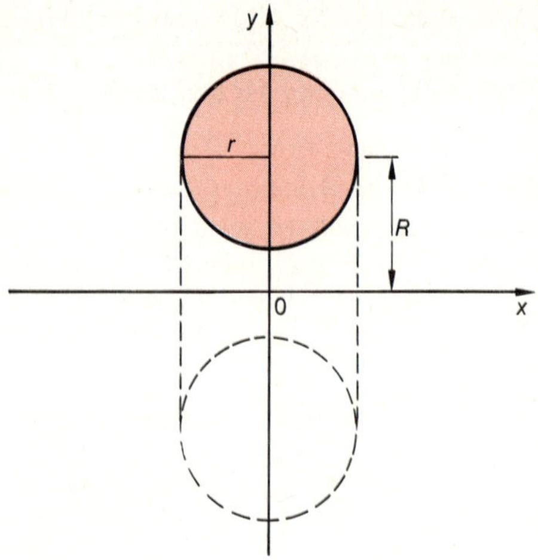

Bild 14

Man erhält

$$\begin{aligned} V &= V_f - V_g \\ &= \pi \int_{-r}^{r} f^2(x)\,dx - \pi \int_{-r}^{r} g^2(x)\,dx \\ &= \pi \int_{-r}^{r} (f^2(x) - g^2(x))\,dx \\ &= \pi \int_{-r}^{r} [(R^2 + 2R\sqrt{r^2 - x^2} + r^2 - x^2) - (R^2 - 2R\sqrt{r^2 - x^2} + r^2 - x^2)]\,dx \\ &= 4\pi R \int_{-r}^{r} \sqrt{r^2 - x^2}\,dx \end{aligned}$$

Leider können wir das Integral $\int_{-r}^{r} \sqrt{r^2 - x^2}\,dx$ mit unseren Hilfsmitteln nicht berechnen. Wir können uns jedoch mit einem Blick auf die ebene Geometrie weiterhelfen: Der Graph der Funktion $x \to \sqrt{r^2 - x^2};\ x \in [-r; r]$ ist der oberhalb der x-Achse gelegene Halbkreis mit Radius r und Mittelpunkt $(0; 0)$, so daß das Integral $\int_{-r}^{r} \sqrt{r^2 - x^2}\,dx$ gleich dem Flächeninhalt des Halbkreises, also $\frac{1}{2}\pi r^2$ ist.
Für das Volumen des Torus erhält man also

$$V = 2\pi^2 R r^2.$$

13. Eine Kugel mit dem Radius r läßt sich durch Rotation eines Halbkreises um die x-Achse erzeugen.

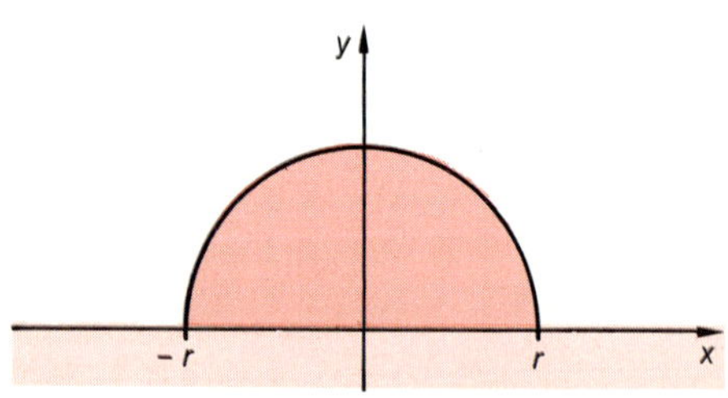

Bild 15

Berechnen Sie das Kugelvolumen mit Hilfe der Formel für das Volumen eines Rotationskörpers.

2 Trigonometrische Funktionen und Fortführung der Differentialrechnung

2.1 Einführung

Das Bogenmaß

Sie kennen viele Vorgänge, bei denen sich bestimmte Abläufe wiederholen oder zumindest in ähnlicher Form wiederholen.

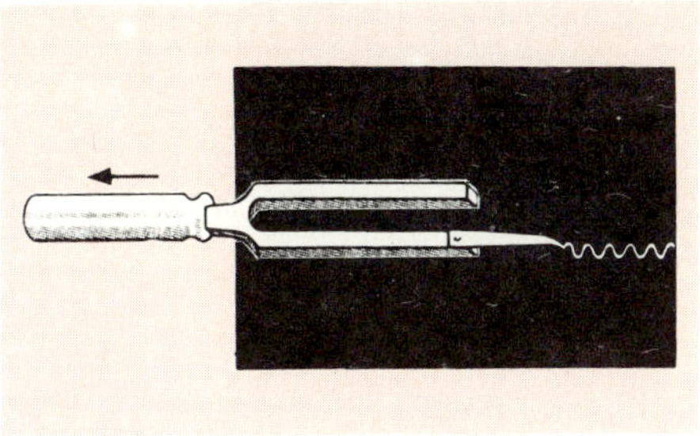

Bild 1: Aufzeichnung der Weg-Zeit-Kurve der Schwingung einer Stimmgabelzinke.

Bild 2: Gedämpfte Schwingung bei Autostoßdämpfern

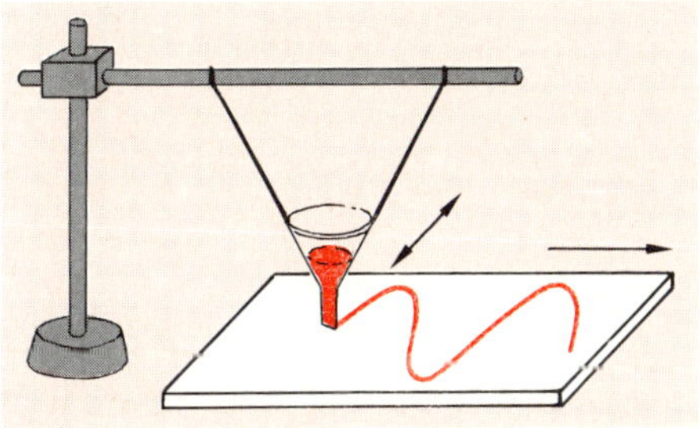

Bild 3: Sandpendel.
Aus dem pendelnden Trichter fließt feiner Sand. Zur Aufzeichnung der Pendelbewegung wird das Brett mit konstanter Geschwindigkeit unter dem Sandpendel durchgezogen.

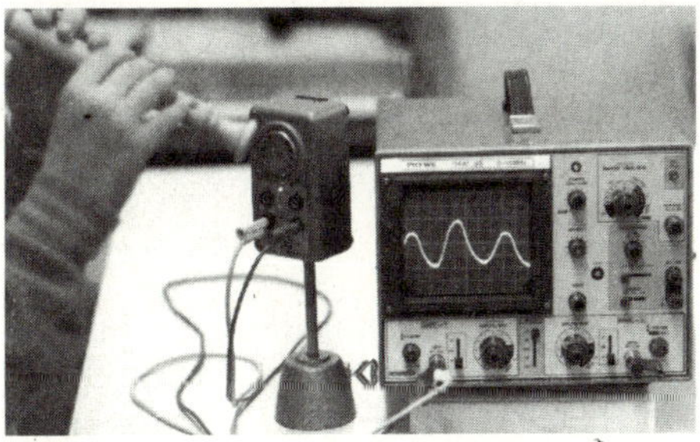

Bild 4: Kammerton a einer Blockflöte über Mikrophon auf Oszillographen gegeben

Viele dieser Vorgänge können mit Hilfe von Funktionen beschrieben werden, die Sie in der 10. Klasse kennengelernt haben: Mit Sinus- und Kosinusfunktionen. Sie kennen diese Funktionen auch durch ihre Einsetzbarkeit bei geometrischen Berechnungen.

Als Definitionsmenge wurde für die Sinusfunktion und die Kosinusfunktion zunächst die Menge aller Gradmaße verwendet.

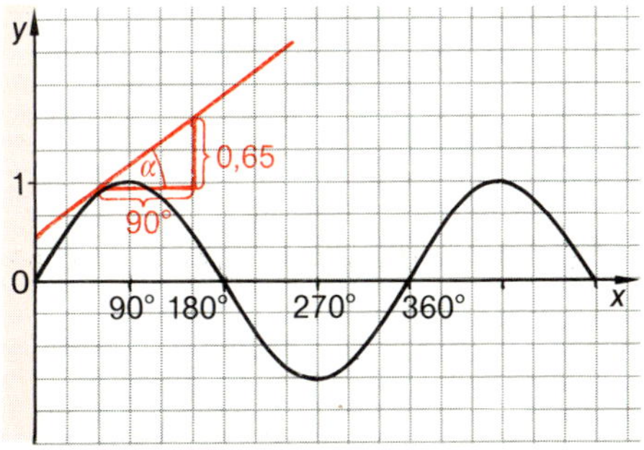

Bild 5

In der Differentialrechnung taugt eine solche Darstellung nicht: Um aus der Zeichnung die Steigung des Graphen einer Funktion ablesen zu können, haben wir reelle Funktionen benutzt und auf beiden Achsen nach Möglichkeit die reellen Zahlen im gleichen Maßstab abgetragen.

Inwiefern wird sich also nach dieser Ankündigung die Behandlung der trigonometrischen Funktionen in diesem Kapitel von der Behandlung in Klasse 10 unterscheiden? Bestätigen die Teilüberschriften des Kapitels (Inhaltsverzeichnis!) diese Erwartung?

Wir verwenden daher hier nicht mehr das Gradmaß, sondern das Bogenmaß zur Angabe eines Winkels.

Zu jedem Mittelpunktswinkel α eines Kreises mit dem Radius r gehört ein Bogenstück b des Kreises.
Zur Umrechnung benutzen wir: Die Länge des Bogenstücks b verhält sich zum Kreisumfang $2\pi r$ genau so wie der Winkel α zum Vollwinkel 360°:

$$\frac{b}{2\pi r} = \frac{\alpha}{360°}$$

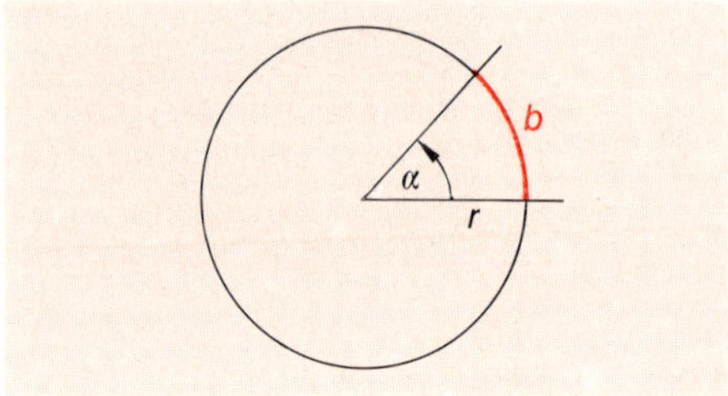

Bild 6

Multipliziert man diese Gleichung mit 2π, so erhält man

$$\frac{b}{r} = \frac{2\pi\alpha}{360°} = \frac{\pi\alpha}{180°}.$$

Das bedeutet: Bleibt der Winkel α gleich, so ist $\frac{b}{r}$ konstant, unabhängig von der Größe des Kreises. Dies haben wir früher zu der Festlegung benutzt:

Definition 1 (Bogenmaß): Gegeben sei ein Kreis mit dem Radius r. Dann heißt der zu einem Bogen b gebildete Quotient $\frac{b}{r}$ das **Bogenmaß** $\boldsymbol{B(\alpha)}$ des zugehörigen Mittelpunktswinkels α.

$$B(\alpha) = \frac{2\pi\alpha}{360°}$$

Beispiel: $\alpha = 60°$

$$B(\alpha) = \frac{2\pi 60°}{360°} = \frac{1}{3}\pi$$

Man erspart sich bei Angabe eines Winkels im Bogenmaß häufig das Einsetzen eines Näherungswertes für π und gibt Bogenmaße als Vielfache oder Teile von π an.

α	0°	30°	45°	60°	90°	120°	135°
$B(\alpha)$	0	$\frac{\pi}{6}$	$\frac{\pi}{4}$	$\frac{\pi}{3}$	$\frac{\pi}{2}$	$\frac{2}{3}\pi$	$\frac{3}{4}\pi$

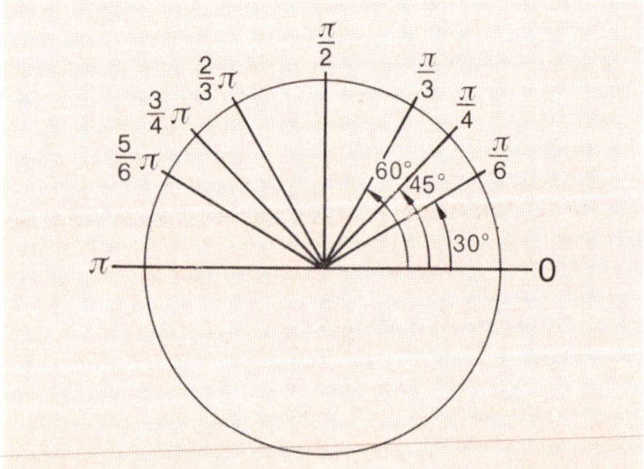

Bild 7

1. Führen Sie die Tabelle bis 360° weiter.

Die Angabe eines Winkels im Bogenmaß kann in der Regel nicht mit einer Angabe im Gradmaß verwechselt werden:

1,34° ist durch „°" eindeutig als Gradangabe gekennzeichnet.

1,34 ist durch das Fehlen von „°" ebenso klar als Bogenmaßangabe gekennzeichnet. Das Gradmaß des entsprechenden Winkels ist 76,78°.

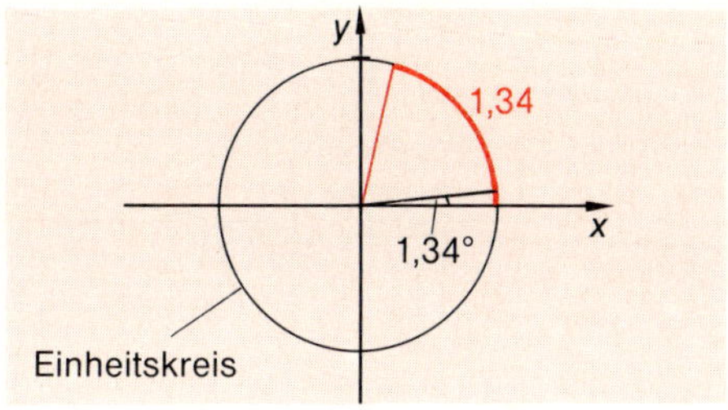

Bild 8

Löst man die Gleichung $B(\alpha) = \frac{2\pi\alpha}{360°}$ nach α auf, so kann man zu gegebenem Bogenmaß das Gradmaß des Winkels berechnen.

$$\alpha = \frac{B(\alpha) \cdot 360°}{2\pi} = \frac{B(\alpha) \cdot 180°}{\pi}$$

2. Geben Sie im Bogenmaß an.

a) 35°	b) 122,5°	c) 1°	d) 310°	e) 205°	f) 150°
g) 57,29578°	h) 299°	i) 330°	k) 265°	l) 0,5°	m) 22,3°

3. Geben Sie im Gradmaß an.

a) $\frac{7}{6}\pi$	b) 3,5	c) 1	d) 6	e) $\frac{4}{5}\pi$	f) $\frac{\pi}{180}$
g) $1{,}5\,\pi$	h) $0{,}7\,\pi$	i) $1{,}8\,\pi$	k) $\frac{8}{5}\pi$	l) $\frac{\pi}{90}$	m) $\frac{\pi}{270}$

Die Sinusfunktion und die Kosinusfunktion

Am Einheitskreis können wir nun auf einfache Art zwei Funktionen definieren:
Die x-Koordinate eines Punktes auf dem Einheitskreis wird als Kosinus des zugehörigen Bogens $B(\alpha)$ bezeichnet, die y-Koordinate als Sinus.
Bezeichnen wir die Elemente der Definitionsmenge mit x statt $B(\alpha)$, so ergibt sich folgende Festlegung:

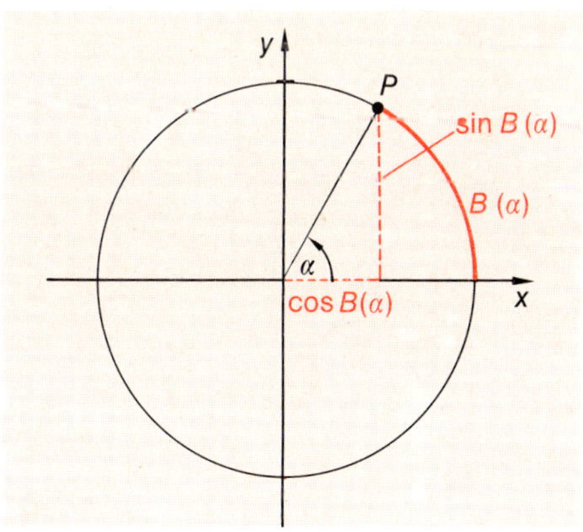

Bild 9

Definition 2: Ein Punkt P auf dem Einheitskreis hat die Koordinaten $(\cos x; \sin x)$.

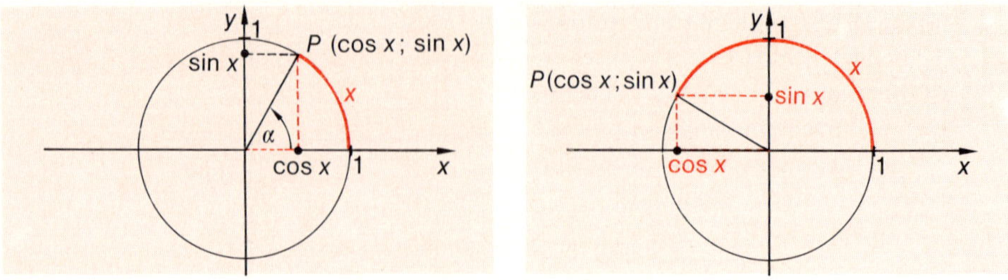

Bild 10

Bilden Sie Beispiele, indem Sie Winkel (im Bogenmaß) wählen und mit Hilfe des Taschenrechners die Koordinaten der zugehörigen Punkte auf dem Einheitskreis bestimmen.

Die hierdurch definierten reellen Funktionen

$\sin: x \rightarrow \sin x;\ x \in \mathbb{R}$

$\cos: x \rightarrow \cos x;\ x \in \mathbb{R}$

kennen wir schon von früher.

Wertetabellen zum Zeichnen ihrer Graphen liefert uns ein Taschenrechner oder ein Tafelwerk.

Beim Umgang mit dem Taschenrechner ist zu beachten, daß bei einer Eingabe eines Winkelmaßes im Gradmaß der entsprechende Umschalter auf DEG stehen muß, bei einer Eingabe im Bogenmaß dagegen auf RAD.

x	0	0,4	$\frac{\pi}{6}$ 0,52	$\frac{\pi}{4}$ 0,79	$\frac{\pi}{3}$ 1,05	1,2	$\frac{\pi}{2}$ 1,57
$\sin x$	0	0,39	0,5	0,71	0,87	0,93	1
$\cos x$	1	0,92	0,87	0,71	0,5	0,36	0

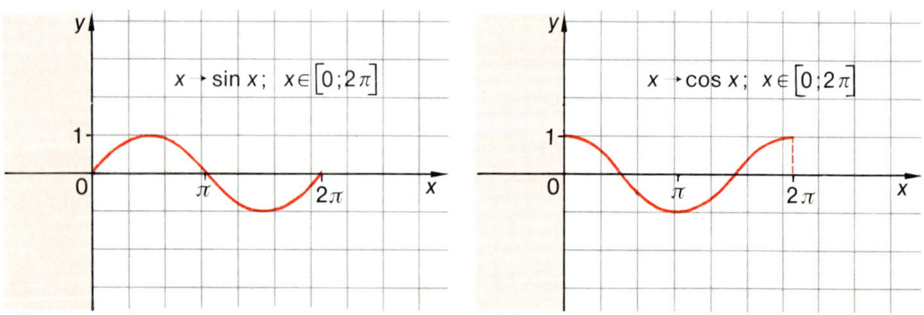

Bild 11

Die Wertetabellen und die Graphen, die hier zunächst im Intervall $[0; 2\pi]$ gezeichnet sind, zeigen:
Offensichtlich reicht die Kenntnis der Funktionswerte für $x \in [0; \frac{\pi}{2}]$ aus, um die restlichen Teile des Graphen zeichnen zu können.

4. Erläutern Sie mit Hilfe der nebenstehenden Zeichnung die letzte Aussage.

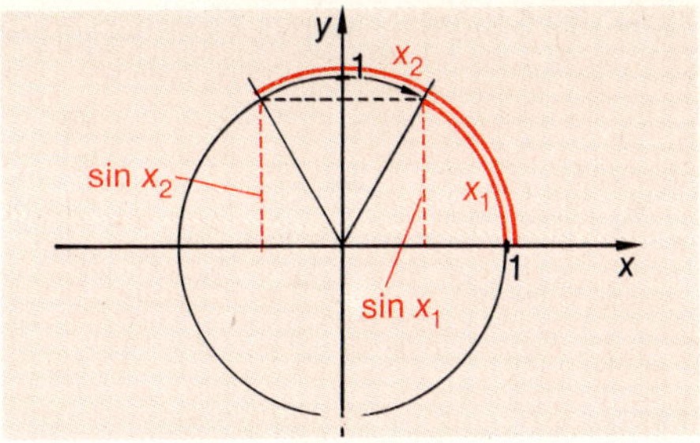

Bild 12

Der Punkt P auf dem Einheitskreis kann auch im Uhrzeigersinn umlaufen. Das Bogenmaß wird dann negativ gemessen. Es gilt offensichtlich $\sin(-x) = -\sin x$. Der Graph der Sinusfunktion ist also punktsymmetrisch zum Koordinatenursprung. Entsprechend gilt für die Kosinusfunktion: $\cos(-x) = \cos x$. Der Graph der Kosinusfunktion ist also achsensymmetrisch zur y-Achse.

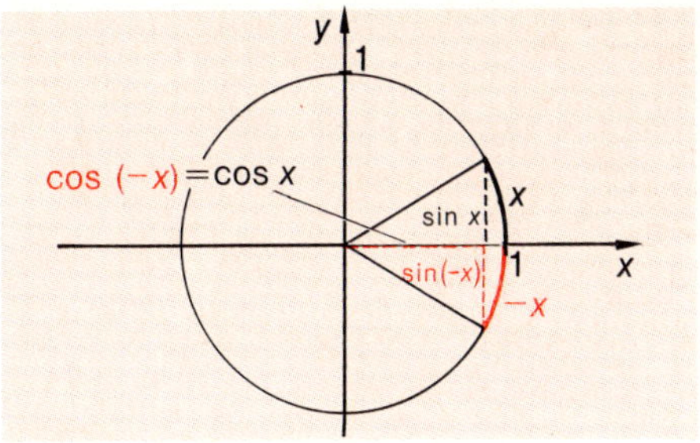

Bild 13

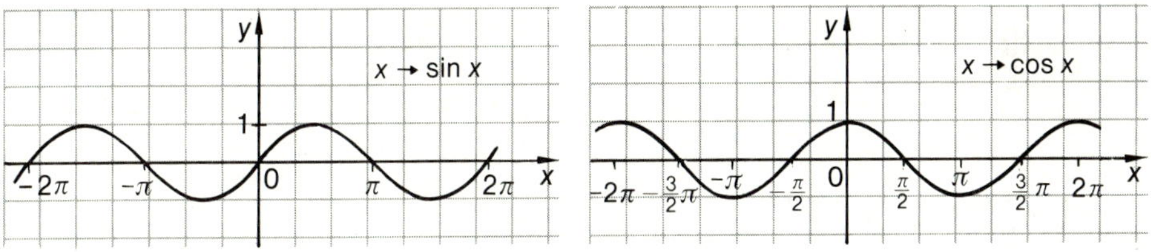

Bild 14

Durchläuft der Punkt P den Einheitskreis mehrfach, so wiederholen sich die Funktionswerte für die Sinus- und Kosinusfunktion. Es gilt offensichtlich

$\sin x = \sin(x + 2\pi) = \sin(x + 4\pi) = \ldots$ und

$\cos x = \cos(x + 2\pi) = \cos(x + 4\pi) = \ldots$

> **Satz:** Sinus- und Kosinusfunktion sind **periodisch** mit der Periodenlänge 2π.
> $\sin x = \sin(x + k \cdot 2\pi)$ und $\cos x = \cos(x + k \cdot 2\pi)$ mit $k \in \mathbb{Z}$.

Wir erhalten somit folgende Graphen für die Sinus- und die Kosinusfunktion.

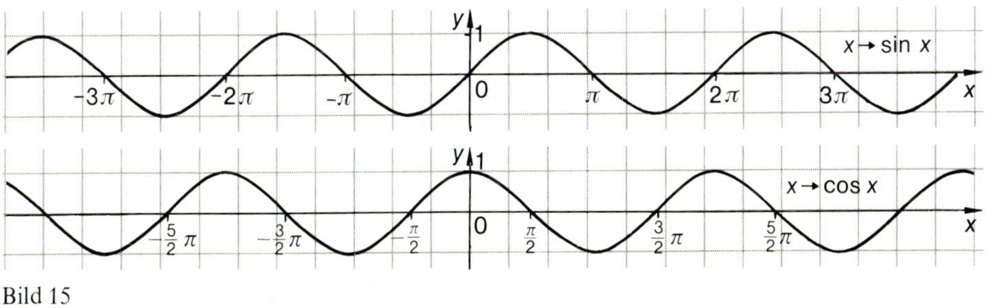

Bild 15

Trotz der Schönheit dieser Graphen ergibt sich aus ihrem Verlauf ein Problem:

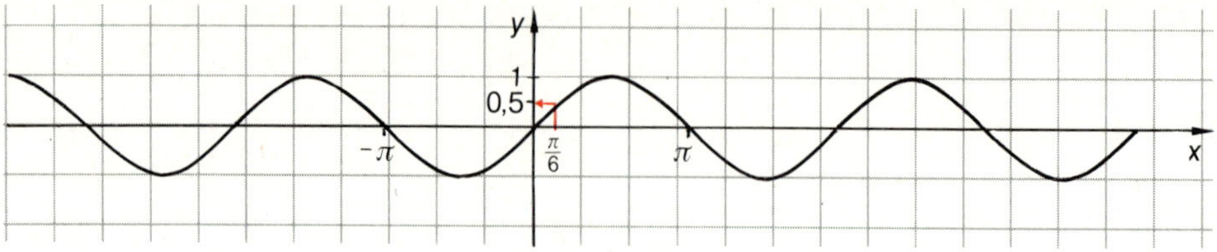

Bild 16

Aus $x=\frac{\pi}{6}$ folgt $\sin x=\frac{1}{2}$.

Aber aus $\sin x=\frac{1}{2}$ kann nicht auf $x=\frac{\pi}{6}$ geschlossen werden, sondern es gilt

$$x=\frac{\pi}{6} \vee x=\frac{5}{6}\pi \vee x=\frac{\pi}{6}+2\pi \vee \ldots$$

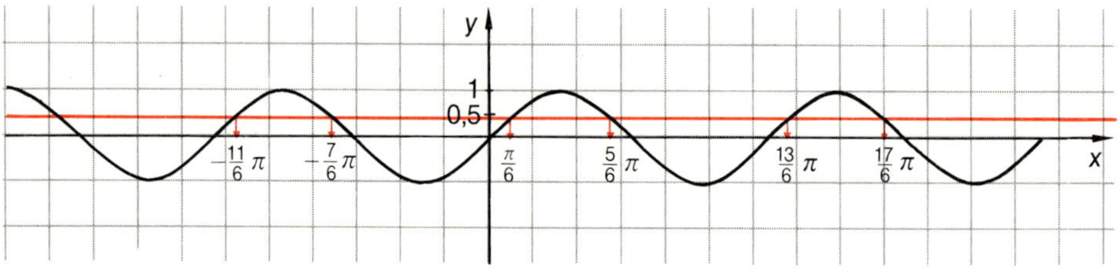

Bild 17

Beim Taschenrechner bekommt man mit Hilfe der Tastenfolge INV SIN zu einem eingegebenen Funktionswert einen zugehörigen x-Wert. (Umschalter auf RAD!) Wir beobachten folgende Ausgaben:

Eingabe	Ausgabe nach INV SIN
0	0
1	1,5707963 $(=\frac{\pi}{2})$
0,5	0,5235988 $(=\frac{\pi}{6})$
$-0{,}5$	$-0{,}5235988$ $(=-\frac{\pi}{6})$
-1	$-1{,}5707963$ $(=-\frac{\pi}{2})$

Der Taschenrechner benutzt also nur einen Teil der Sinusfunktion zur Bestimmung der x-Werte bei vorgegebenen Funktionswerten. Es ist dies offensichtlich das Intervall $[-\frac{\pi}{2}; \frac{\pi}{2}]$. Wir entnehmen dem Graphen, daß die Sinusfunktion im Intervall $[-\frac{\pi}{2}; \frac{\pi}{2}]$ streng monoton wachsend ist.

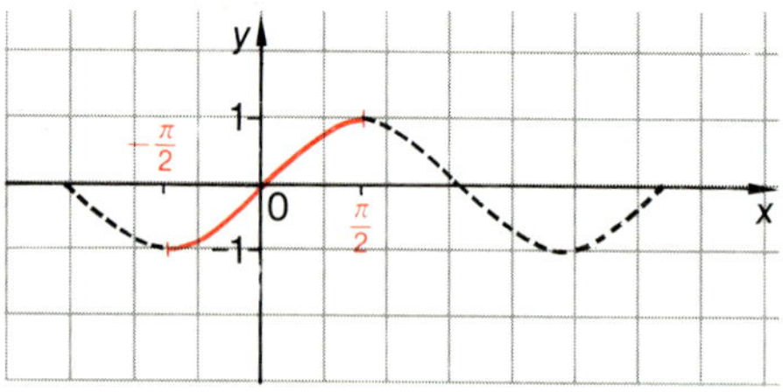

Bild 18

Wir untersuchen das genauer.

Überlegen und formulieren Sie, was gezeigt werden muß.

Seien zunächst $x_1, x_2 \in [0; \frac{\pi}{2}]$ und $x_1 < x_2$.
Dann ergibt sich $x_1 = x_2 - h$ mit $h \in]0; \frac{\pi}{2}[$ und

$$\begin{aligned} \sin x_1 &= \sin(x_2 - h) \\ &= \sin x_2 \cos h - \cos x_2 \sin h \quad \text{(Additionstheorem!)} \\ &\leq \sin x_2 \cos h \quad (\text{da } \cos x_2 \geq 0 \text{ für } x_2 \in [0; \tfrac{\pi}{2}] \text{ und } \sin h > 0 \text{ für } h \in]0; \tfrac{\pi}{2}[) \\ &< \sin x_2 \quad (\text{da } 0 < \cos h < 1 \text{ für } h \in]0; \tfrac{\pi}{2}[). \end{aligned}$$

Damit ist in Verbindung mit der Punktsymmetrie der Beweis für die strenge Monotonie erbracht.

5. Aus welchem Intervall erhält man Werte bei Benutzung von INV COS?

6. In welchem Intervall ist die Kosinusfunktion streng monoton?

Die Tangensfunktion

Mit Hilfe der Sinus- und der Kosinusfunktion läßt sich eine weitere Funktion bilden, die Sie bereits kennen.

> **Definition 3:** Die durch die Zuordnung
>
> $$x \longrightarrow \frac{\sin x}{\cos x} \quad \text{für } x \in \mathbb{R} \setminus \{0, \pm\tfrac{\pi}{2}, \pm\tfrac{3}{2}\pi, \dots\}$$
>
> definierte Funktion heißt **Tangensfunktion.**
>
> $$\tan x = \frac{\sin x}{\cos x}.$$

Auch für die Tangensfunktion gibt es eine Deutungsmöglichkeit am Einheitskreis.

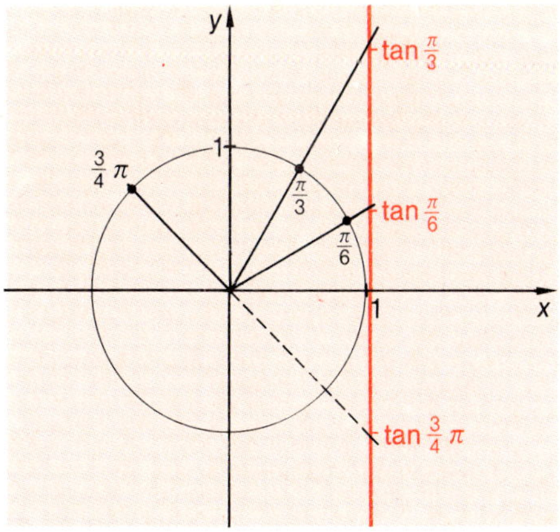

Bild 19

Erinnern Sie sich noch an „tan α = Gegenkathete durch Ankathete"? Und die Ankathete hat hier immer denselben Wert. Welchen?

Den Graphen der Tangensfunktion gewinnt man leicht mit Hilfe einer Wertetabelle. Dabei ist nicht einmal ein Rückgriff auf die Definition $\tan x = \frac{\sin x}{\cos x}$ nötig, denn jeder brauchbare Taschenrechner hat neben den Tasten SIN und COS auch eine Tangenstaste TAN.
Mit ihrer Hilfe kann für jedes x sofort $\tan x$ berechnet werden.

x	$\tan x$
0	0
$\pm\frac{\pi}{6}$	$\pm 0{,}577 \left(=\frac{1}{3}\sqrt{3}\right)$
$\pm\frac{\pi}{4}$	± 1
$\pm\frac{\pi}{3}$	$\pm 1{,}73 \left(=\sqrt{3}\right)$
$\pm\frac{\pi}{2}$	—
$\frac{2}{3}\pi$	$-1{,}73$
$\frac{3}{4}\pi$	-1
$\frac{5}{6}\pi$	$-0{,}577$
π	0

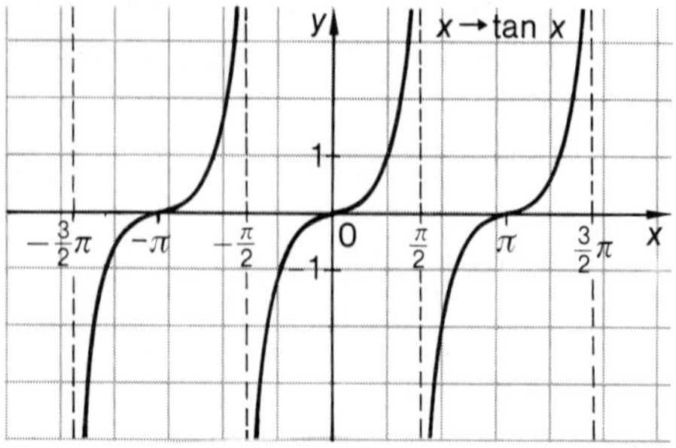

Bild 20

Wir sehen:

(1) Der Graph hat senkrechte Asymptoten bei $\pm\frac{\pi}{2}$, $\pm\frac{3}{2}\pi, \ldots$

(2) Die Tangensfunktion ist periodisch mit der Periode π. Es gilt also
$\tan x = \tan(x + k \cdot \pi)$, $k \in \mathbb{Z}$.

(3) Der Graph ist punktsymmetrisch zum Ursprung.

(4) Die Tangensfunktion ist streng monoton wachsend im Intervall $\left]-\frac{\pi}{2}, +\frac{\pi}{2}\right[$.

7. Beweisen Sie (4) zunächst für $x \in \left[0; \frac{\pi}{2}\right[$ und schließen Sie dann mit (3) weiter.

8. Zuweilen wird auch noch die **Kotangensfunktion** benutzt. Sie wird definiert durch
$\cot x = \frac{\cos x}{\sin x}$.

a) Geben Sie Definitions- und Wertemenge dieser Funktion an.

b) Zeichnen Sie den Graphen der Funktion.

c) An welchen Stellen hat die Funktion senkrechte Asymptoten?

d) Welche Periodenlänge hat die Funktion?

e) Machen Sie Aussagen über das Monotonie- und Symmetrieverhalten der Kotangensfunktion.

9. Aus welchem Intervall erhält man Werte bei Benutzung der INV TAN Tasten eines Taschenrechners? Erklären Sie dieses Ergebnis.

10. Warum fehlt bei Taschenrechnern eine COT-Taste?

Stellen Sie zusammen, was Sie jetzt über die trigonometrischen Funktionen wissen. Vergleichen Sie mit dem Wissen aus der Mittelstufe.

2.2 Untersuchungen ohne Differentialrechnung

Verschiebungen parallel zur x-Achse

Wenn in einem Wechselstromkreis nur ein einfacher Widerstand, z. B. eine Glühlampe, vorhanden ist, so verlaufen Spannung und Stromstärke „im Takt", d. h. sie erreichen gleichzeitig ihre größten und kleinsten Werte.

Ist in dem Stromkreis dagegen eine Spule, so ergibt sich ein Verlauf für Spannung und Stromstärke wie in Bild 1. Die Graphen sind gegeneinander verschoben.

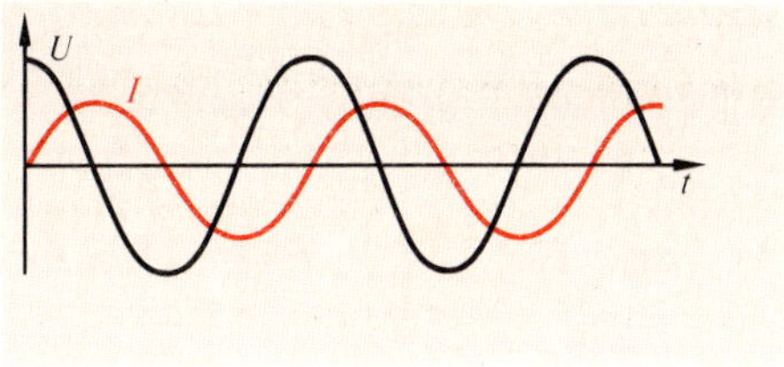

Bild 1

Wir haben bereits mehrfach Funktionsgraphen verschoben und die zugehörigen Funktionsgleichungen bestimmt. Allerdings haben wir das stets nur an speziellen Beispielen getan. Wir lösen das Problem jetzt allgemein und übertragen die Ergebnisse dann auf die Sinus- und Kosinusfunktion.

Wir betrachten den Graphen einer beliebigen Funktion

$f\colon x \to f(x),\ x \in \mathbb{R}.$

Ihren Graphen verschieben wir um a Einheiten nach rechts ($a > 0$) parallel zur x-Achse.

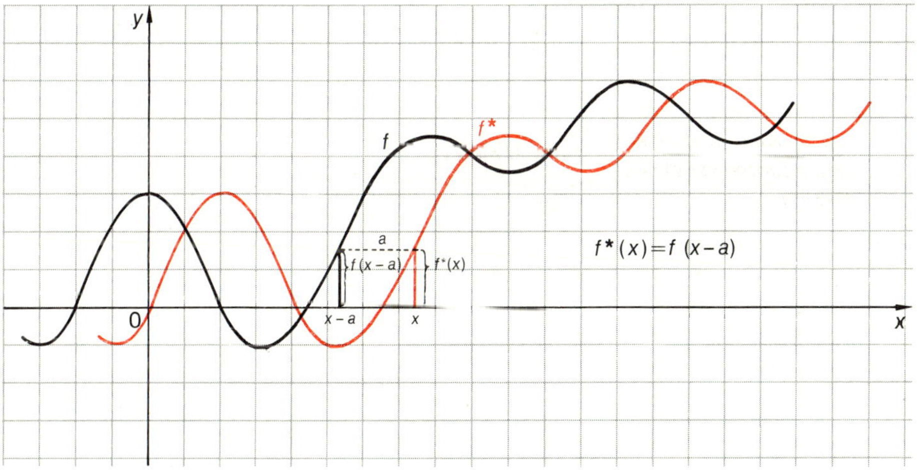

Bild 2

Dadurch erhalten wir eine neue Funktion $f^*\colon x \to f^*(x)$. Der Zusammenhang zwischen f und f^* ist leicht zu finden:

Der Funktionswert $f^*(x)$ der neuen Funktion an einer Stelle x soll gleich sein dem Funktionswert der alten Funktion an der Stelle $x-a$. Also muß gelten

$$f^*(x) = f(x-a).$$

Das heißt: Wenn wir den Funktionsterm einer Funktion kennen, so erhalten wir den Term der Funktion, deren Graph um a Einheiten nach rechts verschoben ist, einfach dadurch, daß wir im alten Funktionsterm überall x durch $x-a$ ersetzen.

Beispiel: Der Graph der Funktion f mit der Gleichung $f(x)=\sin x$ soll um 2 Einheiten nach rechts verschoben werden.
Die Gleichung der verschobenen Funktion lautet

$$f(x)=\sin(x-2).$$

1. Begründen Sie: Bei Verschiebung des Graphen um a ($a>0$) Einheiten nach links erhält man den neuen Funktionsterm, indem man im alten Funktionsterm x durch $x+a$ ersetzt.

Wir fassen die Ergebnisse zusammen.

Satz 1: Verschiebt man den Graphen einer Funktion f
- um a Einheiten nach rechts ($a>0$), so erhält man die Funktionsgleichung des verschobenen Graphen, indem man im Funktionsterm x durch $x-a$ ersetzt.
- um a Einheiten nach links ($a>0$), so erhält man die Funktionsgleichung des verschobenen Graphen, indem man im Funktionsterm x durch $x+a$ ersetzt.

Machen Sie sich zu dem Satz eine Skizze, die Ihnen die Aussage veranschaulicht.

Zeichnet man die Graphen der Sinus- und der Kosinusfunktion in ein gemeinsames Koordinatensystem, so kommt man leicht zu der Vermutung, daß man durch Verschieben des Graphen der Kosinusfunktion um $\frac{\pi}{2}$ nach rechts den Graphen der Sinusfunktion erhält. Es müßte also gelten $\cos(x-\frac{\pi}{2})=\sin x$.
Ebenso könnte man auch sagen, daß der Graph der Kosinusfunktion entsteht, wenn man den Graphen der Sinusfunktion um $\frac{\pi}{2}$ nach links verschiebt.
Also müßte gelten $\sin(x+\frac{\pi}{2})=\cos x$.

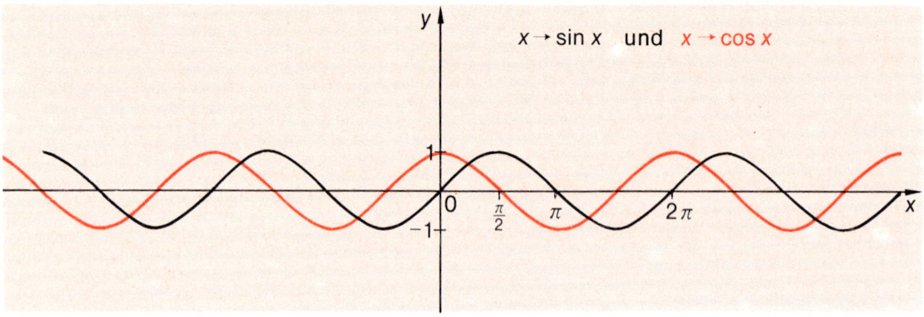

Bild 3

Satz 2: Es gilt $\cos(x-\frac{\pi}{2})=\sin x$ und $\sin(x+\frac{\pi}{2})=\cos x$ für alle $x\in\mathbb{R}$.

Diese Aussagen bedeuten, daß die Graphen der Sinus- und der Kosinusfunktion um $\frac{\pi}{2}$ gegeneinander verschoben sind.

2. Veranschaulichen Sie Satz 2 an einem Beispiel am Einheitskreis.

3. Interpretieren Sie die Periodizitätsaussagen für die Sinusfunktion und für die Kosinusfunktion durch eine Verschiebungsaussage.

Verschiebungen parallel zur y-Achse

4. Zeichnen Sie in ein gemeinsames Koordinatensystem die Graphen der Funktionen*)
$x \rightarrow \sin x + 3$, $x \rightarrow \sin x - 1$, $x \rightarrow \cos x + 5$, $x \rightarrow \cos x - 2$

Die Beispiele der Aufgabe 4 zeigen:
Der Graph von $x \rightarrow \sin x + d$ geht durch Verschiebung um d parallel zur y-Achse aus dem Graphen von $x \rightarrow \sin x$ hervor.
Der Graph von $x \rightarrow \cos x + d$ geht durch Verschiebung um d parallel zur y-Achse aus dem Graphen von $x \rightarrow \cos x$ hervor.
Ist $d > 0$, so erfolgt die Verschiebung nach oben,
ist $d < 0$, so erfolgt die Verschiebung nach unten.

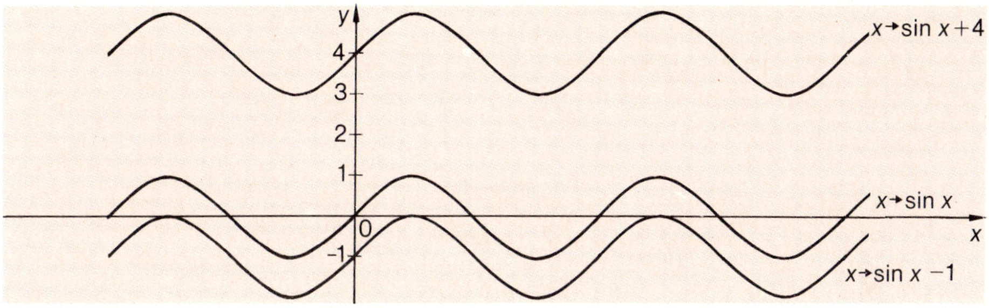

Bild 4

Dehnungen und Stauchungen parallel zu den Achsen
Bei den bisherigen Untersuchungen haben wir die Graphen der trigonometrischen Funktionen (so nennt man zusammenfassend die Sinus-, Kosinus-, Tangens- und Kotangensfunktion) lediglich parallel zu den Achsen verschoben.

Wir wollen nun noch einige andere Veränderungen untersuchen, und zwar solche, die bei Schwingungen mit den Begriffen Amplitude und Frequenz zu tun haben (Bild 5 – vgl. auch S. 76).

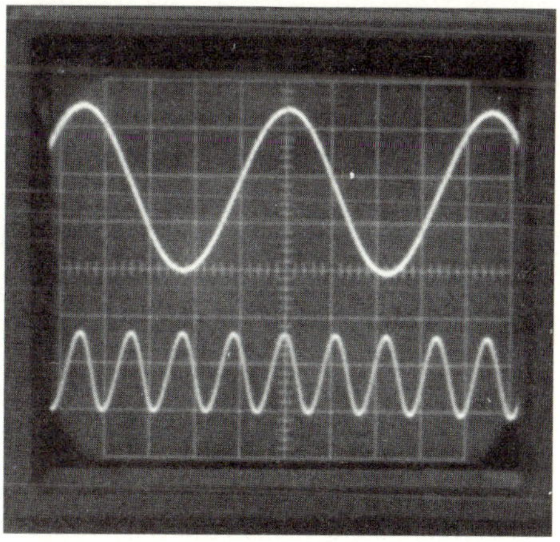

Bild 5: Zweikanal-Oszillograph mit 440 Hz auf Kanal 1 und 1760 Hz auf Kanal 2 mit unterschiedlichen Amplituden

*) Beachten Sie: $\sin x + d \neq \sin(x + d)$

Wir zeichnen in eine gemeinsame Zeichnung die Graphen von
$x \rightarrow \sin x$, $x \rightarrow 3 \sin x$, $x \rightarrow \frac{1}{2} \sin x$, $x \rightarrow -2{,}5 \sin x$.

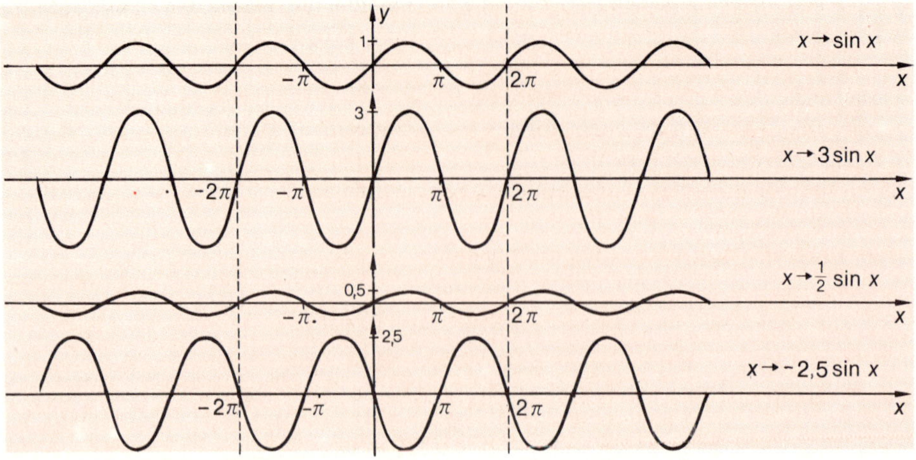

Bild 6

5. Verfahren Sie ebenso mit
a) $x \rightarrow \cos x$, $x \rightarrow 2 \cos x$, $x \rightarrow \frac{2}{3} \cos x$, $x \rightarrow -\frac{1}{2} \cos x$
b) $x \rightarrow \tan x$, $x \rightarrow -2 \tan x$, $x \rightarrow \frac{1}{4} \tan x$

Die Ergebnisse des Beispiels und der Aufgabe 5 zeigen:
Der Graph von f: $x \rightarrow a \cdot \sin x$ zeigt gegenüber dem von g: $x \rightarrow \sin x$ folgende Veränderung:
Die Funktionswerte $g(x)$ sind mit dem Faktor a multipliziert worden. Das bewirkt
- eine Dehnung senkrecht zur x-Achse, wenn $|a| > 1$ gilt,
- eine Stauchung senkrecht zur x-Achse, wenn $0 < |a| < 1$ gilt.

Ist a negativ, so erfolgt zusätzlich eine Spiegelung an der x-Achse.
Entsprechende Aussagen gelten für die Kosinus- und die Tangensfunktion.

Wir zeichnen die Graphen von $x \rightarrow \sin x$, $x \rightarrow \sin \frac{1}{2} x$ und $x \rightarrow \sin 3x$ in eine gemeinsame Zeichnung ein.

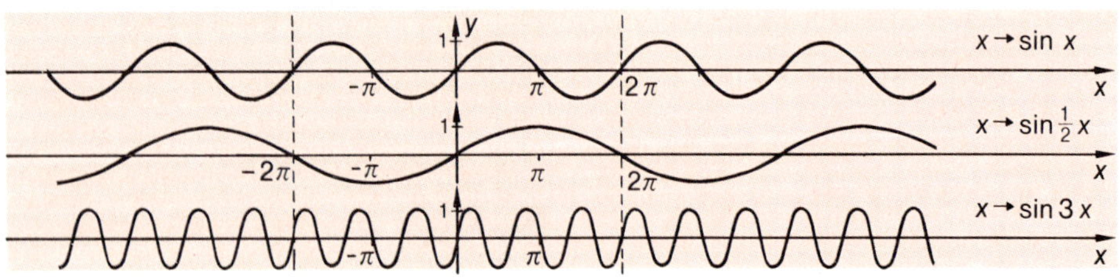

Bild 7

6. Verfahren Sie ebenso mit
a) $x \rightarrow \cos x$, $x \rightarrow \cos 2x$, $x \rightarrow \cos \frac{1}{4} x$ b) $x \rightarrow \tan x$, $x \rightarrow \tan \frac{1}{3} x$, $x \rightarrow \tan 4x$

Das Beispiel und die Ergebnisse von Aufgabe 6 zeigen:
Der Graph von f: $x \rightarrow \sin bx$ ist gegenüber dem von g: $x \rightarrow \sin x$ senkrecht zur y-Achse
- gestaucht worden, wenn $b > 1$ gilt,
- gedehnt worden, wenn $0 < b < 1$ gilt.

Entsprechende Aussagen gelten für die Kosinus- und Tangensfunktion.

7. Was ändert sich bei der Aussage über die Stauchung des Graphen der Sinusfunktion, wenn b negativ ist?

Als Merkregel hilft Ihnen vielleicht (vgl. Bild 7):
Bei $\sin x$ geht eine Periodenlänge auf die Streckenlänge 2π.
Bei $\sin 3x$ gehen drei Periodenlängen auf die Streckenlänge 2π.
Bei $\sin \frac{1}{2}x$ geht eine halbe Periodenlänge auf die Streckenlänge 2π.

8. Wie lautet die entsprechende Merkregel für die Tangensfunktion?

Wir sind nun in der Lage, den Graphen einer Funktion wie
$f\colon x \to \frac{1}{2}\sin 5(x+\pi) - 3;\ x \in \mathbb{R}$ ohne Wertetabelle zu zeichnen.

Der Graph der Sinusfunktion wurde so senkrecht zur y-Achse gestaucht, daß 5 Periodenlängen auf die Streckenlänge 2π gehen, dann um π Einheiten nach links verschoben, dann senkrecht zur x-Achse mit dem Faktor $\frac{1}{2}$ gestaucht und schließlich parallel zur y-Achse um 3 Einheiten nach unten verschoben.

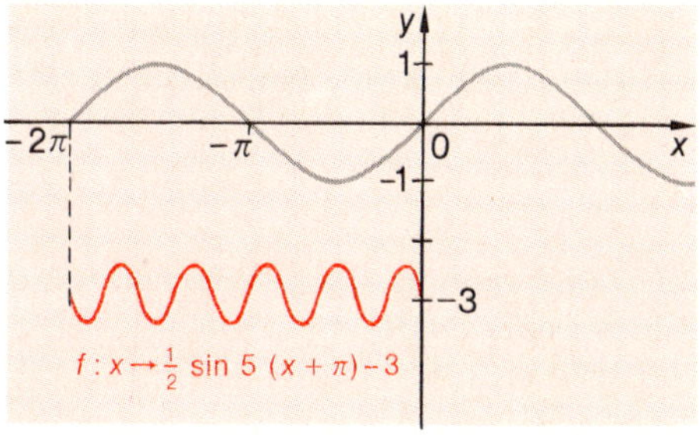

Bild 8

Führen Sie die einzelnen Veränderungen durch.

9. Beschreiben Sie ebenso, wie die Graphen der folgenden Funktionen aussehen.
a) $f\colon x \to -5\cos 2x + 1$
b) $g\colon x \to -\frac{1}{2}\tan \frac{1}{2}(x+\frac{\pi}{2}) - 2$
c) $h\colon x \to 4\sin \frac{1}{4}(x-\frac{\pi}{2}) + 4$
d) $k\colon x \to 3\cos 5(x+\pi) - 2$

Fassen Sie kurz zusammen, was Sie in diesem Abschnitt über die trigonometrischen Funktionen hinzugelernt haben.

Aufgaben

10. Geben Sie an im Bogenmaß.

α	17°	2°	−35°	−57,29°	305°	473°	1024°	2345°
$B(\alpha)$								

11. Geben Sie an im Gradmaß.

$B(\alpha)$	1	2	3	4	5	6	7	8	9	10	−30	1000	222π
α													

12. a) Zeichnen Sie mit Hilfe der Werte aus den Aufgaben 10 und 11 den Graphen der Zuordnung $\alpha \rightarrow B(\alpha)$.
b) Begründen Sie, warum sich in a) eine Gerade ergibt.
c) Bestimmen Sie die Steigung der Geraden.

13. Zeichnen Sie den Graphen von f.

a) $f\colon x \rightarrow \sin^2 x, \quad x \in [-\pi; 4\pi]$

b) $f\colon x \rightarrow \cos^2 x + 1, \quad x \in [0; 5\pi]$

c) $f\colon x \rightarrow \tan^2 x, \quad x \in \left]-\frac{\pi}{2}; \frac{3\pi}{2}\right[\setminus \left\{\frac{\pi}{2}\right\}$

d) $f\colon x \rightarrow \dfrac{1}{\sin x}, \quad x \in ?$

e) $f\colon x \rightarrow \dfrac{1}{\cos x}, \quad x \in ?$

14. Bestimmen Sie die Nullstellen von f.

a) $f(x) = \sin 3x$ b) $f(x) = \cos \frac{1}{4} x$
c) $f(x) = \tan 4x$ d) $f(x) = \sin\left(3x - \frac{\pi}{2}\right)$

15. Der Graph der Funktion f soll verschoben werden. Geben Sie die Gleichung der neuen Funktion f^* an.

a) $f(x) = x \cdot \sin x$; 3 Einheiten parallel zur x-Achse nach rechts.
b) $f(x) = x + \sin x$; 4 Einheiten parallel zur y-Achse nach unten.
c) $f(x) = x^2 - \tan x$; 1 Einheit parallel zur x-Achse nach links und 2 Einheiten parallel zur y-Achse nach oben.

16. Verändern Sie die Funktion f durch Stauchen oder Dehnen derart, daß der Graph von f^* durch den angegebenen Punkt P verläuft.

a) $f(x) = \sin x$; $P = \left(\frac{\pi}{4}; 1\right)$
b) $f(x) = \cos 2x$; $P = \left(\frac{\pi}{2}; -3\right)$
c) $f(x) = \tan\left(x - \frac{\pi}{4}\right)$; $P = \left(\frac{\pi}{2}; -\frac{1}{2}\right)$
d) $f(x) = -\frac{1}{2} \sin 3\left(x + \frac{\pi}{4}\right)$; $P = \left(\frac{\pi}{4}; \frac{1}{2}\sqrt{2}\right)$
e) $f(x) = \frac{1}{3} \cos(2x + \pi)$; $P = \left(\frac{\pi}{2}; -\frac{1}{3}\right)$

17. Berechnen Sie mit Hilfe der Rechteckmethode Näherungswerte für den Flächeninhalt zwischen dem Graphen von f und der x-Achse im Intervall $\left[0; \frac{\pi}{2}\right]$ (12 Rechtecke jeweils!).

a) $f\colon x \rightarrow \sin x$ b) $f\colon x \rightarrow \cos x$

18. Bestimmen Sie ohne Rechnung:

a) $\int_0^{2\pi} \sin x \, dx$ b) $\int_0^{2\pi} \cos x \, dx$

19. Bestimmen Sie mit Hilfe der Keplerschen Faßregel den Flächeninhalt unter dem Graphen von f über dem Intervall I näherungsweise.

a) $f\colon x \rightarrow \sin x$; $I = [0; \pi]$ b) $f\colon x \rightarrow \cos x$; $I = \left[0; \frac{\pi}{2}\right]$
c) $f\colon x \rightarrow \tan x$; $I = \left[0; \frac{\pi}{4}\right]$

2.3 Die Ableitungen der trigonometrischen Funktionen

Bei den bisherigen Untersuchungen brauchten wir keine Ableitungen. Auch bei zusammengesetzten Funktionen wie $f\colon x \longrightarrow \sin x + \cos 2x$ kann man sich zur Skizzierung des Graphen noch mit einfachen Hilfsmitteln behelfen.
Durch Zeichnen der Graphen der Teilfunktionen und deren graphische Addition, wie in Bild 1 gezeigt, gewinnt man schnell einen groben Überblick über den Kurvenverlauf.

1. Zeichnen Sie nach diesem Verfahren den Graphen von f im Intervall $[-2\pi, 2\pi]$.

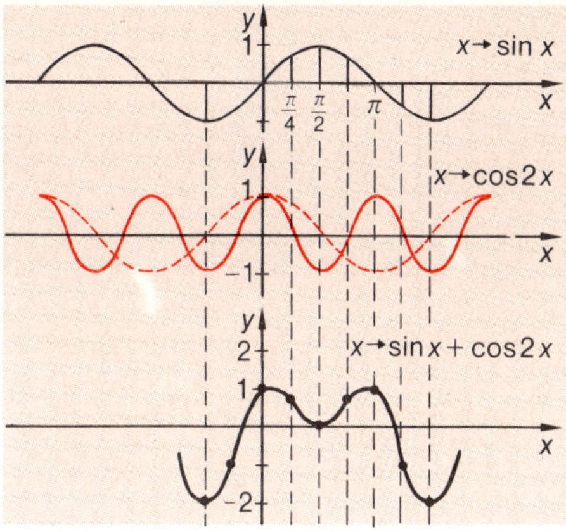

Bild 1

Genauere Aussagen über den Verlauf des Graphen kann man mit Hilfe der Differentialrechnung gewinnen. Dazu benötigt man die Ableitungen der trigonometrischen Funktionen.

Wir beginnen mit der Sinusfunktion und wollen dabei so vorgehen, daß wir uns zunächst einen Überblick über das voraussichtliche Ergebnis verschaffen.

Wir bestimmen die Ableitungsfunktion zur Sinusfunktion auf graphischem Wege mit Hilfe der „Spiegelmethode". (Sie erinnern sich? Man stellt einen Taschenspiegel so auf den Graphen, daß das Spiegelbild ohne Knick weiter zu laufen scheint. Dann verläuft die Spiegelkante senkrecht zur Tangente. Vergl. Hahn/Dzewas Band 11, S. 149.)

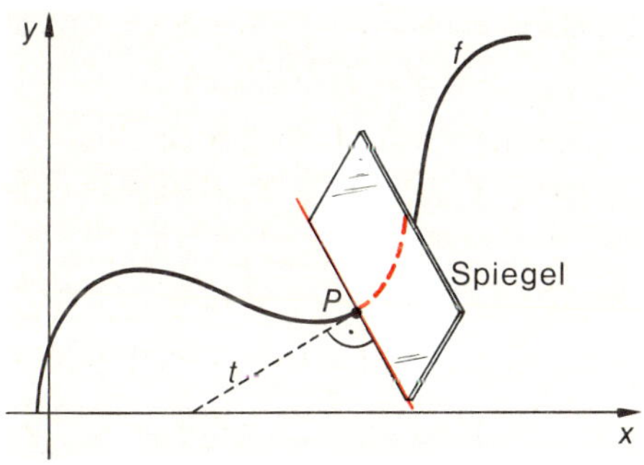

Bild 2

Wir bestimmen mit dieser Methode mehrere Steigungen des Graphen der Sinusfunktion, tragen sie in eine Wertetabelle ein und zeichnen den Graphen von

$x \longrightarrow$ Steigung an der Stelle x,

also den Graphen der Ableitungsfunktion.

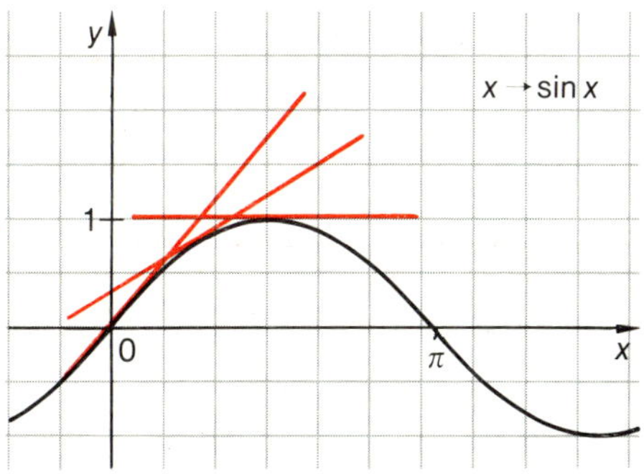

Bild 3

x	Näherungswert für die Steigung an der Stelle x
0	1
$\frac{\pi}{4}$	0,7
$\frac{\pi}{2}$	0
$\frac{3}{4}\pi$	−0,7
π	−1
$\frac{5}{4}\pi$	−0,7
$\frac{3}{2}\pi$	0
$\frac{7}{4}\pi$	0,7
2π	1

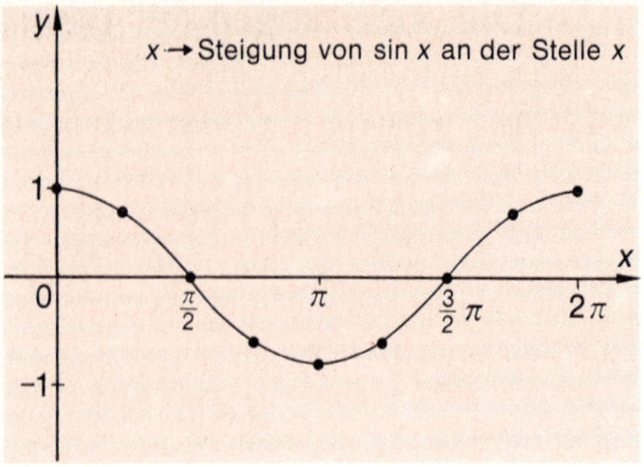

Bild 4

Unser Ergebnis läßt vermuten, daß die Ableitung der Sinusfunktion existiert und die Kosinusfunktion ist.

2. Verschaffen Sie sich auf gleichem Wege einen Überblick über den vermutlichen Verlauf der Ableitung der Kosinusfunktion.

Wir untersuchen nun die Sinusfunktion genauer auf Differenzierbarkeit. Dabei betrachten wir zunächst die Stelle $x=0$.
Der Differenzenquotient ist:

$$\frac{f(x)-f(0)}{x-0}=\frac{\sin x-\sin 0}{x-0}=\frac{\sin x}{x}$$

Zu betrachten ist also $\lim\limits_{x\to 0}\frac{\sin x}{x}$. Mit der Spiegelmethode hatten wir für die Steigung des Graphen der Sinusfunktion an der Stelle 0 den Näherungswert 1 herausbekommen.

Das führt uns zu der Vermutung:

$$\lim_{x\to 0}\frac{\sin x}{x}=1$$

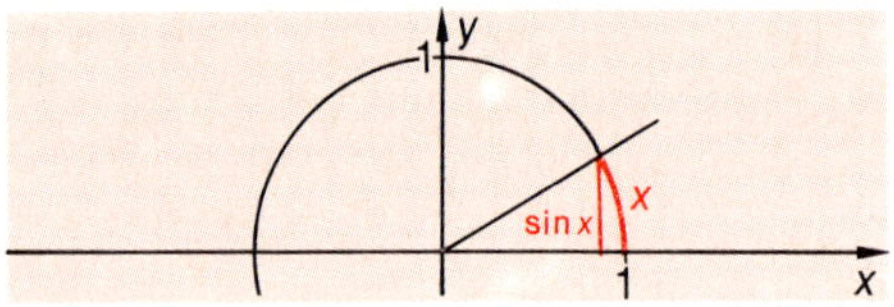

Bild 5

3. Bestätigen Sie mit Hilfe eines Taschenrechners diese Vermutung über den Grenzwert von $\frac{\sin x}{x}$ für $x \longrightarrow 0$.

Wir begnügen uns hier mit diesen Plausibilitätsüberlegungen und verzichten auf einen Beweis zu dem Satz:

Satz 1: Die Sinusfunktion hat an der Stelle $x=0$ die Ableitung 1.
Das heißt, es gilt $\lim\limits_{x\to 0}\frac{\sin x}{x}=1$

Wir untersuchen nun die Sinusfunktion an einer beliebigen Stelle auf Differenzierbarkeit:

$$\frac{f(x)-f(x_0)}{x-x_0}=\frac{\sin x-\sin x_0}{x-x_0}$$

Da wir die Vermutung haben, daß die Sinusfunktion überall differenzierbar ist und die Kosinusfunktion als Ableitungsfunktion besitzt, sollten wir versuchen, durch eine Umformung $\cos x$ in diesen Term hineinzubekommen. Ein Blick in die Formelsammlung liefert uns

$$\sin\alpha - \sin\beta = 2\cdot\sin\frac{\alpha-\beta}{2}\cdot\cos\frac{\alpha+\beta}{2}$$

Wir können also hier schreiben

$$\frac{\sin x - \sin x_0}{x - x_0} = \frac{2\cdot\sin\frac{x-x_0}{2}\cdot\cos\frac{x+x_0}{2}}{x-x_0} = \frac{\sin\frac{x-x_0}{2}\cos\frac{x+x_0}{2}}{\frac{x-x_0}{2}}$$

$$\lim_{x\to x_0}\frac{\sin x - \sin x_0}{x - x_0} = \lim_{x\to x_0}\frac{\sin\frac{x-x_0}{2}\cos\frac{x+x_0}{2}}{\frac{x-x_0}{2}}$$

$$= \lim_{x\to x_0}\frac{\sin\frac{x-x_0}{2}}{\frac{x-x_0}{2}}\cdot\lim_{x\to x_0}\cos\frac{x+x_0}{2}.$$

Im letzten Umformungsschritt haben wir den Produktsatz für Grenzwerte benutzt. Er enthält die Voraussetzung, daß die Grenzwerte der einzelnen Faktoren existieren. Das zeigen wir jetzt:

$\lim\limits_{x\to x_0}\dfrac{\sin\frac{x-x_0}{2}}{\frac{x-x_0}{2}}$ ist von der Form $\lim\limits_{a\to 0}\dfrac{\sin a}{a}$.

Dieser Grenzwert existiert aber, wie wir festgestellt haben. Es gilt somit

$$\lim_{x\to x_0}\frac{\sin\frac{x-x_0}{2}}{\frac{x-x_0}{2}} = 1.$$

Der Grenzwert $\lim\limits_{x\to x_0}\cos\left(\dfrac{x+x_0}{2}\right)$ existiert, und es gilt

$$\lim_{x\to x_0}\cos\frac{x+x_0}{2} = \cos\frac{2x_0}{2} = \cos x_0.$$

Also war die Anwendung des Produktsatzes berechtigt, und es ergibt sich

$$\lim_{x\to x_0}\frac{\sin x - \sin x_0}{x - x_0} = 1\cdot\cos x_0 = \cos x_0.$$

Satz 2: Die Ableitungsfunktion der Sinusfunktion ist die Kosinusfunktion: $\sin' x = \cos x$.

4. Zeigen Sie ebenso $\cos' x = -\sin x$.

Wir haben damit für die Sinus- und Kosinusfunktion folgende Zusammenhänge:

$f(x) = \sin x$
$f'(x) = \cos x$
$f''(x) = -\sin x$
$f'''(x) = -\cos x$
$f''''(x) = \sin x$

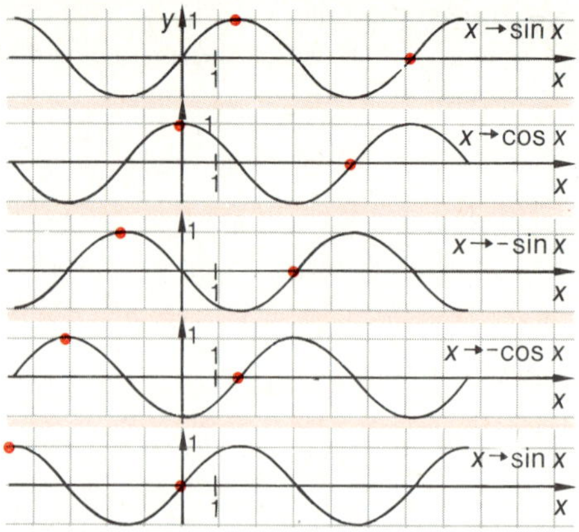

Bild 6

Später wird noch gezeigt, daß für die Ableitung der Tangensfunktion gilt:

$$\tan' x = \frac{1}{\cos^2 x}$$

Machen Sie sich dies am Graphen plausibel.

Wir fassen zusammen:

Satz 3 (Ableitungsregeln): Für alle $x \in \mathbb{R}$ gilt:

$\sin' x = \cos x$

$\cos' x = -\sin x$

Für alle $x \in \mathbb{R} \setminus \{\pm\frac{\pi}{2}, \pm\frac{3}{2}\pi, \dots\}$ gilt:

$$\tan' x = \frac{1}{\cos^2 x}$$

5. Beweisen Sie: $\frac{1}{\cos^2 x} = 1 + \tan^2 x$. (Es gilt also $\tan' x = 1 + \tan^2 x$.)

6. Berechnen Sie den Flächeninhalt unter dem Graphen von f über dem Intervall I.

a) $f\colon x \to \sin x$; $I = [0; \pi]$
b) $f\colon x \to \cos x$; $I = [0; \frac{\pi}{2}]$
c) $f\colon x \to \sin x$; $I = [0; 2\pi]$

7. Geben Sie die Integralfunktion von f zur unteren Grenze a an.

a) $f\colon x \to \sin x$; $a = 0$
b) $f\colon x \to \cos x$; $a = -\frac{\pi}{2}$

8. Berechnen Sie

a) $\int_0^{\pi} \cos x \, dx$ b) $\int_{\pi}^{2\pi} \sin x \, dx$ c) $\int_{-\pi}^{+\pi} \sin x \, dx$ d) $\int_0^{\frac{5\pi}{2}} \cos x \, dx$

9. Welchen Flächeninhalt schließen die Graphen der Funktionen f und g zwischen ihren Schnittstellen ein?

$$\left.\begin{aligned} f&: x \to \sin x \\ g&: x \to \cos x \end{aligned}\right\} x \in [0; 2\pi]$$

Kettenregel und Produktregel

Leider gestatten uns die bisherigen Ableitungsregeln nur, z. B. die nackte Sinusfunktion abzuleiten.

Schon die Ableitung von f mit $f(x) = \sin 2x$ können wir nicht bestimmen, weil hier offensichtlich eine Verkettung von Funktionen vorliegt. Und da ist, wie schon in Hahn/Dzewas Band 11, Seite 164/165 gezeigt wurde, Vorsicht am Platze.
Wir können uns auch leicht überzeugen, daß die Vermutung, die Ableitung von $f(x) = \sin 2x$ sei $f'(x) = \cos 2x$, sicher falsch ist.

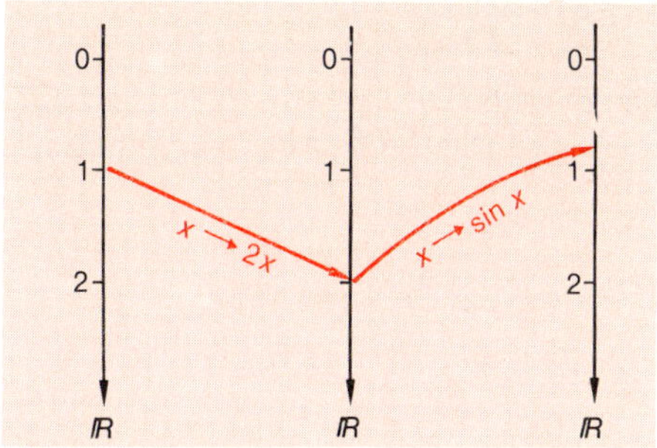

Bild 7

Wir wissen: Der Graph von f hat bei $x = 0$ offenbar eine Steigung, die größer ist als 1, weil die Steigung von $x \to \sin x$ bei $x = 0$ bereits 1 ist. Die Funktion $x \to \cos 2x$ hat an der Stelle $x = 0$ aber den Funktionswert 1. Also kann $\cos 2x$ nicht die Ableitung von $\sin 2x$ sein.

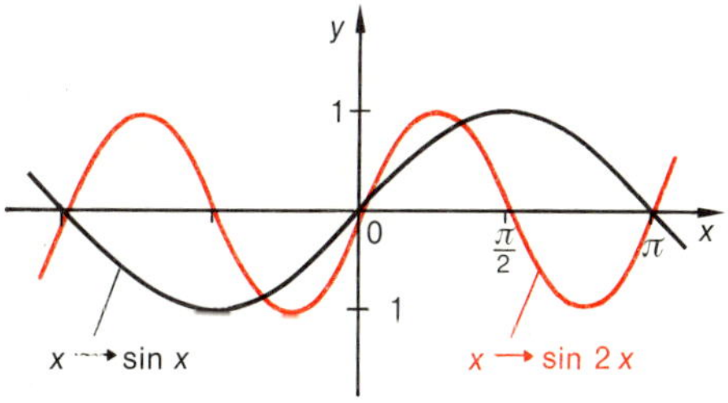

Bild 8

Zur Untersuchung auf Differenzierbarkeit bilden wir zunächst den Differenzenquotienten.

$$\frac{f(x) - f(x_0)}{x - x_0} = \frac{\sin 2x - \sin 2x_0}{x - x_0}$$

Nun steht im Nenner leider nicht $2x - 2x_0$, denn dann wäre der Quotient von der Form $\frac{\sin z - \sin z_0}{z - z_0}$, und der Grenzwert dieses Differenzenquotienten wäre leicht bestimmbar, er wäre nämlich $\cos z_0$.
Da dieser Weg aber sehr verlockend ist, erweitern wir den Quotienten einfach entsprechend:

$$\frac{\sin 2x - \sin 2x_0}{x - x_0} = \frac{\sin 2x - \sin 2x_0}{2x - 2x_0} \cdot \frac{2x - 2x_0}{x - x_0}$$

Für $x \neq x_0$ sind die Nenner dann sicher von Null verschieden.
Beim Grenzwert

$$\lim_{x \to x_0} \left(\frac{\sin 2x - \sin 2x_0}{2x - 2x_0} \cdot \frac{2x - 2x_0}{x - x_0} \right)$$

dürfen wir die Grenzwertsätze anwenden, sofern die einzelnen Grenzwerte existieren. Das heißt,

$$\lim_{x \to x_0} \frac{\sin 2x - \sin 2x_0}{2x - 2x_0} \quad \text{und} \quad \lim_{x \to x_0} \frac{2x - 2x_0}{x - x_0}$$

müssen existieren.

Das ist gewährleistet, da die Sinusfunktion und die Funktion $x \to 2x$ differenzierbar sind. Es ergibt sich also für den Differenzenquotienten

$$\lim_{x \to x_0} \frac{f(x) - f(x_0)}{x - x_0} = (\cos 2x_0) \cdot 2$$

Damit ist die Differenzierbarkeit von f mit $f(x) = \sin 2x$ an jeder Stelle des Definitionsbereiches gesichert. Die Ableitungsfunktion hat die Gleichung $f'(x) = 2 \cdot \cos 2x$.

Überprüfen Sie, ob sich hiermit an der Stelle 0 die richtige Steigung ergibt.

Wir verfolgen den Gedanken des Beispiels noch einmal allgemeiner.
Sei h Verkettung der Funktionen g und f, d.h. $h(x) = f(g(x))$. Im Beispiel war $f(x) = \sin x$ und $g(x) = 2x$. Dann gilt

$$\frac{h(x) - h(x_0)}{x - x_0} = \frac{f(g(x)) - f(g(x_0))}{x - x_0}$$
$$= \frac{f(g(x)) - f(g(x_0))}{g(x) - g(x_0)} \cdot \frac{g(x) - g(x_0)}{x - x_0}$$

Allerdings müssen wir hier sicher sein, daß nicht mit Null erweitert wird. Unsere Überlegungen gelten also z.B. für streng monotone Funktionen g.
Wenn f an der Stelle $g(x_0)$ und g an der Stelle x_0 differenzierbar sind, also die einzelnen Grenzwerte existieren, können wir schreiben:

$$\lim_{x \to x_0} \frac{h(x) - h(x_0)}{x - x_0} = h'(x_0) = f'(g(x_0)) \cdot g'(x_0)$$

Wir verzichten darauf, den Beweis zu erweitern, und teilen mit, daß der folgende Satz allgemein, d.h. nicht nur für streng monotone Funktionen, gilt.

Satz 4 (Kettenregel): Seien f an der Stelle $g(x)$ und g an der Stelle x differenzierbare Funktionen. Dann ist die Verkettung $h(x) = f(g(x))$ an der Stelle x differenzierbar, und es gilt:

$$h'(x) = f'(g(x)) \cdot g'(x).$$

Man sagt auch kurz als Merkregel: Die Ableitung einer Verkettung von Funktionen ist „äußere Ableitung mal innere Ableitung".
In unserem Beispiel war die äußere Funktion sin. Die innere Funktion war g mit $g(x) = 2x$.
Also: *äußere Ableitung mal innere Ableitung* $= (\cos[g(x)]) \cdot 2 = (\cos 2x) \cdot 2$

Wir erläutern die Regel noch an einigen weiteren Beispielen.

Beispiel 1: $f(x)=(7x^3-3x^2+8x-4)^6$

$$f'(x)=\underbrace{6\cdot(7x^3-3x^2+8x-4)^5}_{\text{Ableitung von }(\ldots)^6}\cdot\underbrace{(21x^2-6x+8)}_{\text{Abl. von }(\ldots)}$$

Beispiel 2: $f(x)=(\sin x)^2$

$$f'(x)=\underbrace{2\sin x}_{\substack{\text{Abl. von}\\(\ldots)^2}}\cdot\underbrace{\cos x}_{\substack{\text{Abl. von}\\\sin x}}$$

Beispiel 3: $f(x)=\cos(2x^5-3x^3)$

$$f'(x)=-\sin(2x^5-3x^3)\cdot(10x^4-9x^2)$$

Auch wenn drei oder mehr Funktionen verkettet sind, kann die Regel entsprechend angewandt werden.

Beispiel 4: $f(x)=\tan(\sin x^3)$

$$f'(x)=\underbrace{\frac{1}{\cos^2(\sin x^3)}}_{\text{Abl. von }\tan(\ldots)}\cdot\sin'(x^3)$$

$$=\frac{1}{\cos^2(\sin x^3)}\cdot(\cos x^3)\cdot 3x^2$$

10. Differenzieren Sie die Funktionen mit den Funktionstermen

a) $\sin 4x$	b) $\cos\frac{x}{10}$	c) $\cos\frac{2}{5}x$	d) $\sin 2\pi x$
e) $\tan\frac{x}{2}$	f) $\tan 5x$	g) $\tan\frac{4}{3}x$	h) $\sin^3 x$
i) $\cos^4 x$	k) $\tan^2 x$	l) $\sin^4 x+\cos 6x$	m) $\sin\frac{x}{2}-\cos 3x$
n) $\cos^2 x+\cos 2x$	o) $\sin^2 x-\sin 2x$	p) $\sin x+\frac{1}{2}\sin 2x$	q) $\cos^2 x-\sin^3 x$

Häufig ist es nötig, eine Funktion abzuleiten, die das Produkt zweier Teilfunktionen ist, z. B. $f(x)=\sin x\cdot\cos x$ oder $f(x)=(4x^2-7)^5\cdot(56-\sin x)^3$.
Dieses Problem tritt oft auf, wenn man eine Funktion mit der Kettenregel abgeleitet hat und nun die zweite Ableitung bestimmen will.

Auch hier ist der verlockende Weg, einfach das Produkt der Ableitungen der Teilfunktionen zu nehmen, sicher falsch, wie ein einfaches Beispiel zeigt:
$f(x)=x^3\cdot x^2$. Die richtige Ableitung kennen wir: Es ist offenbar $x^3\cdot x^2=x^5$, also ist $f'(x)=5x^4$. Das Produkt der Ableitungen der Teilfunktionen liefert dagegen: $3x^2\cdot 2x=6x^3\neq f'(x)$.
Wir haben hier den Differenzenquotienten für eine Funktion der Form $f(x)=u(x)\cdot v(x)$ zu bilden.

$$\frac{f(x)-f(x_0)}{x-x_0}=\frac{u(x)\cdot v(x)-u(x_0)\cdot v(x_0)}{x-x_0}$$

Wir müssen nun versuchen, diesen Quotienten so zu ergänzen, daß wir ähnlich wie beim Beweis der Kettenregel (hier möglicherweise durch Ausklammern) zu Termen gelangen, die wir als Ableitungen der Teilfunktionen identifizieren können.

Hier hilft eine Veranschaulichung, in der die Produkte durch Flächen interpretiert werden.

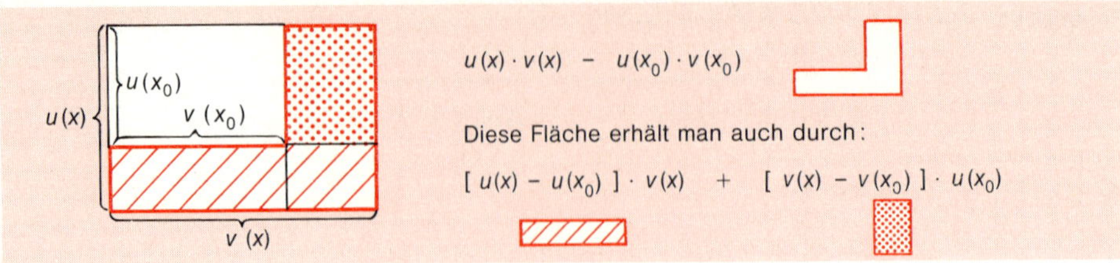

Bild 9

$$\frac{u(x)\cdot v(x)-u(x_0)\cdot v(x_0)}{x-x_0}=\frac{u(x)\cdot v(x)-u(x_0)\cdot v(x)+u(x_0)\cdot v(x)-u(x_0)\cdot v(x_0)}{x-x_0}$$

$$=\frac{u(x)-u(x_0)}{x-x_0}\cdot v(x)+\frac{v(x)-v(x_0)}{x-x_0}\cdot u(x_0)$$

Den ersten Umformungsschritt kann man auch rein algebraisch erläutern. Stellen Sie fest, welche Vorgehensweise Ihnen hilfreicher ist.

Wir bilden den Grenzwert dieses Differenzenquotienten und erkennen, daß wir die Grenzwertsätze anwenden dürfen, sofern die Grenzwerte der einzelnen Quotienten existieren, also u und v an der Stelle x_0 differenzierbar sind.
Es gilt also unter diesen Voraussetzungen

$$\lim_{x\to x_0}\frac{f(x)-f(x_0)}{x-x_0}=\lim_{x\to x_0}\frac{u(x)-u(x_0)}{x-x_0}\,v(x)+\lim_{x\to x_0}\frac{v(x)-v(x_0)}{x-x_0}\,u(x_0)$$

$$=u'(x_0)\cdot v(x_0)+u(x_0)\cdot v'(x_0)$$

Satz 5 (Produktregel): Sei $f(x)=u(x)\cdot v(x)$, und u und v seien an der Stelle x differenzierbar. Dann ist auch $u\cdot v$ an der Stelle x differenzierbar, und es gilt

$$f'(x)=u'(x)\cdot v(x)+u(x)\cdot v'(x)$$

Als Merkregel: Ist $f=u\cdot v$, dann ist $f'=u'\cdot v+u\cdot v'$

Formulieren Sie sich Ihre persönliche Merkregel.

Beispiel 5: $f(x)=2x\cdot\sin x^2$. Hier ist also $u(x)=2x$, $v(x)=\sin x^2$

$$f'(x)=\underbrace{2}_{u'}\cdot\underbrace{\sin x^2}_{v}+\underbrace{2x}_{u}\cdot\underbrace{2x\cdot\cos x^2}_{v'}$$

Beispiel 6: $f(x)=\sin x\cdot\cos x$

$$f'(x)=\cos x\cdot\cos x+\sin x\cdot(-\sin x)=\cos^2 x-\sin^2 x$$

Notieren Sie aus dem Gedächtnis die Differentiationsregeln, die Sie in diesem Abschnitt gelernt haben. Schreiben Sie auch auf, was Sie über die trigonometrischen Funktionen hinzugelernt haben.
Lesen Sie Ihre zusammenfassenden Notizen zu den Abschnitten 2.1, 2.2, 2.3 im Zusammenhang. Erinnern Sie sich noch an alles? Sind die Notizen vollständig? Sind sie als Grundlage für eine spätere Wiederholung geeignet? Ergänzen Sie die Notizen (falls noch nicht geschehen) durch Skizzen und Beispiele.

Aufgaben

11. Bestimmen Sie die 1. und 2. Ableitung.

a) $f(x) = x \cdot \sin x$

b) $f(x) = x^2 \cdot \cos^2 x$

c) $f(x) = x^7 \cdot (x^2 - 12)^6$

d) $f(x) = \sin^2 x \cdot \cos x$

e) $f(x) = (x-5)^4 \cdot \cos^3 x$

f) $f(x) = \frac{1}{6}\pi \sin(x^2 - \pi) \cdot \cos^2 x$

g) $f(x) = x^2 \cdot \sin x \cdot \cos^2 x$

h) $f(x) = (\sin x^2)^3$

i) $f(x) = (x-4)^5 - x^6 \cdot \sin^6 x$

k) $f(x) = \sin x \cdot \cos x \cdot \tan x$

l) $f(x) = x^3 \cdot \sin x$

12. Bestimmen Sie die 2. Ableitung der Funktionen aus Aufgabe 10. (Beachten Sie dabei das Ergebnis aus Aufgabe 5.)

13. Bestimmen Sie eine Stammfunktion zu f.

a) $f\colon x \to \sin 2x$

b) $f\colon x \to \cos \frac{1}{2}x$

c) $f\colon x \to 2\sin(3x - 4)$

d) $f\colon x \to -\frac{1}{3}\cos(\frac{1}{3}x + \pi)$

e) $f\colon x \to 15\cos x$

f) $f\colon x \to -3\sin\frac{x}{9}$

14. Berechnen Sie den Flächeninhalt unter dem Graphen von f über dem Intervall I.

a) $f\colon x \to \sin\frac{x}{2}$; $I = [\frac{2}{3}\pi; 3\pi]$

b) $f\colon x \to \cos(2x - \pi)$; $I = [-\pi; \pi]$

c) $f\colon x \to \sin 2x + \frac{1}{2}\cos\frac{x}{3}$; $I = [0; \frac{\pi}{2}]$

d) $f\colon x \to \sin(x - \frac{\pi}{3}) - \cos(x + \frac{\pi}{3})$; $I = [0; \frac{\pi}{3}]$

15. Ein Leuchtfeuer ist 10 km von der Küste entfernt und benötigt 30 s für eine Umdrehung.
Wie schnell bewegt sich der Lichtschein entlang einer Mauer an der Küste im Punkt P?

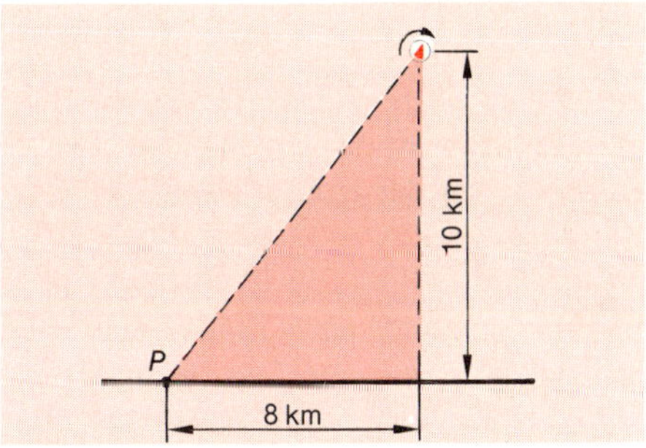

Bild 10

16. Welche Länge l_{max} darf eine Leiter höchstens haben, wenn sie horizontal wie in nebenstehendem Bild um die Ecke bewegt werden soll?
Hinweis: Stellen Sie l als Funktion des Winkels α dar und bestimmen Sie das Minimum dieser Funktion.

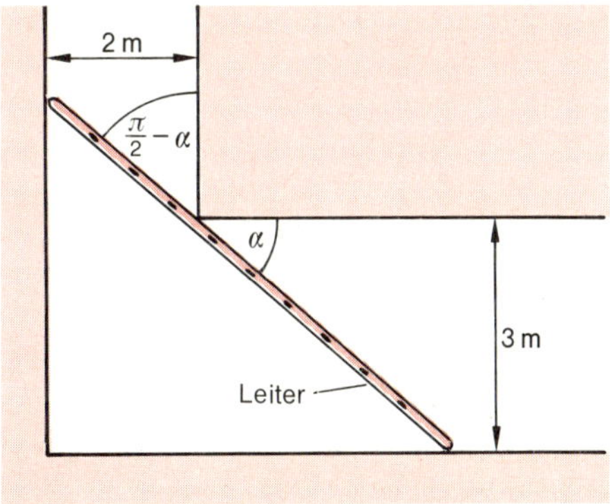

Bild 11

17. Drei Bretter der Länge 2 m und der Breite 50 cm sollen Boden und Seitenwände eines Troges bilden, dessen Querschnitt ein symmetrisches Trapez ist.
a) Wie ist der Winkel α zu wählen, damit der Trog möglichst viel Wasser faßt?
b) Wie ändert sich dieser Winkel, wenn man die Breite der Bretter verändert?

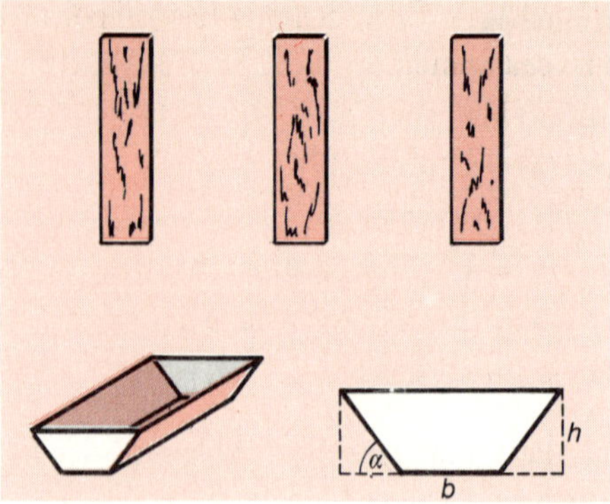

Bild 12

18. Beim schrägen Wurf mit dem Abwurfwinkel α und der Abwurfgeschwindigkeit v_0 bewegt sich ein Körper auf einer parabelförmigen Bahn, die bei Vernachlässigung des Luftwiderstandes näherungsweise durch folgende Funktionsgleichung beschrieben wird:

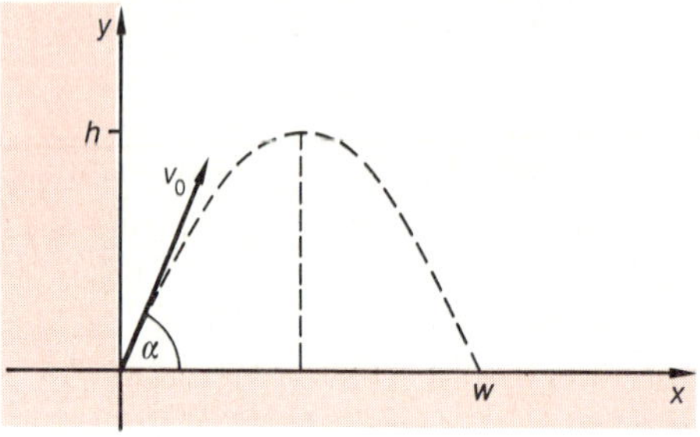

Bild 13

$$f(x) = \tan\alpha \cdot x - \frac{5}{v_0^2 \cdot \cos^2\alpha} \cdot x^2$$

a) Geben Sie eine Formel für die Wurfweite w und die Wurfhöhe h an.
b) Bestimmen Sie den Abwurfwinkel α_{max}, für den die Wurfweite maximal wird. Welche Höhe erreicht der Körper dann?

19. Ein am Rande eines Flusses gelegenes Kraftwerk A soll eine Transformatorstation C mit Elektrizität versorgen, die schräg gegenüber auf der anderen Seite des Flusses liegt.

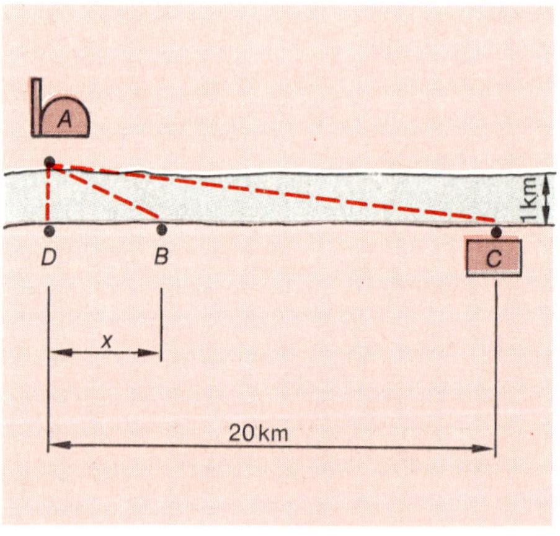

Bild 14

Die Verlegungskosten für das einzurichtende Kabel sind unter Wasser doppelt so hoch wie an Land.

Wo muß der Punkt B auf der anderen Seite des Flusses gewählt werden, damit die Kosten minimal bleiben?
Nehmen Sie an, die Kosten für 1 km Kabelverlegung betragen an Land k DM.

a) Berechnen Sie die Gesamtkosten,
- falls man das Kabel direkt auf die gegenüberliegende Seite nach D und von dort an Land weiter nach C leitet
- falls man das Kabel unter Wasser geradlinig von A nach C leitet.

b) Stellen Sie die Kosten als Funktion der Entfernung $x\,(=|\overline{DB}|)$ dar und ermitteln Sie das Minimum dieser Funktion.

Anwendungen

Wir haben im vorangegangenen Kapitel erkannt, daß Sinus- und Kosinusfunktionen zur Beschreibung periodischer Abläufe herangezogen werden können. Diese Möglichkeit wollen wir am Beispiel der **harmonischen Schwingung** etwas eingehender betrachten.

Beispiel (Federpendel): Eine Kugel wird an einer Schraubenfeder aufgehängt. Die Feder dehnt sich soweit, bis die Federkraft mit der Gewichtskraft der Kugel im Gleichgewicht ist.
Diese Lage wollen wir die „Ruhelage" nennen.

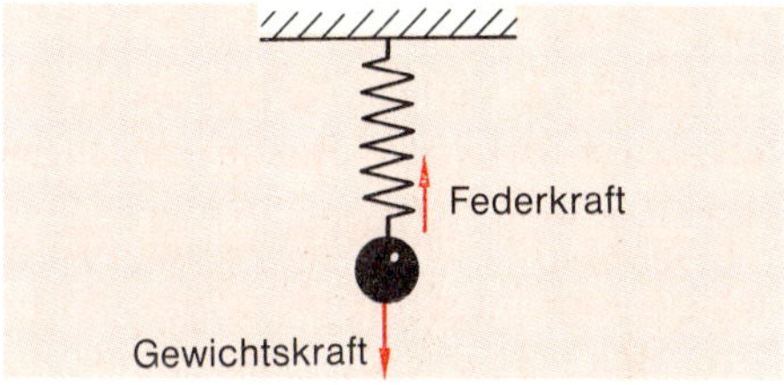

Bild 15

Wenn wir die Kugel nun etwas weiter nach unten ziehen und dann loslassen, so beginnt sie um die Ruhelage zu „schwingen". Wir wollen uns vorstellen, daß diese Schwingung durch einen geeigneten Mechanismus immer wieder aufs neue angeregt wird und somit „ungedämpft" verläuft.
Eine Kamera hält die Bewegung in einem bestimmten Zeittakt fest:

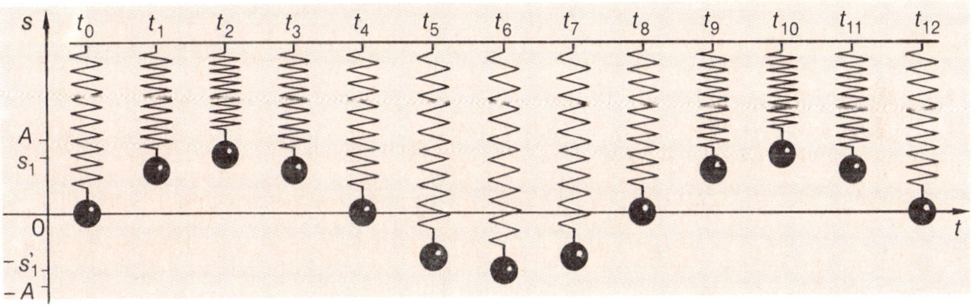

Bild 16

Wir notieren die Auslenkung der Kugel aus der Ruhelage zu verschiedenen Zeitpunkten:

Zeitpunkt	t_0	t_1	t_2	t_3	t_4	t_5	t_6	t_7	t_8	t_9	t_{10}	t_{11}	t_{12}
Auslenkung	0	s_1	A	s_1	0	$-s_1$	$-A$	$-s_1$	0	s_1	A	s_1	0

Offensichtlich ist die Auslenkung s eine Funktion der Zeit t:

$t \to s(t)$

In den Zeitpunkten t_0, t_4, t_8 und t_{12} passiert die Kugel die Ruhelage:

$s(t_0) = s(t_4) = s(t_8) = s(t_{12}) = 0$.

In den Zeitpunkten t_2 und t_{10} hat die Kugel ihre maximale Auslenkung nach oben:

$s(t_2) = s(t_{10}) = A$ und im Zeitpunkt t_6 die maximale Auslenkung nach unten:

$s(t_6) = -A$.

Die maximale Auslenkung A heißt **Amplitude** der Schwingung.

Wir tragen die markanten Punkte in ein t-s-Koordinatensystem ein.

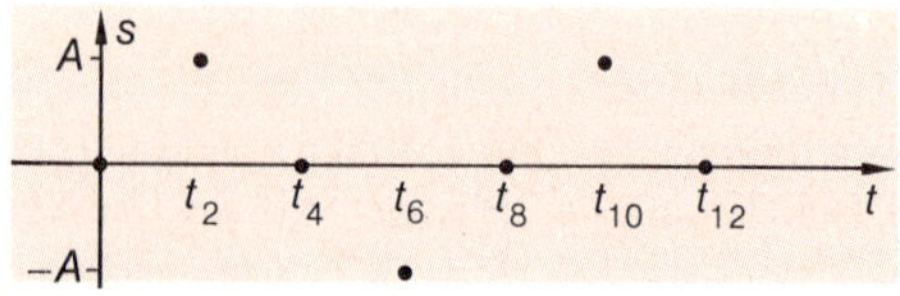

Bild 17

Die Punkte verdeutlichen den periodischen Ablauf der Bewegung. Die Zeitdauer T einer Periode (in unserem Fall umfaßt sie acht Zeittakte) heißt die **Schwingungsdauer,** der Kehrwert $f = \frac{1}{T}$ heißt **Frequenz** der Schwingung.

Um den Bewegungsablauf genauer zu beschreiben, genügen natürlich nicht die wenigen markanten Punkte; man müßte die Auslenkung zu jedem beliebigen Zeitpunkt erfassen. Wir wollen dies zunächst graphisch versuchen. Es geht also darum, die markanten Punkte durch einen (stetigen) Funktionsgraphen zu verbinden.

Als einfachste Möglichkeit bietet sich die gradlinige Verbindung der einzelnen Punkte an.

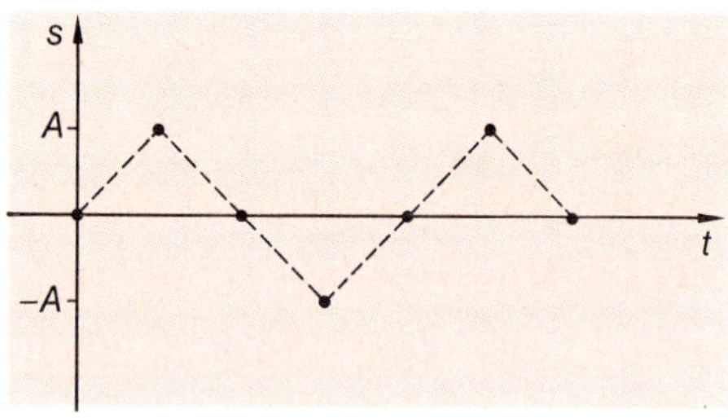

Bild 18

Kann dieser Funktionsgraph unsere Federschwingung angemessen beschreiben?

20. a) Zeichnen Sie den Graphen der Funktion $t \to \dot{s}(t)$, die jedem Zeitpunkt t die Steigung des Graphen aus Bild 18 zuordnet*).

b) Was sagt die Steigung über den Bewegungsablauf zu diesem Zeitpunkt aus? Betrachten Sie insbesondere die Zeitpunkte maximaler Auslenkung.

c) Welche Folgerungen lassen sich aus Ihren Überlegungen von b) über den Graphen von $t \to s(t)$ ziehen? Zeichnen Sie einen entsprechenden Funktionsgraphen.

d) Bestimmen Sie eine Sinusfunktion $t \to a \cdot \sin(bt)$ so, daß deren Graph die Punkte verbindet. Welche Folgerungen ergeben sich damit für die Geschwindigkeit der Kugel zu den verschiedenen Zeitpunkten?

---

*) Aus historischen Gründen kennzeichnen wir hier die Ableitung durch einen Punkt über dem Funktionssymbol.

Die Bearbeitung von Aufgabe 20d) läßt vermuten, daß die harmonische Schwingung des Federpendels durch eine Sinusfunktion vernünftig beschrieben werden kann.
Dies läßt sich physikalisch durch ein geschicktes Experiment bestätigen:

Auf einer gleichmäßig rotierenden Scheibe ist im Abstand r vom Drehmittelpunkt ein Zapfen angebracht, dessen Bewegung (gegen den Uhrzeigersinn) durch Parallelprojektion auf eine Wand abgebildet wird. Durch Abstimmen der Drehgeschwindigkeit und Anpassen des Abstandes r läßt es sich erreichen, daß die Schattenbewegung genau synchron zur Bewegung der Kugel des Federpendels verläuft.

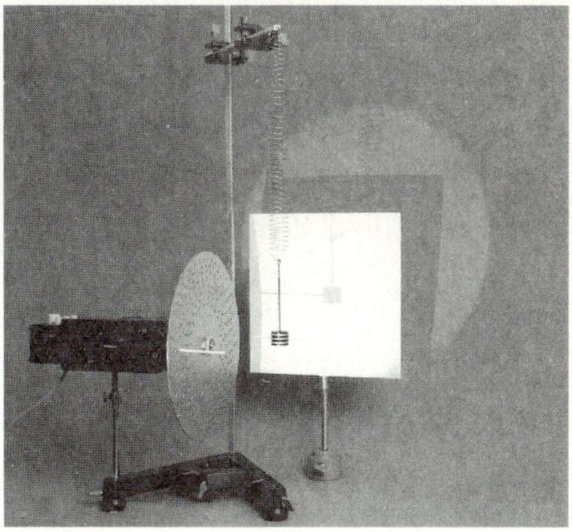

Bild 19

> Schattenpunkt und Kugel befinden sich also zu jedem Zeitpunkt in der gleichen Lage, d.h. ihre Bewegung wird durch die gleiche Funktion $t \rightarrow s(t)$ beschrieben.

Dabei soll sich der Zapfen zum Zeitpunkt $t=0$ in der gekennzeichneten Anfangslage befinden.

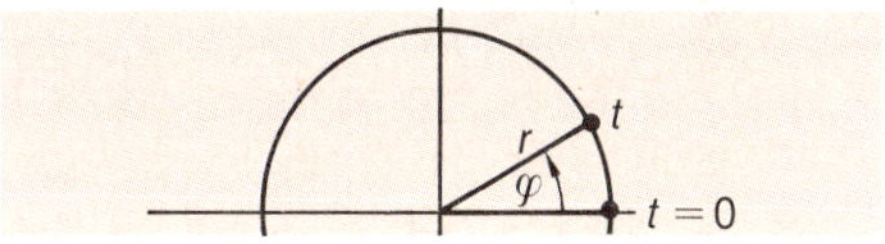

Bis zum Zeitpunkt t hat sich der Zapfen um den Winkel φ gedreht, für eine volle Umdrehung benötigt er die Umlaufzeit T. Die konstante Drehgeschwindigkeit läßt sich mit Hilfe der **Winkelgeschwindigkeit** $\omega = \frac{\varphi}{t} = \frac{2\pi}{T}$ beschreiben (Winkel φ im Bogenmaß).

21. Zeigen Sie, daß die Bewegung des Schattenpunktes der Gleichung

$$s(t) = r \cdot \sin\left(\frac{2\pi}{T} \cdot t\right)$$

genügt. (Vgl. hierzu S. 61 f.)

Damit ist nachgewiesen, daß die harmonische Federschwingung durch eine Sinusfunktion beschrieben werden kann.
Im Vergleich mit der Kreisbewegung entspricht dann der Umlaufdauer T des Zapfens die Schwingungsdauer T des Federpendels, dem Radius r die Amplitude A der Schwingung.
Die Funktionsgleichung für die Schwingung ist dann entsprechend

$$s(t) = A \cdot \sin\left(\frac{2\pi}{T} \cdot t\right)$$

Die Geschwindigkeit des Schattenpunktes zum Zeitpunkt t wird durch die Steigung der Tangente im Punkt $(t; s(t))$ des Funktionsgraphen beschrieben. Mit Hilfe der Ableitung können wir somit jedem Zeitpunkt t die Geschwindigkeit des Schattenpunktes zuordnen:

$$t \rightarrow \dot{s}(t) = v(t)$$

Damit gilt in unserem Falle

$$v(t)=\frac{2\pi}{T}\,r\cdot\cos\left(\frac{2\pi}{T}\cdot t\right)$$

oder auf das Federpendel übertragen

$$v(t)=\frac{2\pi}{T}\,A\cdot\cos\left(\frac{2\pi}{T}\cdot t\right)$$

Harmonische Schwingung

Weg-Zeit-Funktion

$$s(t)=A\cdot\sin\left(\frac{2\pi}{T}\cdot t\right)$$

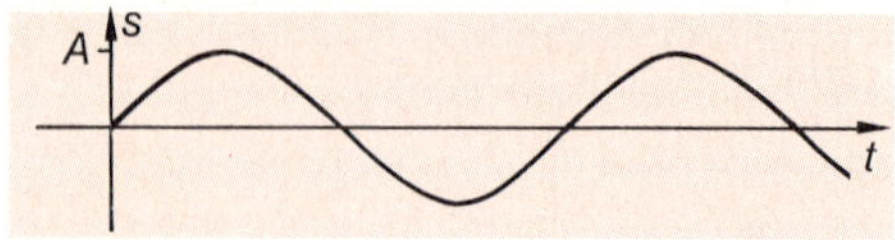

Geschwindigkeit-Zeit-Funktion

$$v(t)=\frac{2\pi}{T}\,A\cdot\cos\left(\frac{2\pi}{T}\cdot t\right)$$

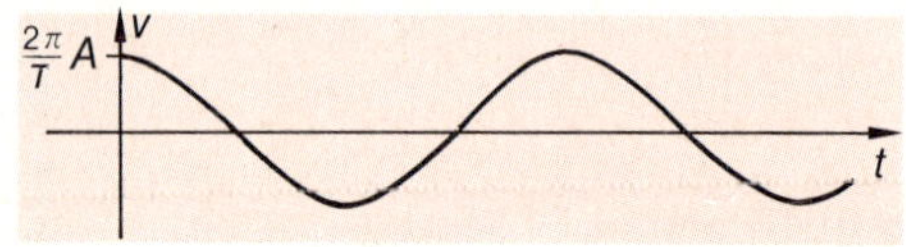

22. Ein Zapfen bewege sich im Gegenuhrzeigersinn auf einem Kreis vom Radius 2 m mit der Umlaufzeit $T=8$ s.

a) Stellen Sie die Funktionsgleichung für die Auslenkung $s(t)$ des Schattenpunktes und dessen Geschwindigkeit $v(t)$ auf.

b) Wie groß ist die Geschwindigkeit zu den Zeitpunkten $t_1=1$ s, $t_2=2$ s und $t_3=3$ s?

c) Wie groß ist die Geschwindigkeit des Schattenpunktes, wenn sich die Scheibe um den Winkel $\frac{\pi}{3}$, $\frac{2\pi}{3}$ bzw. π gedreht hat?

d) Wie groß ist die maximale Geschwindigkeit des Schattenpunktes?

23. Eine harmonische Schwingung verlaufe nach der Funktionsgleichung

$$s(t)=A\cdot\sin\left(\frac{2\pi}{T}\cdot t\right).$$

a) Zeichnen Sie den Graphen der Funktion.

b) Wie verändert sich der Graph, wenn sich die Schwingungsdauer T verdoppelt, verdreifacht bzw. halbiert? Wie verändert sich entsprechend die Funktionsgleichung?

c) Welche Auswirkungen haben die in b) aufgeführten Veränderungen für die Geschwindigkeits-Zeit-Funktion der entsprechenden Schwingung?

24. Stellen Sie die Gleichung für die Bewegung des Schattenpunkts auf, wenn sich der Zapfen zum Zeitpunkt $t=0$ nicht in P_0, sondern um φ_1 verschoben in P_1 befindet („Phasenverschiebung“).

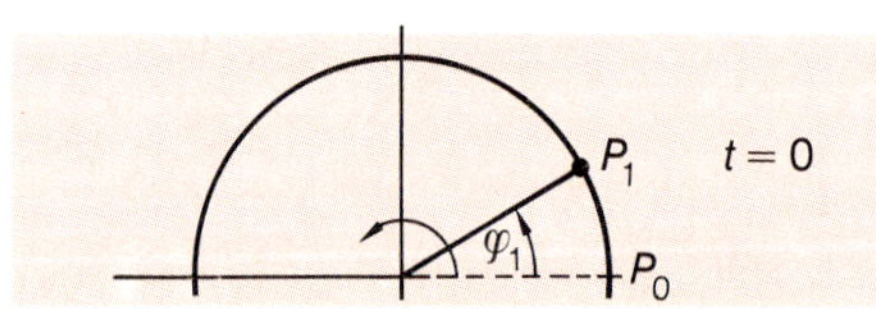

25. Die Änderung der Geschwindigkeit wird in der Physik als Beschleunigung bezeichnet. Sie ist ebenfalls eine Funktion der Zeit, und zwar die zweite Ableitung der Weg-Zeit-Funktion: $a(t)=\ddot{s}(t)$.

Zeigen Sie, daß bei einer harmonischen Schwingung die Beschleunigung in jedem Zeitpunkt direkt proportional zur Auslenkung zu diesem Zeitpunkt ist.

2.4 Untersuchung trigonometrischer Funktionen

Wir wollen jetzt noch an zwei Beispielen zeigen, worauf bei der Untersuchung trigonometrischer Funktionen besonders zu achten ist.

Beispiel 1: Zu untersuchen ist die Funktion f mit der Gleichung $f(x)=\sin x+\cos 2x$.
(1) Durch graphische Addition der Graphen der Teilfunktionen gewinnt man einen Überblick über den Verlauf des Graphen (vgl. Bild 1 auf S. 65).

(2) *Symmetrien* sind nicht erkennbar.

(3) $\sin x$ hat die Periodenlänge 2π, $\cos 2x$ hat die Periodenlänge π. Also hat f die Periodenlänge 2π. Das Bild aus (1) stützt diese Aussage.

(4) *Schnittpunkt mit der y-Achse:* $f(0)=\sin 0+\cos 0=1$. Der Schnittpunkt des Graphen mit der y-Achse ist also $(0; 1)$.

(5) *Nullstellen:* Bedingung ist $f(x)=0$.
Mit der Gleichung $\sin x+\cos 2x=0$ können wir aber nicht viel anfangen.
Wir versuchen es daher mit einer Umformung:
Der Formelsammlung entnehmen wir $\cos 2x=1-2\sin^2 x$. Damit geht die Gleichung $\sin x+\cos 2x=0$ über in

$$\sin x+1-2\sin^2 x=0.$$

Das ist offensichtlich eine quadratische Gleichung für $\sin x$. Umordnen und Multiplikation mit $-\frac{1}{2}$ ergibt:

$$\sin^2 x-\tfrac{1}{2}\sin x-\tfrac{1}{2}=0$$

Wir setzen $\sin x=a$. Damit folgt:

$$a^2-\tfrac{1}{2}a-\tfrac{1}{2}=0$$
$$a=\tfrac{1}{4}+\sqrt{\tfrac{1}{16}+\tfrac{8}{16}} \vee a=\tfrac{1}{4}-\sqrt{\tfrac{1}{16}+\tfrac{8}{16}}$$
$$a=1 \vee a=-\tfrac{1}{2}$$

Die Nullstellen ergeben sich also aus den Gleichungen $\sin x=1$ und $\sin x=-\frac{1}{2}$.
Beschränken wir uns wegen der Periodenlänge (siehe (3)) auf das Intervall $[0; 2\pi]$, so sind die Lösungen, also die Nullstellen:

$$x_1=\tfrac{\pi}{2}, \qquad x_2=\tfrac{7}{6}\pi, \qquad x_3=\tfrac{11}{6}\pi$$

(6) *Ableitungen:*
$f'(x)=\cos x-2\sin 2x$ $\qquad f''(x)=-\sin x-4\cos 2x$ $\qquad f'''(x)=-\cos x+8\sin 2x$

(7) *Hoch- und Tiefpunkte des Graphen:* Mögliche Extremstellen werden durch die Nullstellen der ersten Ableitung geliefert.

$$f'(x)=0$$
$$\cos x-2\sin 2x=0$$

Mit Hilfe der Formelsammlung ($\sin 2x=2\sin x\cdot\cos x$) ergibt sich:

$$\cos x-2(2\sin x\cdot\cos x)=0$$
$$\cos x-4\sin x\cdot\cos x=0$$
$$\cos x(1-4\sin x)=0$$
$$\cos x=0 \vee 1-4\sin x=0$$

Im Intervall $[0; 2\pi]$ ergeben sich folgende Lösungen

$x_1 = \frac{\pi}{2}$ $\qquad x_2 = \frac{3}{2}\pi$ $\qquad x_3 \approx 0{,}25268$ $\qquad x_4 \approx 2{,}88891$

Als Funktionswerte ergeben sich:

$f(x_1) = 0$ $\qquad f(x_2) = -2$ $\qquad f(x_3) = 1{,}125$ $\qquad f(x_4) = 1{,}125$

Untersuchung auf Art der Extremwerte:

$f''(x_1) = 3 > 0$ Also ist $(\frac{\pi}{2}; 0)$ Tiefpunkt.

$f''(x_2) = 5 > 0$ Also ist $(\frac{3}{2}\pi; -2)$ Tiefpunkt

$f''(x_3) = -3{,}75 < 0$ Also ist $(0{,}25268; 1{,}125)$ Hochpunkt.

$f''(x_4) = -3{,}75 < 0$ Also ist $(2{,}88891; 1{,}125)$ Hochpunkt.

(8) *Wendepunkte:* Mögliche Wendestellen werden durch die Nullstellen der zweiten Ableitung geliefert.

$$f''(x) = 0$$
$$-\sin x - 4\cos 2x = 0$$
$$-\sin x - 4(1 - 2\sin^2 x) = 0$$
$$-\sin x - 4 + 8\sin^2 x = 0$$
$$\sin^2 x - \tfrac{1}{8}\sin x - \tfrac{1}{2} = 0$$
$$\sin x = \tfrac{1}{16} + \sqrt{\tfrac{1}{256} + \tfrac{128}{256}} \ \vee \ \sin x = \tfrac{1}{16} - \sqrt{\tfrac{129}{256}}$$

Daraus ergeben sich folgende Werte für x:

$x_1 \approx 0{,}88255, \quad x_2 \approx 2{,}2590, \quad x_3 \approx 3{,}8457, \quad x_4 \approx 5{,}5791$

Auch bei dieser Berechnung wurde wieder eine Formel für trigonometrische Funktionen benutzt. Welche?

Die Überprüfung mit f''' liefert:

$f'''(x_1) \approx 7{,}2$ Also ist $(0{,}88255; 0{,}5792)$ Wendepunkt.

$f'''(x_2) \approx -7{,}2$ Also ist $(2{,}259; 0{,}5792)$ Wendepunkt.

$f'''(x_3) \approx 8{,}66$ Also ist $(3{,}8457; -0{,}485)$ Wendepunkt.

$f'''(x_4) \approx -8{,}66$ Also ist $(5{,}579; -0{,}485)$ Wendepunkt.

(9) Aufgrund der bisherigen Ergebnisse hat der Graph von f folgendes Aussehen:

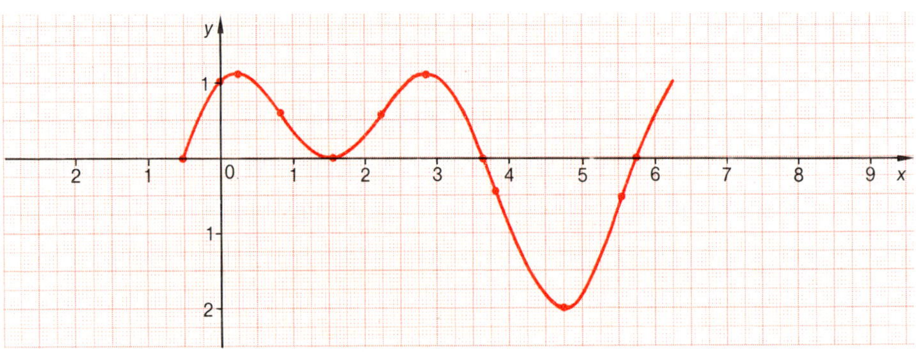

Bild 1

Zusätzlich zur Funktionsuntersuchung bestimmen wir den Inhalt der Fläche zwischen dem Graphen und der x-Achse. Er kann leicht berechnet werden, weil eine Stammfunktion zu f offenbar durch $F(x) = -\cos x + \frac{1}{2}\sin 2x$ gegeben ist.

$$A = \int_{-\frac{\pi}{6}}^{\frac{7}{6}\pi} (\sin x + \cos 2x)\,\mathrm{d}x + \left| \int_{\frac{7}{6}\pi}^{\frac{11}{6}\pi} (\sin x + \cos 2x)\,\mathrm{d}x \right|$$

$$= \left[-\cos x + \tfrac{1}{2}\sin 2x\right]_{-\frac{\pi}{6}}^{\frac{7}{6}\pi} + \left[\left|-\cos x + \tfrac{1}{2}\sin 2x\right|\right]_{\frac{7}{6}\pi}^{\frac{11}{6}\pi}$$

$$= +1{,}299 - (-1{,}299) + |-1{,}299 - 1{,}299| = 2{,}598 + |-2{,}598| = 5{,}196$$

Der Flächeninhalt beträgt 5,196 Flächeneinheiten.

Beispiel 2: Zu untersuchen ist f mit $f(x) = x - \sin x$

(1) *Symmetrie:* Da $f(-x) = -f(x)$ gilt, ist der Graph von f punktsymmetrisch zum Koordinatenursprung.

(2) *Schnittpunkte mit der y-Achse:* $f(0) = 0 - \sin 0 = 0$
(0; 0) ist Punkt des Graphen.

(3) Wegen des Terms x kann f nicht periodisch sein.

(4) *Nullstellen:*

$f(x) = 0$

$x - \sin x = 0$

$x = \sin x$

Zeichnet man die Graphen von $g_1(x) = x$ und $g_2(x) = \sin x$ in eine gemeinsame Zeichnung, so erkennt man: Es gibt nur einen Schnittpunkt der Graphen, da die größte Steigung der Sinusfunktion bei $x = 0$ vorliegt. Sie beträgt dort 1.
Also hat die Gleichung $x = \sin x$ nur die eine Lösung $x = 0$.
Sie ist einzige Nullstelle.

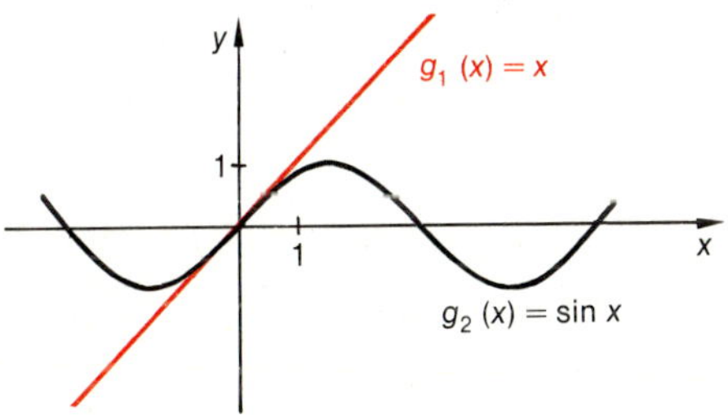

Bild 2

(5) *Ableitungen:*

$f'(x) = 1 - \cos x \qquad f''(x) = \sin x \qquad f'''(x) = \cos x$

(6) *Hoch- und Tiefpunkte:*

$f'(x) = 0$

$1 - \cos x = 0$

$\cos x = 1$

$x = 0 \lor x = 2\pi \lor x = 4\pi \lor \ldots;\quad$ allgemein: $x = 2k\pi,\ k \in \mathbb{Z}$

Eine Überprüfung mit f'' ergibt, daß für alle diese Stellen f'' gleich Null ist. Es kann somit über diese Stellen bzgl. Extremstellen keine Aussage gemacht werden.

(7) *Wendepunkte:*

$f''(x) = 0$

$\sin x = 0$

$x = 0 \lor x = \pi \lor x = 2\pi \lor x = 3\pi$ usw.; allgemein: $x = k\pi,\ k \in \mathbb{Z}$.

Überprüfung mit f''' ergibt: An allen diesen Stellen ist f''' von Null verschieden, es liegen dort also Wendestellen vor. Damit sind die Stellen aus (6) als Wendestellen mit waagerechter Tangente erkannt.

Wendepunkte: $(\pi; \pi)$, $(3\pi; 3\pi)$, $(5\pi; 5\pi)$,...
allgemein: $((2k+1)\cdot\pi;\ (2k+1)\cdot\pi)$ mit $k \in \mathbb{Z}$

Sattelpunkte: $(0; 0)$, $(2\pi; 2\pi)$, $(4\pi; 4\pi)$,...
allgemein: $(2k\pi; 2k\pi)$ mit $k \in \mathbb{Z}$

Die Steigung in den anderen Wendepunkten beträgt $f'((2k+1)\pi) = 2$

(8) Der Graph von f kann nun gezeichnet werden.

Als Hilfe ist der Graph der Funktion $x \to x$ mit eingezeichnet.

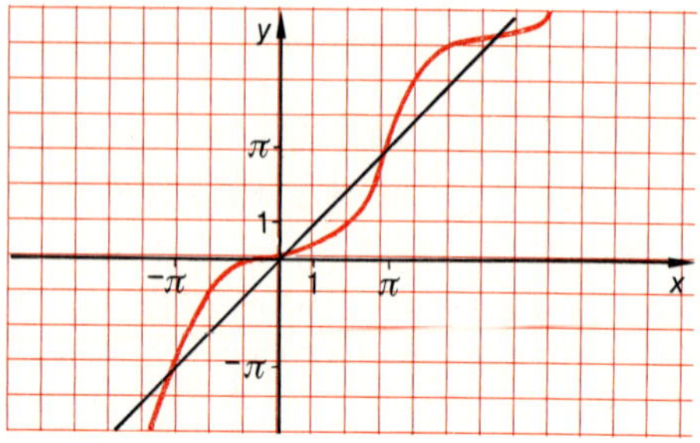

Bild 3

Zusammenfassung: Bei der Untersuchung trigonometrischer Funktionen ist zu beachten:
– Ist der Funktionsterm zusammengesetzt aus Teilfunktionen, deren Graphen man kennt, so kann man durch graphische Addition einen ersten Überblick über den Verlauf des Graphen gewinnen.
– Die Bestimmung der Periodenlänge hilft Arbeit sparen.
– Bei der Bestimmung von Nullstellen, Extremstellen oder Wendestellen hat man häufig Gleichungen zu bearbeiten, bei denen man im ersten Moment nicht weiter weiß. Folgende Strategien können hier helfen:

a) Die auftretenden Terme sollten das gleiche Argument haben. Man erreicht dies häufig durch den Einsatz von trigonometrischen Formeln (Formelsammlung).

Beispiel: $f(x) = \sin x - \sin 2x$
$f(x) = \sin x - 2\sin x \cos x$

b) Man sollte eine Faktorisierung anstreben, weil sich damit Nullstellen usw. wesentlich leichter finden lassen.

Beispiel: $f(x) = \sin x - 2\sin x \cos x$
$f(x) = \sin x\,(1 - 2\cos x)$

Die Gleichung $\sin x\,(1 - 2\cos x) = 0$ kann nun leicht bearbeitet werden. Ein Produkt ist nämlich Null, wenn einer der Faktoren Null ist. Also muß hier gelten

$\sin x = 0 \ \vee\ 1 - 2\cos x = 0$
$\sin x = 0 \ \vee\ \cos x = \frac{1}{2}$

Hieraus lassen sich die Lösungen nun leicht bestimmen.

c) Kommt man trotzdem nicht weiter, kann es helfen, wenn man dafür sorgt, daß in der entsprechenden Gleichung nur eine Sorte von trigonometrischen Funktionen auftritt.

Beispiel: $\cos x - 2\cos 2x = 0$

Die Ersetzung von $\cos 2x$ durch $1 - 2\sin^2 x$ (Formelsammlung) würde hier nicht weiterhelfen. Wohl aber führt $\cos 2x = 2\cos^2 x - 1$ weiter, weil dann in der Gleichung nur noch cos auftritt und man eine quadratische Gleichung für $\cos x$ erhält.

Aufgaben

1. Geben Sie die Periodenlänge an.

a) $\sin 4x$ b) $\cos \frac{x}{10}$ c) $\sin 2\pi x$ d) $\tan \frac{x}{2}$

e) $\tan 5x$ f) $\tan \frac{4}{3}x$ g) $\sin^2 x$ h) $\cos^3 x$

i) $\dfrac{1}{\sin x}$ k) $\dfrac{1}{\cos \pi x}$ l) $\sin 4x + \cos 6x$ m) $\sin \frac{x}{2} - \cos 3x$

2. Bilden Sie zur Übung der Produkt- und Kettenregel jeweils f'.

a) $f(x) = (2x-7)^3 \cdot \cos^3 x$ b) $f(x) = \sqrt{2x+5} \cdot \tan x$

c) $f(x) = \frac{1}{x} \cdot \sin x$ d) $f(x) = x \cdot \sin \frac{1}{x}$

e) $f(x) = (\sin^4 x - \cos^2 x)^5$ f) $f(x) = (\tan^3 x - x^2 \cdot \cos x)^3 \cdot \sin x^2$

g) $f(x) = \dfrac{1}{\sqrt{\tan x}}$ (Hinweis: Abl. von $\frac{1}{x}$ und Kettenregel)

h) $f(x) = \sin x \cdot \cos^2 x \cdot \tan^3 x \cdot (x-5)^3$

3. Formulieren Sie eine Regel zur Ableitung eines Produktes aus 3 Funktionen (4 Funktionen). Beweis?

4. a) Es sei $f(x) = (x-2) \cdot g(x)$. Bilden Sie $f'(x)$.

b) Es sei $f(x) = (x-2)^2 \cdot g(x)$. Bilden Sie $f'(x)$ und $f''(x)$.

c) Es sei $f(x) = (x-2)^3 \cdot g(x)$. Bilden Sie $f'(x)$, $f''(x)$ und $f'''(x)$

d) Was kann man über die Stelle $x=2$ hinsichtlich Nullstelle, Extremwert, Wendestelle bei a), b) und c) jeweils sagen?

e) Sei $f(x) = (x-a)^2 \cdot g(x)$ mit $g(a) \neq 0$. (Man sagt $x=a$ sei **doppelte Nullstelle**.)
Was kann man über den Verlauf des Graphen von f an der Stelle $x=a$ sagen? Beweis?

f) Sei $f(x) = (x-a)^3 \cdot g(x)$ mit $g(a) \neq 0$.
Was kann nun über den Verlauf des Graphen von f an der Stelle $x=a$ gesagt werden?

5. Die Funktion f sei an der Stelle $x \in \mathbb{R}$ definiert, zweimal differenzierbar, und es gelte

$$f''(x) = -f(x) \quad \text{für alle } x \in \mathbb{R}.$$

a) Zeigen Sie, daß die Sinus- und die Kosinusfunktion diese Eigenschaften haben.

b) Zeigen Sie: Wenn u und v diese Eigenschaft haben, dann hat auch $a \cdot u + b \cdot v$ mit $a, b \in \mathbb{R}$ diese Eigenschaft. Also hat auch $a \sin x + b \cos x$ diese Eigenschaft.

6. Führen Sie eine vollständige Funktionsuntersuchung (Kurvendiskussion) durch. Bei periodischen Funktionen kann die Untersuchung auf ein Intervall der Periodenlänge beschränkt werden. Zeichnen Sie den Graphen.
Bei einigen Aufgaben soll auch der Inhalt der Fläche zwischen dem Graphen und der x-Achse im angegebenen Bereich bestimmt werden.

a) $f(x) = \sin x - \sin 2x$; Fläche über $[0; \pi]$

b) $f(x) = \sin x + \frac{1}{2} \sin 2x$; Fläche über $[0; \pi]$

c) $f(x) = x \cdot \sin x$

d) $f(x) = \sin x + \cos x + 1$; Fläche über $[0; 2\pi]$

e) $f(x) = \sin x + \sin(x + \frac{2}{3}\pi) + \sin(x + \frac{4}{3}\pi)$

f) $f(x) = \sin^2 x$ g) $f(x) = \sin^3 x$ h) $f(x) = 4\cos(3x-1) + 1$

i) $f(x) = \sin x - \cos^2 x$ k) $f(x) = \sin^2 x - \sin 2x$ l) $f(x) = \sin x - \frac{1}{3}\sin^3 x$

m) $f(x) = \sin x \cdot \sin 2x$ n) $f(x) = x + \sin x$; Fläche über $[0; \pi]$

o) $f(x) = -\frac{x}{2} + \cos x$

p) $f(x) = \sin 2x + 2\cos x$; Fläche über $[\frac{\pi}{2}; \frac{3}{2}\pi]$

q) $f(x) = \sin^2 x - 1{,}5 \sin x + 0{,}5$

r) $f(x) = (\cos x + 1)^2$

s) $f(x) = x^2 \sin x$

t) $f(x) = \sin x \cdot \cos x$

u) $f(x) = 2\sin(3x + \frac{\pi}{2})$; Fläche über $[0; \frac{\pi}{3}]$

v) $f(x) = \cos 2x \cdot \sin^2 x$

7. Untersuchen Sie (Kurvendiskussion) die Funktionen und zeichnen Sie die Graphen. Sie können z. T. nur die 1. Ableitung bilden. Machen Sie dann bei Wendestellen nur Aussagen, ob Wendepunkte existieren müssen.

a) $f(x) = \frac{1}{\sin x}$

b) $f(x) = \frac{1}{\cos x}$

c) $f(x) = \tan x + \frac{1}{\tan x}$

d) $f(x) = \frac{1}{x} \cdot \sin x$

e) $f(x) = \frac{1}{x} \cdot (1 - \tan x)$

f) $f(x) = \frac{1}{x} \cdot \cos \pi x$

Anwendungen

Beispiel: a) An einen elektrischen Leiter mit dem ohmschen Widerstand R werde eine konstante Gleichspannung U angelegt. Im Kreis fließt dann ein Gleichstrom mit der konstanten Stromstärke $I = \frac{U}{R}$.

Der Strom entwickelt im Leiter die elektrische Leistung $P_{el} = U \cdot I$. Die Einheit der elektrischen Leistung ist $1\,\text{V A} = 1\,\text{W}$. (Eine handelsübliche Glühbirne hat z. B. einen ohmschen Widerstand von $R \approx 1200\,\Omega$. Legt man die Gleichspannung $U = 220\,\text{V}$ an, so fließt der Strom der Stärke $I \approx 0{,}18\,\text{A}$. Die entwickelte Leistung ist $P_{el} = U \cdot I \approx 220\,\text{V} \cdot 0{,}18\,\text{A} \approx 40\,\text{W}$.)

Wird die elektrische Leistung P_{el} über eine Zeit t erbracht, so verrichtet der Strom die elektrische Arbeit $W_{el} = P_{el} \cdot t$. (Läßt man die 40-W-Birne eine Stunde lang leuchten, so wird die Arbeit $W_{el} = 40\,\text{W} \cdot 1\,\text{h} = 40\,\text{Wh} = 0{,}04\,\text{kWh}$ verrichtet.)

In einem Zeit-Leistungs-Diagramm ist die elektrische Arbeit gleich dem Flächeninhalt unter dem Graphen der Funktion $t \to P_{el}(t)$:

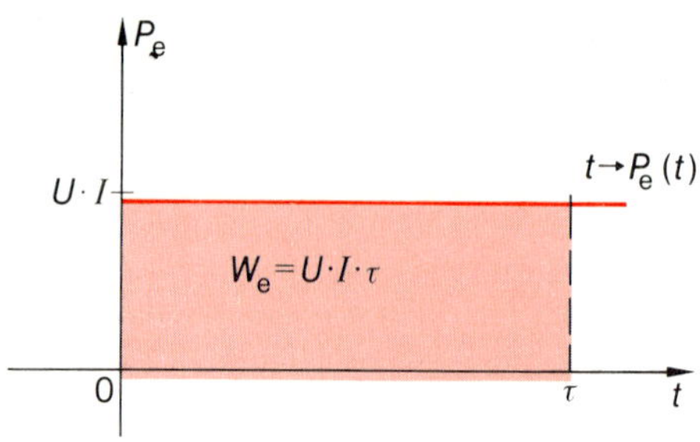

Bild 4

b) Wird an einen Leiter mit dem ohmschen Widerstand R, der keine induktiven oder kapazitiven Widerstände enthält, eine Wechselspannung $U = U_0 \sin(\frac{2\pi}{T} t)$ (darin ist U_0 die Amplitude, T die Schwingungsdauer der Wechselspannung) angelegt, so fließt ein Wechselstrom mit der Stromstärke $I = I_0 \cdot \sin(\frac{2\pi}{T} t)$; dabei ist $I_0 = \frac{U_0}{R}$. Für die Wechselstromleistung $P_{el} = U \cdot I$ gilt dann $P_{el} = U_0 \cdot I_0 \cdot \sin^2(\frac{2\pi}{T} t)$. Bild 5 zeigt ein t-P_{el}-Diagramm des Wechselstroms.

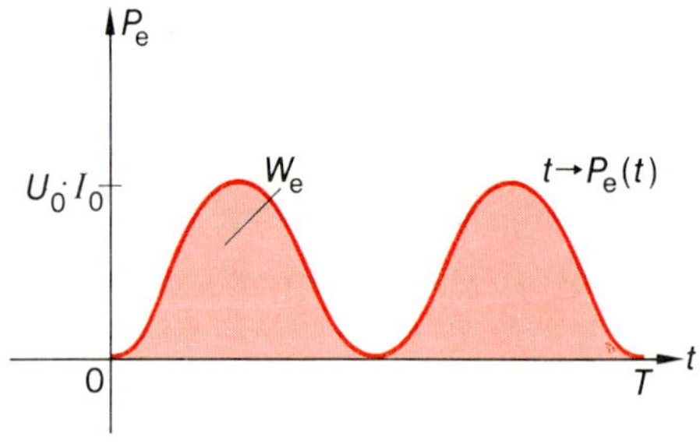

Bild 5

Wir fassen den Flächeninhalt unterhalb des Graphen der Funktion $t \to P_{el}(t)$ als die verrichtete elektrische Arbeit auf. Während einer Schwingungsdauer T verrichtet der Strom die Arbeit

$$W_{el} = \int_0^T U_0 \cdot I_0 \cdot \sin^2(\tfrac{2\pi}{T} t)\, dt = U_0 \cdot I_0 \cdot \int_0^T \sin^2(\tfrac{2\pi}{T} t)\, dt.$$

Nutzt man aus, daß gilt

$$\sin^2(\tfrac{2\pi}{T} t) = \tfrac{1}{2} - \tfrac{1}{2}\cos(2 \cdot \tfrac{2\pi}{T} t)\,^{*}),$$

so erhält man

$$\int_0^T \sin^2(\tfrac{2\pi}{T} t)\, dt = \int_0^T (\tfrac{1}{2} - \tfrac{1}{2}\cos(2 \cdot \tfrac{2\pi}{T} t))\, dt$$

$$= [\tfrac{1}{2} t]_0^T - \tfrac{1}{2}\int_0^T \cos(\tfrac{4\pi}{T} t)\, dt = \tfrac{T}{2} - \tfrac{1}{2}\int_0^T \cos(\tfrac{4\pi}{T} t)\, dt.$$

Es gilt

$$\int_0^T \cos(\tfrac{4\pi}{T} t)\, dt = \tfrac{T}{4\pi}[\sin(\tfrac{4\pi}{T} \cdot t)]_0^T = 0$$

Man erhält also

$$W_{el} = \tfrac{1}{2} U_0 \cdot I_0 \cdot T.$$

Wir stellen uns die Frage, wie groß die Stromstärke I_G eines Gleichstroms sein muß, der in einem Leiter mit dem Widerstand R in der Zeit T dieselbe elektrische Arbeit verrichtet wie ein Wechselstrom mit der Stromstärke $I = I_0 \cdot \sin(\tfrac{2\pi}{T} t)$.
Man setzt in $W_{el} = \tfrac{1}{2} U_0 \cdot I_0 \cdot T = U_G \cdot I_G \cdot T$ für $U_0 = R \cdot I_0$ und $U_G = R \cdot I_G$ und erhält so $\tfrac{1}{2} R \cdot I_0^2 \cdot T = R \cdot I_G^2 \cdot T$, also $I_G^2 = \tfrac{1}{2} I_0^2$. Daraus folgt $I_G = \frac{1}{\sqrt{2}} I_0$ und somit $U_G = \frac{1}{\sqrt{2}} U_0$.

Man nennt diejenige Stromstärke, die ein Gleichstrom haben muß, um in der Zeit T in demselben Leiter die gleiche Arbeit zu verrichten wie ein Wechselstrom, die **effektive Stromstärke** I_{eff} des Wechselstroms. Entsprechend definiert man die **effektive Wechselspannung** U_{eff}. Man kann in den obigen Betrachtungen also $I_{eff} = I_G$ und $U_{eff} = U_G$ setzen und erhält so $I_{eff} = \frac{I_0}{\sqrt{2}}$ und $U_{eff} = \frac{U_0}{\sqrt{2}}$.

Die übliche Netzwechselspannung von 220 V ist eine effektive Wechselspannung. Für die Amplitude U_0 der Netzwechselspannung gilt also $U_0 = U_{eff} \cdot \sqrt{2} = 220\,\text{V} \cdot \sqrt{2} \approx 310\,\text{V}$. Bei der Netzwechselspannung ist $T = \tfrac{1}{50}\,\text{s}$, so daß sich der zeitliche Verlauf der Netzwechselspannung U durch die Gleichung $U = 310\,\text{V} \cdot \sin(\tfrac{100\pi}{\text{s}} t)$ beschreiben läßt.

8. Für die Stromstärke I von gleichgerichtetem Netzwechselstrom mit der Amplitude I_0 gilt $I = \left| I_0 \cdot \sin\left(\frac{100\pi}{\text{s}} t\right)\right|$. (Fertigen Sie eine Skizze an.)

Welche „mittlere" Stromstärke I_m muß ein Gleichstrom haben, um dieselbe Arbeit wie gleichgerichteter Wechselstrom mit der Amplitude I_0 zu verrichten? (Betrachten Sie das Zeitintervall $[0\,\text{s}; \tfrac{1}{50}\,\text{s}]$.)

*) Aus $\cos 2x = \cos^2 x - \sin^2 x$ und $\sin^2 x + \cos^2 x = 1$ erhält man $1 - \cos 2x = 2\sin^2 x$ und somit $\sin^2 x = \tfrac{1}{2} - \tfrac{1}{2}\cos 2x$.

3 Quotientenregel und gebrochen-rationale Funktionen

Blättern Sie das relativ kurze Kapitel durch und verschaffen Sie sich einen Überblick über seinen Inhalt.

3.1 Quotientenregel

Wie wir im Kapitel über die trigonometrischen Funktionen bereits angekündigt haben, wollen wir nun die Ableitung der Tangensfunktion bestimmen:

Sei also $f\colon x \to \tan x;\ x \in \mathbb{R}\setminus\{\pm\frac{\pi}{2}, \pm\frac{3\pi}{2}, \pm\frac{5\pi}{2}, \ldots\}$. Dann gilt:

$$f'(x_0) = \tan' x_0 = \left(\frac{\sin}{\cos}\right)'(x_0) = \lim_{x \to x_0} \frac{\frac{\sin x}{\cos x} - \frac{\sin x_0}{\cos x_0}}{x - x_0}$$

$$= \lim_{x \to x_0} \frac{\sin x \cdot \cos x_0 - \sin x_0 \cdot \cos x}{\cos x \cdot \cos x_0 \cdot (x - x_0)}.$$

Da wir vermuten, daß die Ableitung von tan in irgendeiner Weise mit den Ableitungen von sin und cos zusammenhängen wird, versuchen wir, den Term so umzuformen, daß darin die Differenzenquotienten von sin und cos erkennbar werden.

$$\tan' x_0 = \lim_{x \to x_0} \frac{1}{\cos x \cdot \cos x_0} \cdot \frac{\sin x \cdot \cos x_0 - \sin x_0 \cdot \cos x_0 + \sin x_0 \cdot \cos x_0 - \sin x_0 \cdot \cos x}{x - x_0}$$

$$= \lim_{x \to x_0} \frac{1}{\cos x \cdot \cos x_0} \left(\frac{\sin x - \sin x_0}{x - x_0} \cdot \cos x_0 - \sin x_0 \cdot \frac{\cos x - \cos x_0}{x - x_0}\right)$$

Vergleichen Sie den eben angewandten „Trick" mit dem Verfahren bei der Herleitung der Produktregel in Kap. 2.

Wir haben jetzt einen Term erhalten, dessen Grenzwert wir mit Hilfe der Grenzwertsätze bestimmen können, vorausgesetzt, die Grenzwerte der einzelnen Faktoren existieren. Die beiden Quotienten in der Klammer erkennen wir als die Differenzenquotienten von sin und cos. Der Grenzwert des Terms vor der Klammer existiert, da cos eine stetige Funktion ist. Es gilt also:

$$\tan' x_0 = \lim_{x \to x_0} \frac{1}{\cos x \cdot \cos x_0} \cdot \left(\lim_{x \to x_0} \frac{\sin x - \sin x_0}{x - x_0} \cdot \cos x_0 - \lim_{x \to x_0} \sin x_0 \cdot \frac{\cos x - \cos x_0}{x - x_0}\right)$$

$$= \frac{\sin' x \cdot \cos x_0 - \sin x_0 \cdot \cos' x_0}{\cos^2 x_0}$$

$$= \frac{\cos^2 x_0 + \sin^2 x_0}{\cos^2 x_0} = \frac{1}{\cos^2 x_0}.$$

Es ist also $\tan' x = \frac{1}{\cos^2 x}$ für $x \in \mathbb{R}\setminus\{\pm\frac{\pi}{2}, \pm\frac{3\pi}{2}, \pm\frac{5\pi}{2}, \ldots\}$ (vgl. S. 68).

Bei der Ableitung der Tangensfunktion haben wir eine Funktion der Form $f = \frac{u}{v}$ abgeleitet.

Wir wollen jetzt eine allgemeine Regel für die Ableitung eines Quotienten zweier Funktionen herleiten.

1. a) Ersetzen Sie in der eben durchgeführten Herleitung $\sin x$ durch $u(x)$ und $\cos x$ durch $v(x)$, und bestimmen Sie $f'(x)$ nach demselben Verfahren.
b) Welche Voraussetzung müssen die Funktionen u und v erfüllen?

Wir bestätigen das Ergebnis aus Aufgabe 1 noch auf einem anderen Weg:

$$f = \frac{u}{v}$$

$$u = f \cdot v \qquad \text{(Auflösen nach } u\text{)}$$

Wenn wir die Existenz von f' voraussetzen, können wir fortfahren:

$$u' = (f \cdot v)' = f' \cdot v + f \cdot v' \qquad \text{(Produktregel)}$$

$$f' = \frac{u' - f \cdot v'}{v} \qquad \text{(Auflösen nach } f'\text{)}$$

$$= \frac{u' - \frac{u}{v} v'}{v} \qquad \text{(Einsetzen für } f\text{)}$$

$$= \frac{u'v - uv'}{v^2} \qquad \text{(Umformen)}$$

Quotientenregel: Die Funktionen u und v seien an der Stelle x differenzierbar, und es sei $v(x) \neq 0$. Dann ist auch die Quotientenfunktion $f = \frac{u}{v}$ an der Stelle x differenzierbar, und es gilt:

$$f'(x) = \frac{u'(x) \cdot v(x) - u(x) \cdot v'(x)}{(v(x))^2}$$

Als *Merkregel:* Ist $f = \frac{u}{v}$, dann ist $f' = \frac{u'v - uv'}{v^2}$

Formulieren Sie Ihre eigene Merkregel. Machen Sie sich klar, welche Details in der jeweiligen Merkregel nicht erwähnt werden.

Beispiele:

1. $f\colon x \to \frac{x^2+1}{x-2}$

$$f'(x) = \frac{2x \cdot (x-2) - (x^2+1) \cdot 1}{(x-2)^2} = \frac{2x^2 - 4x - x^2 - 1}{(x-2)^2} = \frac{x^2 - 4x - 1}{(x-2)^2}$$

2. $g\colon x \to \frac{3x}{x^2 - 5x + 4}$

$$g'(x) = 3 \cdot \frac{1 \cdot (x^2 - 5x + 4) - x \cdot (2x - 5)}{(x^2 - 5x + 4)^2}$$

$$= 3 \cdot \frac{-x^2 + 4}{(x^2 - 5x + 4)^2} = -3 \cdot \frac{x^2 - 4}{(x^2 - 5x + 4)^2}$$

3. $h\colon x \to \dfrac{x^3}{\sqrt{x^2+4x}}$

$$h'(x) = \frac{3x^2 \cdot \sqrt{x^2+4x} - x^3 \cdot \dfrac{2x+4}{2\cdot\sqrt{x^2+4x}}}{x^2+4x}$$

$$= \frac{3x^2 \cdot 2(x^2+4x) - x^3 \cdot (2x+4)}{2\sqrt{x^2+4x} \cdot (x^2+4x)}$$

$$= \frac{4x^4+20x^3}{2(x^2+4x)^{\frac{3}{2}}}$$

$$= \frac{2x^3 \cdot (x+5)}{(x^2+4x)^{\frac{3}{2}}}$$

2. Leiten Sie die Tangensfunktion nach der Quotientenregel ab.

Wir bilden für das Beispiel 1 auch noch die 2. Ableitung:

$$f(x) = \frac{x^2+1}{x-2} \qquad f'(x) = \frac{x^2-4x-1}{(x-2)^2}$$

$$f''(x) = \frac{(2x-4)\cdot(x-2)^2 - (x^2-4x-1)\cdot 2(x-2)}{(x-2)^4}$$

$$= \frac{(x-2)\cdot((2x-4)\cdot(x-2) - (x^2-4x-1)\cdot 2)}{(x-2) \qquad (x-2)^3}$$

$$= \frac{2x^2-8x+8-2x^2+8x+2}{(x-2)^3} = \frac{10}{(x-2)^3}$$

Wie Sie gesehen haben, konnten wir mit dem Term $(x-2)$ (dem Nenner von $f(x)$) kürzen, so daß sich der Exponent des Nenners beim Übergang von f' zu f'' nicht von 2 auf 4, sondern nur von 2 auf 3 erhöhte. Entsprechende Kürzungsmöglichkeiten gibt es bei höheren Ableitungen rationaler Funktionen immer. Jedoch kann man sie i.a. nur dann erkennen, wenn man beim Ableiten im Zähler und Nenner nicht sofort ausmultipliziert. Daher beachten Sie beim Bilden höherer Ableitungen nach der Quotientenregel:
- nicht gleich ausmultiplizieren!
- kürzen!

3. a) Bilden Sie die 3. Ableitung von f.
b) Bilden Sie die 2. Ableitung von g aus Beispiel 2.
c) Welche Potenz von x^2-5x+4 ist bei der 3. Ableitung von g im Nenner zu erwarten?

Sie haben jetzt alle wesentlichen Ableitungsregeln (Summen-, Produkt-, Quotienten-, Kettenregel) gelernt. Schreiben Sie sie aus dem Gedächtnis als Merkregeln und in vollständiger Form auf. Setzen Sie auch je ein Beispiel hinzu.

Aufgaben

4. Leiten Sie die folgenden Funktionen nach der Quotientenregel ab, und vergleichen Sie Ihre Ergebnisse mit den auf anderen Wegen gewonnenen Ableitungen.

a) $f\colon x \to \frac{1}{x}$ b) $f\colon x \to \frac{x^2}{x}$

c) $f\colon x \to \frac{7+x^2}{56}$ d) $f\colon x \to \frac{x^2-1}{x+1}$

5. Leiten Sie die Funktionen mit den folgenden Funktionstermen ab.

a) $\frac{x}{\sin x}$ b) $\frac{\cos x}{x^2}$ c) $\frac{1}{\tan x}$

d) $\frac{\sin x}{1+\cos x}$ e) $\frac{x+1}{\cos^2 x}$ f) $\frac{\tan x}{x^2}$

6. Leiten Sie die Funktionen mit den folgenden Funktionstermen ab.

a) $\frac{x+1}{x}$ b) $\frac{1+2x}{1+x}$ c) $\frac{x^2+1}{2x-3}$

d) $\frac{x^2+9}{x^2-9}$ e) $\frac{x-2}{x^3-2}$ f) $\frac{x^2-4x+5}{x^2+4x-5}$

7. Bilden Sie die 1. und 2. Ableitung für die Funktionen mit den folgenden Funktionstermen

a) $\frac{x}{x+1}$ b) $\frac{1+x}{1-x}$ c) $\frac{x^2}{x+2}$ d) $\frac{x^2+1}{x-1}$

8. a) Zeigen Sie mit Hilfe der Quotientenregel, daß für $g=\frac{1}{f}$ gilt:

$g' = -\frac{f'}{f^2}$ (Reziprokregel) und

$$g'' = \frac{2(f')^2 - f \cdot f''}{f^3}$$

Formulieren Sie Ihr Ergebnis in einem Satz unter Angabe aller Voraussetzungen, die f erfüllen muß.

b) Bilden Sie die 1. und 2. Ableitung für f mit $f(x)=\frac{ax+b}{cx+d}$.

9. Leiten Sie die Funktionen mit den folgenden Funktionstermen ab.

a) $\frac{1}{\sqrt{x}}$ b) $\sqrt{\frac{x+1}{x-1}}$ c) $\frac{1}{\sqrt{x^2+1}}$

d) $\frac{x-1}{\sqrt{x+1}}$ e) $\frac{x\sqrt{1-x}}{(3x-2)^2}$ f) $\frac{\sqrt{x^2(1-x)}}{(x+2)\sqrt{1+x}}$

3.2 Gebrochen-rationale Funktionen

Aus der Quotientenregel ergibt sich unmittelbar: Wenn f eine rationale Funktion ist, dann ist f in ganz D_f differenzierbar, und die Funktion f' ist wieder eine rationale Funktion. Die Definitionsmengen von f' und f sind gleich, und auch f' ist wieder in ganz D_f differenzierbar. Daher ist eine rationale Funktion in ihrer ganzen Definitionsmenge beliebig oft differenzierbar.
Damit gilt natürlich auch: Jede rationale Funktion und alle ihre Ableitungen sind in ganz D_f stetig.

Bild 1 zeigt die Graphen von drei gebrochen-rationalen Funktionen:

(I) $f\colon x \to \frac{1}{x^2+1}$; $\quad x \in D_f$

(II) $f\colon x \to \frac{x^2}{(x+2)^2}$; $\quad x \in D_f$

(III) $f\colon x \to \frac{(x+1)(x-2)}{2(x-1)}$; $\quad x \in D_f$

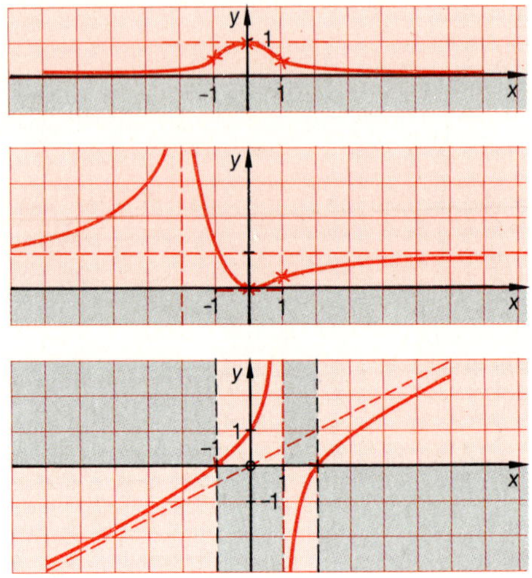

Bild 1

Wir beschreiben im folgenden diese drei Funktionen bzw. ihre Graphen und wiederholen dabei wichtige Merkmale gebrochen-rationaler Funktionen. In einem nächsten Schritt werden wir dann dieselben Merkmale in derselben Reihenfolge bei einer vollständigen Funktionsuntersuchung einer gebrochen-rationalen Funktion untersuchen, bei der dann auch alle Berechnungen ausgeführt werden, die wir hier bei der Beschreibung weglassen.

(1) Die (maximale) *Definitionsmenge* von f:
Die Nullstellen des Nenners werden aus $\mathbb{R}$ herausgenommen:
(I) $D_f = \mathbb{R}$
(II) $D_f = \mathbb{R} \setminus \{-2\}$
(III) $D_f = \mathbb{R} \setminus \{1\}$

(2) *Schnittpunkt* des Graphen *mit der y-Achse:*
(I) $f(0) = 1$, Schnittpunkt $(0;\, 1)$
(II) $f(0) = 0$, Schnittpunkt $(0;\, 0)$
(III) $f(0) = 1$, Schnittpunkt $(0;\, 1)$

(3) *Symmetrie:*
(I) Da nur eine gerade Potenz von x vorkommt, ist der Graph symmetrisch zur y-Achse.
(II) Da sowohl gerade als auch ungerade Potenzen von x auftreten, ist weder Punktsymmetrie zum Ursprung noch Symmetrie zur y-Achse vorhanden.
(III) Es liegt weder Punktsymmetrie zum Ursprung noch Symmetrie zur y-Achse vor.

(4) *Nullstellen* von f: Nullstellen der Funktion sind diejenigen Nullstellen des Zählers, die in D_f liegen:
(I) f hat keine Nullstelle.
(II) f hat eine Nullstelle bei 0; der Graph schneidet also die x-Achse im Punkt $(0;0)$.
(III) f hat Nullstellen bei -1 und 2; der Graph schneidet also die x-Achse in den Punkten $(-1;0)$ und $(2;0)$.

(5) *Polstellen* und *Asymptoten:* Polstellen einer gebrochen-rationalen Funktion können bei den Nullstellen des Nenners liegen. (Der Fall, daß der Funktionsterm gekürzt werden kann, wird auf S. 92 behandelt.) Die Parallelen zur y-Achse durch diese Polstellen sind die senkrechten Asymptoten des Graphen; Geraden, an die sich der Graph für große $|x|$ anschmiegt, sind weitere Asymptoten des Graphen.
(I) f hat keine Polstellen und keine senkrechten Asymptoten. Die x-Achse ist Asymptote.
(II) f hat bei -2 eine Polstelle ohne Vorzeichenwechsel; die Gerade mit der Gleichung $x=-2$ ist senkrechte Asymptote. Außerdem ist die Parallele zur x-Achse mit der Gleichung $y=1$ Asymptote.
(III) f hat bei 1 eine Polstelle mit Vorzeichenwechsel; die Gerade mit der Gleichung $x=1$ ist senkrechte Asymptote. Außerdem ist der Graph der Funktion a mit $a\colon x \to \frac{x}{2}$ Asymptote.

(6) *Felder,* in denen Punkte des Graphen liegen: Wir unterscheiden Intervalle, in denen $f(x)>0$ ist, und Intervalle, in denen $f(x)<0$ ist:
(I) Der Graph verläuft vollständig oberhalb der x-Achse.
(II) Der Graph verläuft vollständig oberhalb der x-Achse.
(III) Für $x<-1$ und für $1<x<2$ verläuft der Graph unterhalb, für $-1<x<1$ und für $x>2$ verläuft der Graph oberhalb der x-Achse.
Für jede der drei Funktionen sind im Bild die Felder des Koordinatensystems, in denen der Graph verläuft, rot, die anderen Felder grau unterlegt.

(7) Stellen mit *waagerechten Tangenten* und *Extrema:* Wir bestimmen Stellen mit $f'(x)=0$ und stellen fest, ob dort ein Extremum liegt:
(I) An der Stelle 0 ist die Tangente waagerecht; der Punkt $(0;1)$ ist ein Hochpunkt.
(II) An der Stelle 0 ist die Tangente waagerecht; der Punkt $(0;0)$ ist ein Tiefpunkt.
(III) Es gibt keine Stellen mit waagerechten Tangenten.

(8) *Wendestellen:* Wir bestimmen Stellen mit $f''(x)=0$ und untersuchen diese:
(I) Die Punkte $(\sqrt{\frac{1}{3}};\frac{3}{4})$ und $(-\sqrt{\frac{1}{3}};\frac{3}{4})$ sind Wendepunkte.
(II) Der Punkt $(1;\frac{1}{9})$ ist Wendepunkt.
(III) Es gibt keine Wendepunkte.

1. Berechnen Sie für die drei Beispielfunktionen die 1. und 2. Ableitung und bestätigen Sie die Aussagen in (4), (5) und (6).

Wir führen nun an einem weiteren Beispiel die vollständige Kurvendiskussion einer gebrochen-rationalen Funktion durch.
Gegeben sei die Funktion f mit

$$f\colon x \to \frac{3x^2-9x}{x^3-8x^2+19x-12};\ x \in D_f.$$

(1) Die (maximale) *Definitionsmenge* von f: Wir bestimmen die Nullstellen der Nennerfunktion h mit $h(x)=x^3-8x^2+19x-12$.

Wir raten und bestätigen durch Einsetzen: 1 ist eine Nullstelle von h.

$$
\begin{array}{l}
(x^3-8x^2+19x-12)=(x-1)\cdot(x^2-7x+12) \\
-(x^3-x^2) \\
\hline
\qquad -7x^2+19x-12 \\
\quad -(-7x^2+7x) \\
\hline
\qquad\qquad 12x-12 \\
\qquad\quad -(12x-12) \\
\hline
\qquad\qquad\quad 0
\end{array}
$$

Durch Lösen der entsprechenden quadratischen Gleichung erhalten wir 3 und 4 als Nullstellen von h. Demnach hat h die drei Nullstellen 1, 3 und 4 und läßt sich in faktorisierter Form darstellen als

$$h(x)=(x-1)\cdot(x-3)\cdot(x-4).$$

Für D_f erhalten wir: $D_f=\mathbb{R}\setminus\{1, 3, 4\}$.

(2) *Schnittpunkt* des Graphen *mit der y-Achse:* $f(0)=0$, Schnittpunkt $(0;0)$

(3) *Symmetrie:* Da sowohl gerade als auch ungerade Potenzen von x auftreten, ist weder Punktsymmetrie zum Ursprung noch Symmetrie zur y-Achse vorhanden.

(4) *Nullstellen* von f: Wir bestimmen die Nullstellen der Zählerfunktion g mit

$$g(x)=3x^2-9x=3x(x-3).$$

Die Nullstellen von g sind 0 und 3. Es gilt $0\in D_f$ und $3\notin D_f$. Die Funktion f hat also bei 0 eine Nullstelle.
Wenn eine Nullstelle der Nennerfunktion auch Nullstelle der Zählerfunktion ist, läßt sich im Funktionsterm der entsprechende Linearfaktor kürzen:

$$f(x)=\frac{3\cdot x\cdot(x-3)}{(x-1)\cdot(x-3)\cdot(x-4)};\quad D_f=\mathbb{R}\setminus\{1, 3, 4\},$$

$$f^*(x)=\frac{3\cdot x}{(x-1)\cdot(x-4)};\qquad D_{f^*}=\mathbb{R}\setminus\{1, 4\}.$$

Die rationale Funktion f^* stimmt mit f an allen Stellen außer 3 überein. Im Gegensatz zu f ist f^* an der Stelle 3 definiert und auch stetig. f hat also bei 3 eine **hebbare Definitionslücke.** Die „gekürzte Funktion" f^* hat hier den Funktionswert $-4{,}5$. Der Punkt $(3;\ -4{,}5)$ ist ein Punkt des Graphen von f^* und ein „Loch" im Graphen von f.
In unserem Fall sind offenbar keine weiteren Kürzungen mehr möglich.

(5) *Polstellen* und *Asymptoten:* Bei 1 und 4 liegen Nullstellen der Nennerfunktion, die nicht Nullstellen der Zählerfunktion sind.
In der Umgebung von 1 gilt:

$$3x>0,\ x-4<0 \text{ und } x-1\begin{cases}<0 & \text{für } x<1\\ >0 & \text{für } x>1.\end{cases}$$

Links von 1 sind die Funktionswerte also positiv, rechts negativ. Es liegt also hier eine Polstelle mit Vorzeichenwechsel vor. Entsprechend sieht man, daß auch bei 4 eine Polstelle mit Vorzeichenwechsel liegt.
Die senkrechten Asymptoten von f sind die Geraden mit den Gleichungen $x=1$ und $x=4$. Wir untersuchen das Verhalten von f für große Beträge von x. Da der Nennergrad größer ist als der Zählergrad, erhalten wir:

$$\lim_{x\to\infty} f(x)=0 \quad\text{und}\quad \lim_{x\to-\infty} f(x)=0.$$

Die x-Achse ist also Asymptote des Graphen.

(6) *Felder:* Der Graph von f kann nur an Nullstellen oder Polstellen mit Vorzeichenwechsel von unterhalb der x-Achse nach oberhalb wechseln und umgekehrt. Es ergeben sich daher für f vier Bereiche, in denen der Graph jeweils auf derselben Seite der x-Achse bleibt. Wir berechnen in jedem der vier Bereiche mit dem Taschenrechner einen Funktionswert

x	-1	0,5	2	5
$f(x)$	$-0{,}30$	0,86	$-3{,}00$	3,75

und erhalten:

$$\begin{array}{ll} x<0 & f(x)<0 \\ 0<x<1 & f(x)>0 \\ 1<x<4 & f(x)<0 \\ x>4 & f(x)>0 \end{array}$$

Wir schraffieren nun im Koordinatensystem diejenigen Felder, in denen keine Punkte des Graphen liegen (Felder abstreichen).

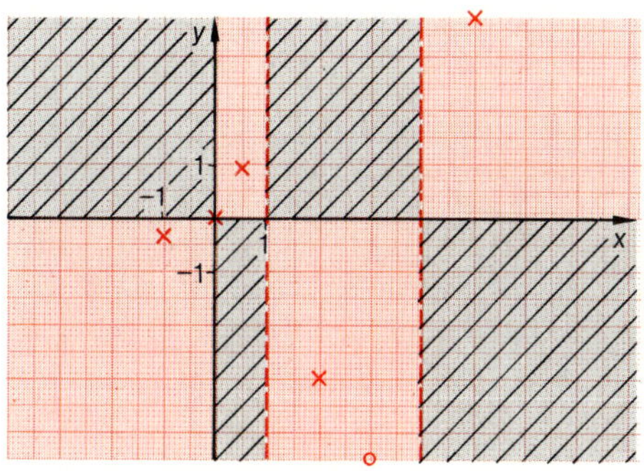

Bild 2

(7) Stellen mit *waagerechten Tangenten* und *Extrema:* Zur Untersuchung der Ableitung können wir statt f die gekürzte Funktion f^* mit

$$f^*(x) = \frac{3x}{(x-1)(x-4)} \quad \text{verwenden.}$$

Die Ableitung dieser Funktion haben wir in Abschnitt 3.1 auf S. 87, Beispiel 2, bestimmt:

$$f^{*\prime}(x) = -3\,\frac{x^2-4}{(x^2-5x+4)^2}.$$

Wir bestimmen die Nullstellen von $f^{*\prime}$:

$$x^2-4=0$$
$$x=2 \vee x=-2$$
$$2,\ -2 \in D_f.$$

Stellen mit waagerechten Tangenten liegen bei 2 und -2.
Zur Prüfung, ob und welche Extrema vorliegen, bilden wir die 2. Ableitung:

$$f^{*\prime\prime}(x) = -3\cdot\frac{(x^2-5x+4)^2\cdot 2x-(x^2-4)\cdot 2\cdot(x^2-5x+4)\cdot(2x-5)}{(x^2-5x+4)^4}$$
$$= \quad 6\cdot\frac{x^3-12x+20}{(x^2-5x+4)^3}$$

2. Führen Sie die Zwischenschritte aus.

$$f^{*\prime\prime}(2) \quad = 6 \cdot \frac{8-24+20}{(4-10+4)^3} = \frac{6 \cdot 4}{(-2)^3} < 0$$

$$f^{*\prime\prime}(-2) = 6 \cdot \frac{-8+24+20}{(4+10+4)^3} = \frac{6 \cdot 36}{18^3} > 0$$

Wegen $f^{*\prime}(2)=0$ und $f^{*\prime\prime}(2)<0$ liegt bei 2 eine Maximalstelle.
Wegen $f^{*\prime}(-2)=0$ und $f^{*\prime\prime}(-2)>0$ liegt bei -2 eine Minimalstelle.
Punkte des Graphen: $(-2;\ -0{,}33)$ und $(2;\ -3)$.

(8) *Wendestellen:* Als Nullstelle von $f^{*\prime\prime}$ erhalten wir näherungsweise $-4{,}108$. Links von dieser Stelle ist $f^{*\prime\prime}(x)>0$, rechts davon ist $f^{*\prime\prime}(x)<0$; es handelt sich also um eine Wendestelle.
Wendepunkt: $(-4{,}108;\ -0{,}30)$

(9) *Wertetabelle* und *Graph:*

x	-5	$-4{,}1$	-2	-1	0	0,5	1,5	2	3	4,5	5	8
$f(x)$	$-0{,}28$	$-0{,}30$	$-0{,}33$	$-0{,}30$	0	0,86	$-3{,}60$	$-3{,}00$		7,71	3,75	0,86
$f^*(x)$	$-0{,}28$	$-0{,}30$	$-0{,}33$	$-0{,}30$	0	0,86	$-3{,}60$	$-3{,}00$	$-4{,}50$	7,71	3,75	0,86

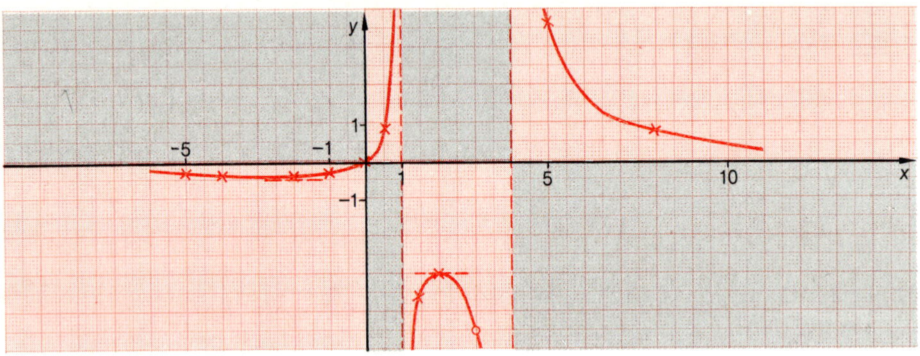

Bild 3

Bemerkung: Bei gebrochen-rationalen Funktionen ist die Berechnung der 2. Ableitung oft recht aufwendig. Es ist dann praktischer, als hinreichende Bedingung für Extremstellen die 1. Ableitung auf Vorzeichenwechsel zu untersuchen.
Wir führen dieses Verfahren für unser Beispiel durch:

$$f^{*\prime}(x) = -3 \cdot \frac{x^2-4}{(x^2-5x+4)^2};$$

vermutete Extremstellen bei 2 und -2.
Der Nenner von $f^{*\prime}(x)$ ist in D_f immer positiv, der Term x^2-4 ist positiv, wenn $x^2>4$ ist; dann ist also $f^{*\prime}(x)$ negativ.
In der Umgebung von 2 gilt:
Für $x<2$ ist $x^2<4$, also $f^{*\prime}(x)$ positiv,
für $x>2$ ist $x^2>4$, also $f^{*\prime}(x)$ negativ.
In der Umgebung von -2 gilt:
Für $x<-2$ ist $x^2>4$, also $f^{*\prime}(x)$ negativ,
für $x>-2$ ist $x^2<4$, also $f^{*\prime}(x)$ positiv.
Bei 2 liegt Vorzeichenwechsel von + nach − vor, also ist $f(2)$ lokales Maximum.
Bei -2 liegt Vorzeichenwechsel von − nach + vor, also ist $f(-2)$ lokales Minimum.

Aufgaben

Bei allen folgenden Aufgaben können Sie die Untersuchung auf Wendestellen weglassen, wenn Ihnen Methoden zur Bestimmung der Nullstellen von $f''(x)$ (nach dem Kürzen und Vereinfachen) nicht zur Verfügung stehen.

3. Führen Sie eine Funktionsuntersuchung durch.

a) $f\colon x \to \dfrac{x^2}{x(x^2+1)}$ b) $f\colon x \to \dfrac{x^5-8x^2}{4x^3}$

4. Führen Sie eine Funktionsuntersuchung durch.

a) $f\colon x \to \dfrac{4-x}{(1-\frac{x}{3})^2}$ b) $f\colon x \to \dfrac{x^2+8x+7}{1-x}$

5. Untersuchen Sie die Funktionen mit den folgenden Funktionstermen.

a) $\dfrac{x}{x\cdot(x+1)}$ b) $\dfrac{2x-5}{x-3}$ c) $\dfrac{x^2-1}{x}$ d) $\dfrac{x^2+1}{x}$ e) $\dfrac{1}{x^2+1}$ f) $\dfrac{-x^2}{x+1}$

g) $\dfrac{x^2+1}{x^2+2}$ h) $\dfrac{x^2+4}{-x^2+4}$ i) $\dfrac{x^4}{x^2-x}$ k) $\dfrac{25+x^4}{5x^2}$ l) $\dfrac{2x^2-2x}{x^3-x^2-4x+4}$

6. Führen Sie eine Funktionsuntersuchung durch.

a) $\dfrac{1}{x^3-x}$ b) $\dfrac{1}{8}\cdot\dfrac{x^4}{x-1}$ c) $\dfrac{x^2-x}{x^2-x-6}$

d) $\dfrac{x^3}{x^2+x-6}$ e) $\dfrac{x^3-x^2-3x-1}{x^2+2x+1}$ f) $\dfrac{x^3+2x^2+x}{x^4+2x^3+2x^2+2x+1}$

7. Durch $f_a\colon x \to \frac{a}{x}+x+1$ mit $a \in \mathbb{R}^*$ sind unendlich viele rationale Funktionen gegeben. Man nennt f_a eine vom Parameter a abhängige **Funktionenschar.**
Untersuchen Sie diese Funktionenschar. Geben Sie insbesondere an, wie groß für verschiedene Werte des Parameters a die Zahl der Nullstellen, Extrem- und Wendepunkte von f_a ist.
Zeichnen Sie f_a für $a=4,\ 1,\ \frac{1}{4},\ \frac{1}{8},\ -\frac{3}{4},\ -\frac{15}{4}$ in *einem* Koordinatensystem.
Welche Kurve wird von den Extrempunkten durchlaufen, wenn a die Menge $\mathbb{R}^*$ durchläuft?

8. Untersuchen Sie die Funktionenschar $f_a\colon x \to \dfrac{ax}{ax^2+1}$ mit $a \in \mathbb{R}^*_+$.
(Zeichnung für $a=16,\ 4,\ 1$.) Auf welcher Kurve liegen die Extrempunkte, auf welcher die Wendepunkte?

3.3 Anwendungen

Beispiel 1: Die Kosten bei der Herstellung von Konservendosen (und anderen ähnlich geformten Gefäßen) hängen u. a. vom Materialverbrauch, d. h. von der Oberfläche ab. Wie muß das Verhältnis von Höhe h und Durchmesser d einer Konservendose (ohne Deckel) gewählt werden, damit bei vorgegebenem Volumen die Oberfläche möglichst klein wird?
Es ist:

Volumen $V = \pi \cdot (\frac{d}{2})^2 \cdot h$ Oberfläche $A = \pi \cdot (\frac{d}{2})^2 + \pi d h$.

Da V gegeben sein soll, können wir h durch V ausdrücken:

$$h = \frac{4V}{\pi d^2}.$$

Einsetzen in die Gleichung für A liefert:

$$A = \frac{\pi}{4} d^2 + \frac{4V}{d}.$$

Wir haben also die Oberfläche als Funktion des Durchmessers ausgedrückt:

$$A: d \rightarrow A(d) \text{ mit } A(d) = \frac{\pi}{4} d^2 + \frac{4V}{d}; \; d \in \mathbb{R}_+^*$$

und können nun nach Extremstellen dieser Funktion suchen:

$$A'(d) = \frac{\pi}{2} d - \frac{4V}{d^2}.$$

Mögliche Extremstellen liegen bei den Nullstellen von $A'(d)$:

$$\frac{\pi}{2} d - \frac{4V}{d^2} = 0$$

$$d^3 = \frac{8V}{\pi}$$

$$d = 2\sqrt[3]{\frac{V}{\pi}}$$

$$A''(d) = \frac{\pi}{2} + \frac{8V}{d^3}$$

$$A''\left(2\sqrt[3]{\tfrac{V}{\pi}}\right) = \tfrac{\pi}{2} + \pi = \tfrac{3}{2} > 0.$$

Also liegt bei $2\sqrt[3]{\frac{V}{\pi}}$ ein Minimum der Funktion A. Für das Verhältnis $h:d$ ergibt sich

$$\frac{h}{d} = \frac{4V}{\pi d^3} = \frac{1}{2}, \text{ also } h:d = 1:2.$$

Wir stellen jetzt die umgekehrte Frage: Wie muß das Verhältnis $h:d$ gewählt werden, damit bei vorgegebener Oberfläche das Volumen möglichst groß wird?

Die Ausgangsgleichungen für V und A sind dieselben wie oben. Wir drücken h durch A aus:

$$h = \frac{A}{\pi d} - \frac{d}{4}.$$

Einsetzen in die Gleichung für V ergibt:

$$V = \pi \frac{d^2}{4} \left(\frac{A}{\pi d} - \frac{d}{4} \right) = \frac{A \cdot d}{4} - \pi \frac{d^3}{16}.$$

Wir suchen Extremstellen der Funktion

$$V\colon d \to V(d) \text{ mit } V(d) = \frac{A}{4} d - \frac{\pi}{16} d^3;\ d \in \mathbb{R}_+.$$

$$V'(d) = \frac{A}{4} - \frac{3\pi}{16} d^2$$

$$\frac{A}{4} - \frac{3\pi}{16} d^2 = 0$$

$$d^2 = \frac{4A}{3\pi}$$

$$d = 2\sqrt{\frac{A}{3\pi}}$$

$$V''(d) = -\frac{3\pi d}{8}$$

$$V''\left(2\sqrt{\frac{A}{3\pi}}\right) < 0.$$

Also liegt bei $2\sqrt{\frac{A}{3\pi}}$ ein Maximum der Funktion V.

Für das Verhältnis $h:d$ ergibt sich wieder $1:2$. Die beiden Probleme sind also gleichbedeutend und liefern dieselbe Lösung.

1. a) Berechnen Sie A und V für die gefundene Lösung. Wie sieht eine Dose mit $h:d = 1:2$ aus? Gibt es sie im Handel?
b) Behandeln Sie die obigen Fragestellungen für eine Dose mit Deckel.
c) Boden und Deckel der Dose werden aus quadratischen Blechstücken geschnitten. Wie verändern sich die Ergebnisse aus b), wenn der dabei abfallende „Verschnitt“ mit zum Materialverbrauch gerechnet wird?

Beispiel 2 (Ein Lagerhaltungsproblem):

Ein TV-Großhändler kann nach vorliegenden Erfahrungen und Schätzungen davon ausgehen, daß er 2500 Geräte einer bestimmten Marke im Jahr verkauft. Er kann diese Geräte in bestimmten Stückzahlen bei dem naheliegenden Herstellerwerk bestellen, die jeweiligen Lieferungen bewahrt er bis zum endgültigen Verkauf in seinem Warenlager auf.

Hierfür entstehen ihm selbstverständlich Kosten (Versicherung, Zinsverlust u.ä.). Deshalb ist er bemüht, das Lager nicht unnötig groß zu halten.
Auf der anderen Seite verursacht auch jede Neubestellung ihre Kosten (Buchung, Anlieferung, Arbeitszeit u.ä.).

Häufige Bestellungen kleinerer Mengen drücken damit zwar die Lagerkosten, dafür müssen aber höhere Bestellkosten aufgewendet werden.
In welchen Mengeneinheiten soll bestellt werden, um die Gesamtkosten möglichst gering zu halten?
Wir wollen die Kosten nach Lager- und Bestellkosten unterscheiden. Dann gilt für die Gesamtkosten im Jahr

$$\text{Gesamtkosten} = \begin{Bmatrix}\text{Jährliche}\\ \text{Lagerkosten}\end{Bmatrix} + \begin{Bmatrix}\text{Jährliche}\\ \text{Bestellkosten}\end{Bmatrix}$$

$$G = L + B$$

Lagerkosten: Die im Jahr anfallenden Lagerkosten betragen pro Gerät A DM. Dieser Betrag muß mit der durchschnittlichen Anzahl der im Jahr gelagerten Geräte multipliziert werden.

Wenn man voraussetzt, daß die Geräte jeweils mit einer konstanten Rate verkauft werden, so läßt sich diese durchschnittliche Anzahl in Abhängigkeit von der Stückzahl x einer Bestellung angeben:

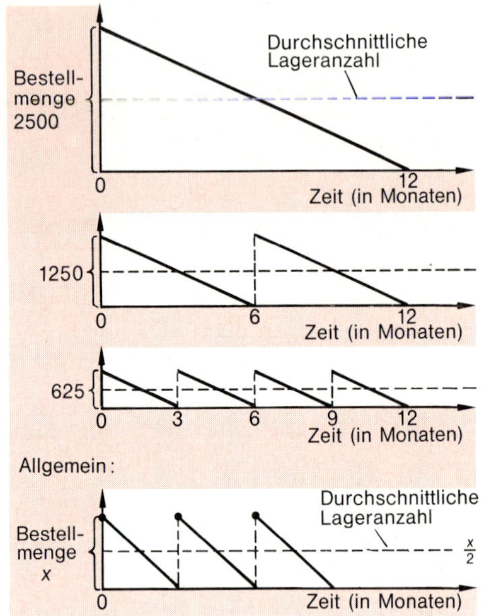

Bild 1

Für die Stückzahl x einer Bestellung beträgt die durchschnittliche Anzahl der im Jahr zu lagernden Geräte $\frac{x}{2}$. Damit entstehen an Lagerkosten:

$$L = A \cdot \frac{x}{2}.$$

Bestellkosten: Um einen ähnlichen Ausdruck für die Bestellkosten zu finden, müssen wir zwei verschiedene Kostenanteile unterscheiden.
Da sind zunächst die variablen Bestellkosten, die vom Umfang der Bestellung abhängig sind (Verpackung, Fracht, Arbeitslohn). C beschreibe die variablen Kosten pro Gerät. Daneben gibt es Kosten, die unabhängig von der bestellten Stückzahl pauschal bei jeder Bestellung anfallen. Sie sollen mit D bezeichnet werden. Die Anzahl der Bestellungen pro Jahr beträgt $\frac{2500}{x}$. Damit gilt für die Bestellkosten

$$B = (D + C \cdot x) \cdot \frac{2500}{x}$$

Für die Gesamtkosten erhalten wir

$$G = A \cdot \frac{x}{2} + (D + C \cdot x) \cdot \frac{2500}{x}$$

2. In unserem Falle seien $A = 10$ DM/Gerät, $D = 20$ DM und $C = 9$ DM/Gerät.
a) Verschaffen Sie sich einen Überblick über die einzelnen Kostenanteile durch Ausfüllen der folgenden Tabelle.

Stückzahl einer Best. x	Anzahl der Best. pro Jahr $\frac{2500}{x}$	Durchschnittl. Anzahl Lagerung $\frac{x}{2}$	Lager-kosten pro Jahr $10 \cdot \frac{x}{2}$	Kosten für jede Best. $20+9 \cdot x$	Bestell-kosten pro Jahr $(20+9x) \cdot \frac{2500}{x}$	Gesamt-kosten pro Jahr $10 \cdot \frac{x}{2} + (20+9x) \cdot \frac{2500}{x}$
2500	1	1250	12500 *DM*	22520 *DM*	22520 *DM*	35020 *DM*
1250	2					
500	5					
250						
167						
125						
100						
90						
50						

b) Zeichnen Sie mit Hilfe der obigen Tabelle den Graphen von $G: x \to G(x)$.
c) Betrachten Sie die Funktion $x \to G(x)$ als reelle Funktion über dem Intervall [0; 2500] und bestimmen Sie das Minimum dieser Funktion.

Wir können das in der Aufgabe gestellte Problem auch allgemein lösen, indem wir die Stückzahl der im Jahr zu erwartenden Verkäufe mit Q bezeichnen.

Damit enthält unser Funktionsterm

$$G(x) = A \cdot \tfrac{x}{2} + (D + C \cdot x) \cdot \tfrac{Q}{x}$$

die „Parameter“ A, D, C und Q, die im Einzelfall konstante Größen darstellen.

3. a) Zeigen Sie, daß $G(x)$ an der Stelle $x = \sqrt{\frac{2DQ}{A}}$ ein Minimum annimmt.
b) Wie verändert sich der für die Minimierung notwendige Bestellumfang x, wenn sich die Verkaufzahl im Jahr verdoppelt?
c) Die allgemeine Lösung zeigt die interessante Tatsache, daß der optimale Wert von x offenbar von dem Parameter C nicht beeinflußt wird.
Wie läßt sich dies an Hand der Funktion erkennen?

Modell – Realität: Zum Abschluß wollen wir das beschriebene Verfahren noch einer kritischen Würdigung unterziehen.
Wie immer bei der Anwendung von Mathematik auf Realsituationen stehen am Anfang eine Reihe von Annahmen, die in gewisser Weise das vorgegebene Problem idealisieren. In unserem Falle ist die *entscheidende Annahme*, daß die Nachfrage für die Verkaufsware (TV-Geräte) über das ganze Jahr in etwa konstant ist. Dies ist für solche Artikel sinnvoll, die weniger saisonalen Schwankungen unterliegen (z. B. elektr. Batterien, Glühbirnen, Kaugummi, Briefpapier u. ä. im Gegensatz etwa zu Badeanzügen, Skiausrüstung, Grußkarten usw.).
Eine weitere Annahme besteht darin, daß die Lagerzeit für die Güter beliebig gewählt werden kann. Dies trifft für TV-Geräte sicher zu, ist bei bestimmten Lebensmittelkonserven aber nicht mehr ohne weiteres gegeben.

4. Versuchen Sie, weitere Idealisierungen herauszufinden.
Welchen veränderten Bedingungen kann das Modell ohne größeren Aufwand angepaßt werden (z. B. wenn ein Mindestbestand x_0 ständig im Lager bereitgestellt werden muß)?

Schließlich muß auch noch etwas zu der im mathematischen Modell gefundenen Lösung des Problems gesagt werden.

Die optimale Stückzahl einer Bestellung $x=\sqrt{\frac{2DQ}{A}}$ wird im Rahmen unseres mathematischen Modells i.a. eine reelle Zahl aus dem Intervall $[0; Q]$ sein. In der Realität wird man es aber sicher ausschließlich mit ganzzahligen Stückzahlen zu tun haben, meist sogar nur mit Teilern von Q. Hier muß also noch eine nachträgliche Anpassung der Lösung an die realen Bedingungen erfolgen.

5. Ein Geschäftsmann verkauft jährlich etwa 10000 Glühbirnen. Die jährlichen Lagerkosten betragen 25 DM pro tausend Stück, während seine festen Bestellkosten 8 DM pro Bestellung und die variablen Bestellkosten 18 DM pro tausend Stück ausmachen. Wie oft und in welchen Mengen wird der Geschäftsmann pro Jahr Bestellungen vornehmen, wenn er die Gesamtkosten minimieren will?

6. Durch eine Preissteigerung erhöhen sich die Lager- und die Bestellkosten für eine bestimmte Ware jeweils um 6%. Gleichzeitig ist zu erwarten, daß die im Jahr verkaufte Stückzahl insgesamt um 12% kleiner wird.
Wie wirkt sich dies auf die Anzahl der Bestellungen und den jeweiligen Bestellumfang aus, wenn die Gesamtkosten weiterhin minimal bleiben sollen?

Beispiel 3 (Fahrzeugdurchsatz auf Autobahnen): Staus auf Autobahnen und Fernstraßen sind ein dem Autofahrer leidvoll vertrautes Problem. Zu bestimmten Zeiten reicht die Kapazität der Straße offenbar nicht aus, den dichten Fahrzeugstrom störungsfrei aufzunehmen.
Müßten die Autos noch schneller fahren, damit der „Fahrzeugdurchsatz", d.h. die Anzahl von Autos, die in einem Zeitintervall eine Meßstelle passieren, größer wird?

Bild 2

Empirische Untersuchungen haben gezeigt, daß der größte Fahrzeugdurchsatz auf einer Straße für mittlere Geschwindigkeiten um 50 $\frac{\text{km}}{\text{h}}$ erreicht wird.

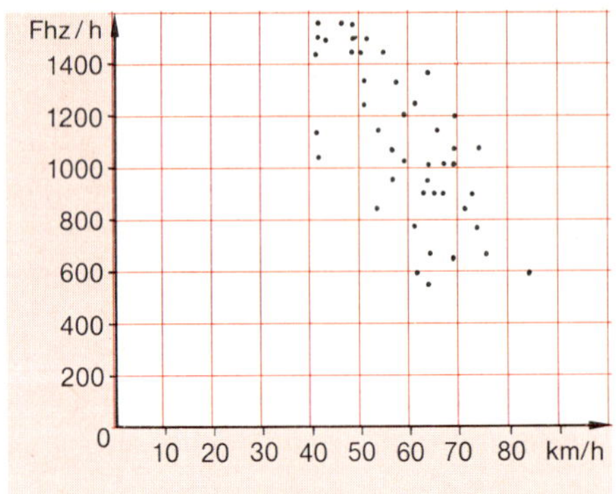

Bild 3: Abhängigkeit des Fahrzeugdurchsatzes von der mittleren Geschwindigkeit der Fahrzeuge

Kann man diese Zahl durch ein plausibles mathematisches Modell begründen?
Wir wollen dies mit einem stark vereinfachten Ansatz versuchen.
Die Länge L einer Autokolonne, die in einer Stunde eine Meßstelle passiert, ist abhängig von der mittleren Geschwindigkeit, mit der sich diese Kolonne bewegt. Es gilt

$L = 1000 \cdot v$ (wenn man v in $\frac{\text{km}}{\text{h}}$ angibt, erhält man L in m.)

Wieviel Autos N enthält die Kolonne der Länge L?
Diese Anzahl N ist abhängig von dem mittleren Abstand d zwischen zwei aufeinanderfolgenden Autos.

d wird einmal von der (mittleren) Länge a der Autos und zum anderen von dem notwendigen Sicherheitsabstand s bestimmt.

$$d = a + s$$

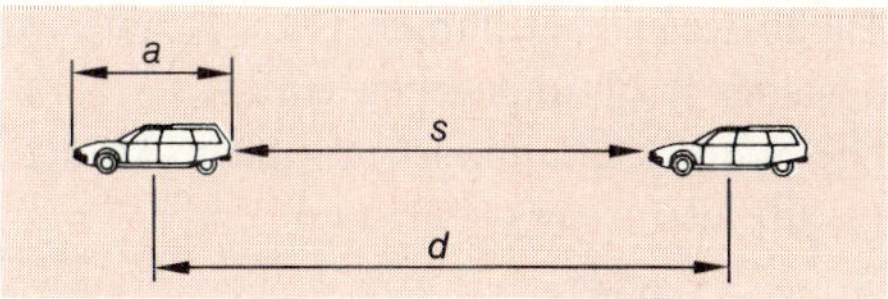

Bild 4

Als mittlere Autolänge nehmen wir $a = 6$ m an.
Als Sicherheitsabstand wollen wir in einem ersten Ansatz den notwendigen Bremsweg einsetzen.
In der Fahrschule lernt man die Faustregel

$$\text{Bremsweg} = \frac{\text{Quadrat der Geschwindigkeit}}{100}$$

(Wenn man die Geschwindigkeit in $\frac{\text{km}}{\text{h}}$ angibt, erhält man den Bremsweg in m.)
Damit ergibt sich für den Abstand d

$$d = \frac{v^2}{100} + 6 \qquad (d \text{ in m, wenn } v \text{ in } \tfrac{\text{km}}{\text{h}})$$

und für die Anzahl N der Autos in unserer Kolonne der Länge L

$$N = \frac{L}{d} = \frac{1000\,v}{\left(\frac{v^2}{100} + 6\right)}$$

N können wir als Maß für den Verkehrsdurchsatz betrachten; er ist offensichtlich eine Funktion der (durchschnittlichen) Geschwindigkeit v.

$$v \to N(v)$$

7. Zeichnen Sie den Graphen dieser Funktion, und bestimmen sie die Geschwindigkeit v_M, für die ein maximaler Fahrzeugdurchsatz erreicht wird. Berechnen Sie $N(v_m)$.

In unserem ersten Ansatz haben wir bei der Berechnung des Sicherheitsabstands die „Schrecksekunde" nicht berücksichtigt, die die Bremsreaktion des Fahrers entsprechend verzögert.
In dieser Sekunde legt das Auto $v \cdot \frac{1000}{3600}$ m zurück.
Der Sicherheitsabstand muß dementsprechend vergrößert werden:

$$s = \frac{v^2}{100} + \frac{v}{3{,}6}$$

und damit

$$d = \frac{v^2}{100} + \frac{v}{3{,}6} + 6$$

Damit erhalten wir als Funktion für den Fahrzeugdurchsatz N

$$N\colon v \to \frac{1000\,v}{\left(\frac{v^2}{100} + \frac{v}{3{,}6} + 6\right)}$$

8. Zeichnen Sie den Graphen dieser Funktion, und ermitteln Sie wiederum v_M und $N(v_M)$. Vergleichen Sie mit den Ergebnissen aus Aufgabe 7.

In einem dritten Ansatz wollen wir den Sicherheitsabstand etwas gröber nach der „Halber-Tacho-Regel“ bestimmen. Diese Regel empfiehlt einen Sicherheitsabstand von $\frac{v}{2}$ m, wobei v wieder in $\frac{\text{km}}{\text{h}}$ angegeben wird.
Die Schrecksekunde ist in diesem Ansatz bereits berücksichtigt.
Es gilt also $d = \frac{v}{2} + 6$ und

$$N: v \longrightarrow \frac{1000\,v}{\frac{v}{2} + 6}$$

9. a) Zeichnen Sie den Graphen von $v \rightarrow N(v)$ unter dieser Annahme. Gibt es ein Maximum?
b) Berechnen Sie $N(v)$ für die in den Aufgaben 7 und 8 ermittelten Werte für v_M und zusätzlich für $v = 130\,\frac{\text{km}}{\text{h}}$.
c) Zeichnen Sie die Graphen der verschiedenen Funktionen für den Sicherheitsabstand $v \rightarrow d(v)$ und vergleichen Sie.

Kritik des Modellansatzes: Wir haben bei allen drei Ansätzen eine Reihe vereinfachender Annahmen gemacht und andere Bedingungen nicht berücksichtigt, z.B.
- die Formeln für den Sicherheitsabstand sind Faustregeln;
- an verschiedenen Stellen werden „mittlere“ Werte angenommen. Nach welchen Kriterien bestimmt man solche Mittelwerte für Geschwindigkeit, Schrecksekunde oder Autolänge?
- Wir haben nicht berücksichtigt, daß auch der vorausfahrende Fahrer beim plötzlichen Abbremsen nicht sofort zum Stillstand kommt. Ist dies evtl. in den Faustregeln schon berücksichtigt?
- Inwieweit muß individuelles oder technisches Fehlverhalten miteinbezogen werden? Wie ist die Moral der Autofahrer? Wie weit wird der Sicherheitsabstand eingehalten, bzw. welche Risikobereitschaft muß in Ansatz gebracht werden?

Beispiel 4 (Reflexion und Brechung): Jeder kennt das **Reflexionsgesetz** am ebenen Spiegel.

Das einfallende Licht wird so reflektiert, daß der Einfallswinkel genauso groß ist wie der Ausfallwinkel.

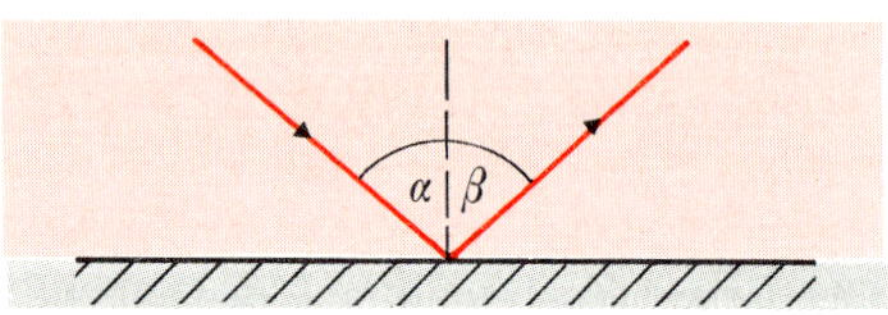

Bild 5: $\alpha = \beta$

Dieses Gesetz wurde bereits im 3./4. Jh. v. Chr. von *Euklid* formuliert. Später, im 1. Jh. n. Chr., bewies *Heron von Alexandria:* Dieses Gesetz läßt sich aus der Hypothese herleiten, daß das Licht seinen Weg bei der Reflexion so wählt, daß der Steckenzug PXQ von minimaler Länge ist.
Dies kann geometrisch leicht gezeigt werden:

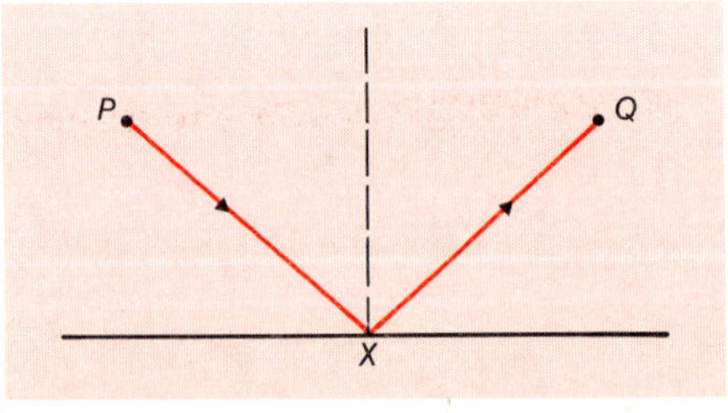

Bild 6

Der Weg von P über X nach Q entspricht genau dem Weg von P über X nach dem Spiegelpunkt Q'. Dieser ist offenbar dann minimal, wenn P, X und Q' auf einer Geraden liegen.
In diesem Falle gilt aber sicher

$\beta = \beta'$ und $\beta' = \alpha$, also

$\alpha = \beta$

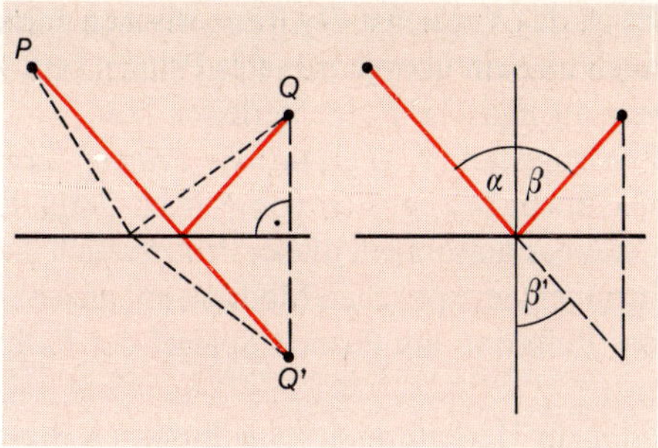

Bild 7

Wir wollen das Reflexionsgesetz mit Hilfe der Differentialrechnung und der Minimumshypothese von Heron herleiten.

Wir fassen die Länge des Lichtweges $|\overline{PX}| + |\overline{XQ}|$ als Funktion von x auf und bestimmen das Minimum dieser Funktion.

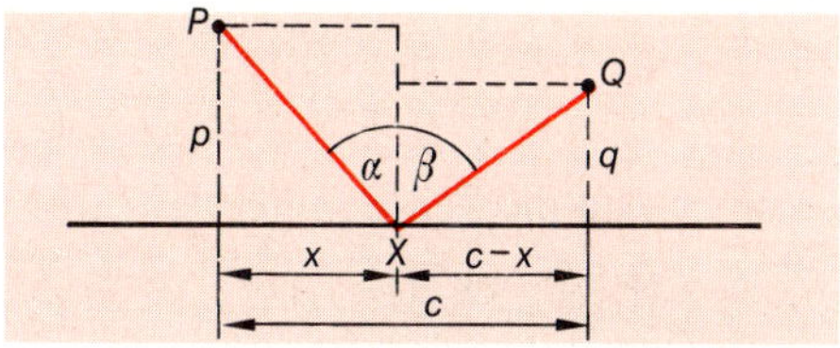

Bild 8

$$l(x) = \sqrt{p^2 + x^2} + \sqrt{q^2 + (c - x)^2}; \; 0 \leq x \leq c$$

$$l'(x) = \frac{2x}{2\sqrt{p^2 + x^2}} - \frac{2(c - x)}{2\sqrt{q^2 + (c - x)^2}}$$

Aus $l'(x) = 0$ folgt

$$\frac{x}{\sqrt{p^2 + x^2}} = \frac{c - x}{\sqrt{q^2 + (c - x)^2}} \quad \text{und damit}$$

$\sin\alpha = \sin\beta$, also

$\alpha = \beta$ (Da α und β zwischen 0° und 90° liegen.)

10. Zeigen Sie mit Hilfe der 2. Ableitung $l''(x)$, daß hier tatsächlich ein Minimum vorliegt.

Allerdings konnte das von Heron aufgestellte Prinzip des minimalen Lichtwegs bei der Brechung des Lichts z. B. beim Übergang von Luft in Wasser nicht herangezogen werden, denn offenbar bewegt sich das Licht dabei nicht gradlinig von P nach Q, was ja dem kürzesten Weg entspräche.

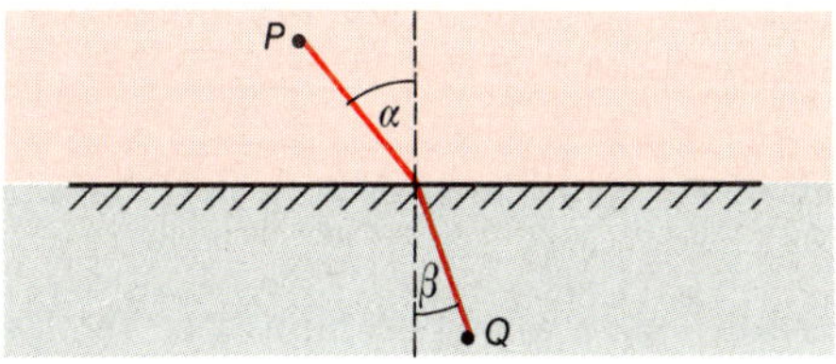

Bild 9

1621 fand der holländische Mathematiker *Snellius* das nach ihm benannte **Brechungsgesetz**

$$\frac{\sin\alpha}{\sin\beta} = \frac{n_1}{n_2}$$

wobei n_1 und n_2 die unterschiedlichen Brechungsindizes des Lichts in den beiden Medien darstellen.

Es ist das Verdienst des französischen Juristen und Mathematikers *Fermat* (1601–1665), auch hier ein übergeordnetes Prinzip gefunden zu haben, aus dem sich das Brechungsgesetz als logische Folge herleiten läßt.
Das sogenannte *„Fermatsche Prinzip“* lautet:
Das Licht bewegt sich von P nach Q auf dem Weg, für den es die kürzeste Zeit benötigt.
Offenbar umschließt dieses Prinzip auch die Hypothese von Heron, solange sich das Licht in nur einem optischen Medium mit gleichbleibender Geschwindigkeit bewegt, wie dies bei der Reflexion am ebenen Spiegel der Fall ist.

Nun zur Herleitung des Snelliusschen Brechungsgesetzes aus dem Fermatschen Prinzip:
Es sei v_1 die Geschwindigkeit des Lichts im oberen Medium, v_2 die im unteren Medium.

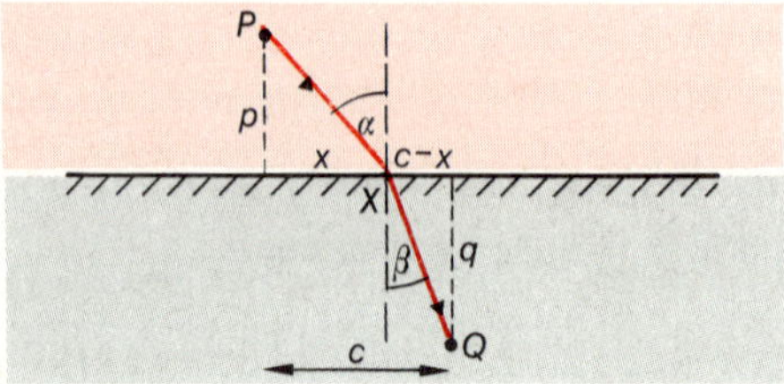

Bild 10

Dann beträgt die Zeit t, in der das Licht von P nach Q gelangt

$$t = \frac{|\overline{PX}|}{v_1} + \frac{|\overline{XQ}|}{v_2}$$

$$t(x) = \frac{\sqrt{p^2+x^2}}{v_1} + \frac{\sqrt{q^2+(c-x)^2}}{v_2}; \quad 0 \le x \le c$$

$$t'(x) = \frac{x}{v_1\sqrt{p^2+x^2}} - \frac{c-x}{v_2\sqrt{q^2+(c-x)^2}} = 0$$

Mit $\sin\alpha = \frac{x}{\sqrt{p^2+x^2}}$ und $\sin\beta = \frac{c-x}{\sqrt{q^2+(c-x)^2}}$ folgt

$$\frac{1}{v_1}\sin\alpha - \frac{1}{v_2}\sin\beta = 0$$

$$\frac{\sin\alpha}{\sin\beta} = \frac{v_1}{v_2}$$

Daß dies tatsächlich ein Minimum beschreibt, folgt wiederum aus $t''(x) > 0$ für alle $x \in [0; c]$

11. Bestätigen Sie dies durch Berechnung von $t''(x)$.

Damit haben wir das Snelliussche Brechungsgesetz hergeleitet, und es gilt:

$$\frac{n_1}{n_2} = \frac{v_1}{v_2}.$$

Bei der Herleitung des Snelliusschen Brechungsgesetzes aus dem Fermatschen Prinzip sind nur die wichtigsten Schritte dargestellt. Ergänzen Sie Zwischenschritte und stellen Sie die gedanklichen Verbindungen zwischen den Zeilen her.

Halten Sie Rückschau auf das Kapitel.

4 Umkehrung von Funktionen und Ableitung der Umkehrfunktion

Über die Umkehrung von Funktionen wissen Sie vermutlich schon einiges und benötigen möglicherweise die sehr anschauliche Einführung nicht. Schreiben Sie auf, was Sie noch über die Begriffe „umkehrbare Funktion" und „Umkehrfunktion" wissen. Überfliegen Sie dann die ersten Abschnitte des Kapitels bis zum „Schematischen Überblick" auf S. 112 und entscheiden Sie, wo Sie noch gründlich lesen müssen, um Wissenslücken zu schließen.

4.1 Funktion und Umkehrfunktion

Zuordnungen mit Hilfe des Taschenrechners

Mit der Tastenfolge [×] [3] [=] ordnet der Taschenrechner jedem Eingabewert eindeutig einen Ausgabewert zu:

EINGABE: 6, −2.1, 3.25 → [×] [3] [=] →
AUSGABE: 18, −6.3, 9.75

Die Tastenfolge repräsentiert eine Funktion, die wir üblicherweise in der Form

$f\colon x \rightarrow 3 \cdot x$

beschreiben. Sie ordnet also jedem Eingabewert x den Ausgabewert $f(x) = 3x$ zu.
In gleicher Weise lassen sich auch andere Funktionen durch geeignete Tastenfolgen auf dem Taschenrechner realisieren.

Beispiel 1

Tastenfolge	Funktion
[+] [5] [=]	$f_1\colon x \rightarrow x + 5$
[÷] [2] [=]	$f_2\colon x \rightarrow \frac{x}{2}$
[×] [5] [+] [3] [=]	$f_3\colon x \rightarrow 5x + 3$

Für bestimmte Standardfunktionen wie z. B. $x \rightarrow x^2$, $x \rightarrow \sqrt{x}$ oder $x \rightarrow \sin x$ weist der Taschenrechner eigene Funktionstasten auf, die die gewünschte Zuordnung $x \rightarrow f(x)$ auf einen Tastendruck vornehmen.

Tastenfolge	Funktion
[x^2]	$x \rightarrow x^2$
[$\sqrt{x}$]	$x \rightarrow \sqrt{x}$
[sin]	$x \rightarrow \sin x$
[$\frac{1}{x}$]	$x \rightarrow \frac{1}{x}$

Zurückholen des Eingabewertes

Nach Ausführen der Tastenfolge [×] [3] [=] erscheint zu dem Eingabewert 6 der Ausgabewert 18 in der Anzeige des Taschenrechners.

Wie läßt es sich erreichen, daß der Eingabewert wieder in die Anzeige zurückgeholt wird?

Wir realisieren dies wiederum durch eine geeignete Tastenfolge, in diesem Falle [÷] [3] [=].
Diese Tastenfolge repräsentiert nun ebenfalls eine Funktion; sie ordnet umgekehrt dem Ausgabewert $f(x)$ den Eingabewert x zu.

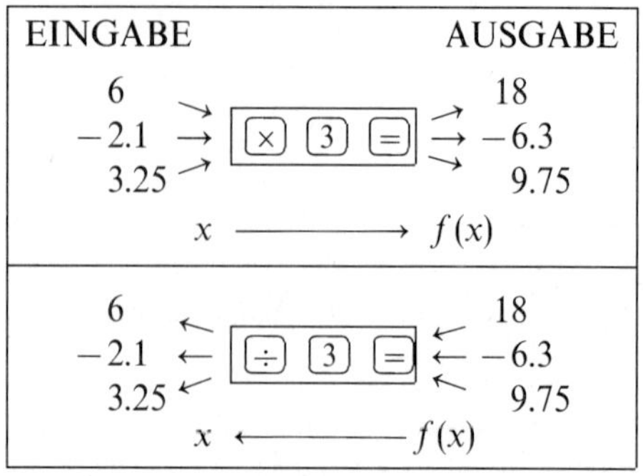

Entsprechend finden wir für die Funktionen in Beispiel 1 die Tastenfolgen für die umgekehrte Zuordnung:

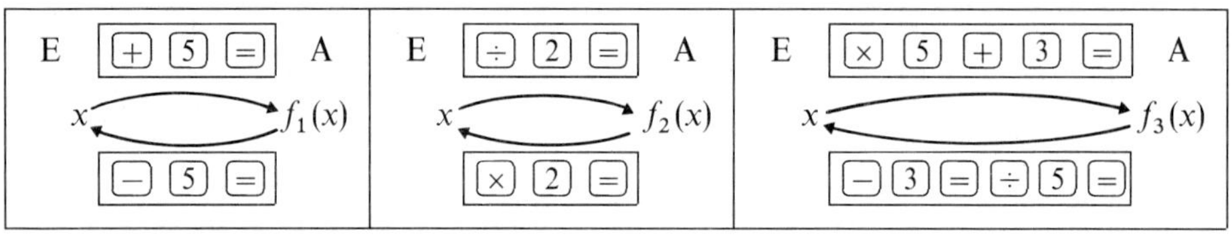

Umkehrbare und nicht umkehrbare Funktionen

Wir wollen nun versuchen, die umgekehrte Zuordnung *Ausgabe* → *Eingabe* auch für die Standardfunktionstasten durch eine geeignete Taste bzw. Tastenfolge zu realisieren.

Beispiel 1

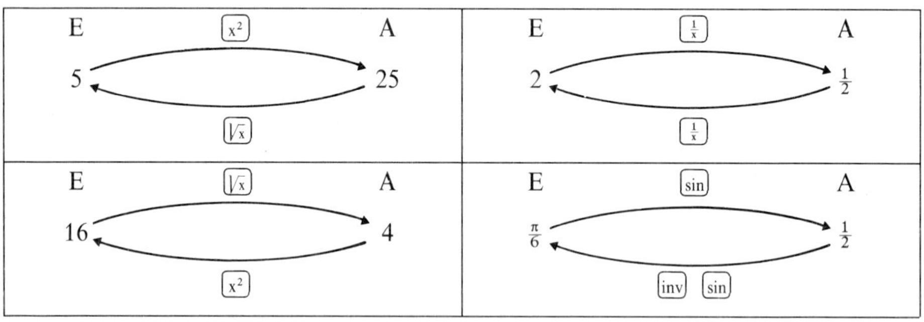

1. Führen Sie mit dem Taschenrechner die Zuordnungen *Eingabe* → *Ausgabe* und anschließend *Ausgabe* → *Eingabe* jeweils für die angegebenen Eingabewerte aus.

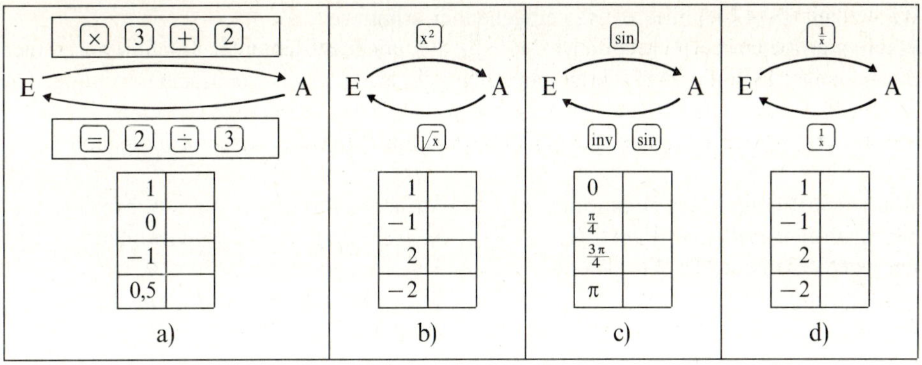

In Aufgabe 1 b) und 1 c) gibt es bestimmte Eingabewerte, die mit Hilfe der Umkehrtaste bzw. -tastenfolge nicht zurückgewonnen werden, wohingegen solche Fälle bei 1 a) und 1 d) nicht auftreten.

Eine graphische Darstellung im Pfeildiagramm bzw. im Koordinatensystem verdeutlicht die Ursache:

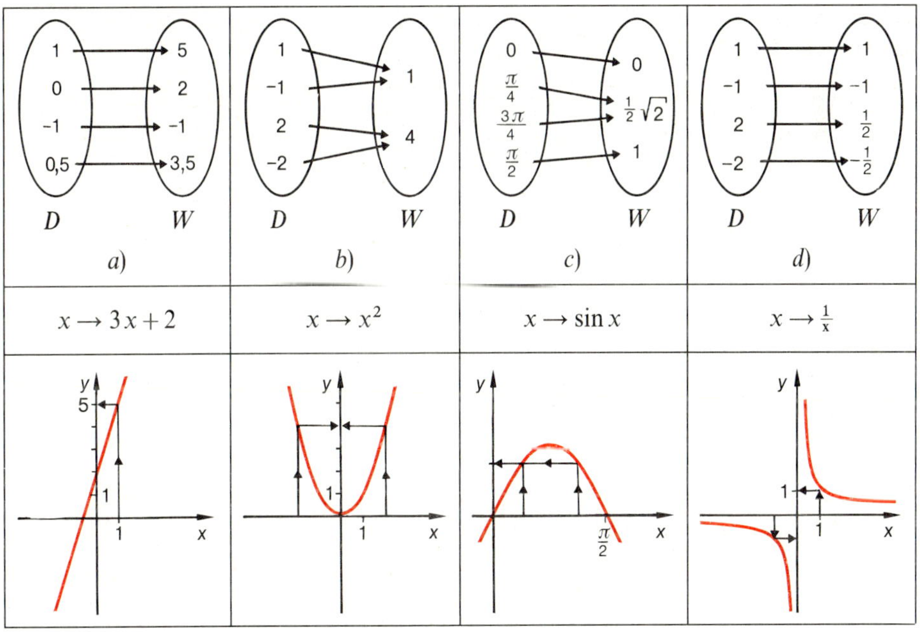

In allen Fällen ist die Zuordnung $x \rightarrow f(x)$ eindeutig, d.h. einem Element x der Definitionsmenge wird genau ein Element der Wertemenge zugeordnet.
Die Rückzuordnung $f(x) \rightarrow x$ ist aber nur in den Fällen a) und d) eindeutig, in den Fällen b) und c) nicht; sie ist damit keine Funktion.
Dies führt uns zu der Definition:

> Eine Funktion f: $x \rightarrow f(x)$; $x \in D_f$ heißt **umkehrbar,** wenn die Zuordnung $f(x) \rightarrow x$ ebenfalls eine Funktion ist.
> Wir nennen dann die Funktion $\bar{f}$: $f(x) \rightarrow x$; $f(x) \in W_f$ die **Umkehrfunktion** zu f.

Wir wollen diese Definition etwas eingehender erläutern:
Bei einer umkehrbaren Funktion wird also nicht nur jedem Element der Definitionsmenge D genau ein Element der Wertemenge W zugeordnet, auch die Rückzuordnung der Elemente der Wertemenge zu den Elementen der Definitionsmenge ist eindeutig.
Für die graphische Darstellung einer umkehrbaren Funktion bedeutet dies:

Von jedem Element der Definitionsmenge D geht *genau ein* Pfeil aus.
Bei jedem Element der Wertemenge endet *genau ein* Pfeil

Auf jeder Parallelen zur y-Achse liegt *höchstens ein* Punkt des Graphen.
Auf jeder Parallelen zur x-Achse liegt ebenfalls *höchstens ein* Punkt des Graphen

Beispiel: $f\colon x \to 2^x$; $D = \mathbb{R}$

Pfeildiagramm:

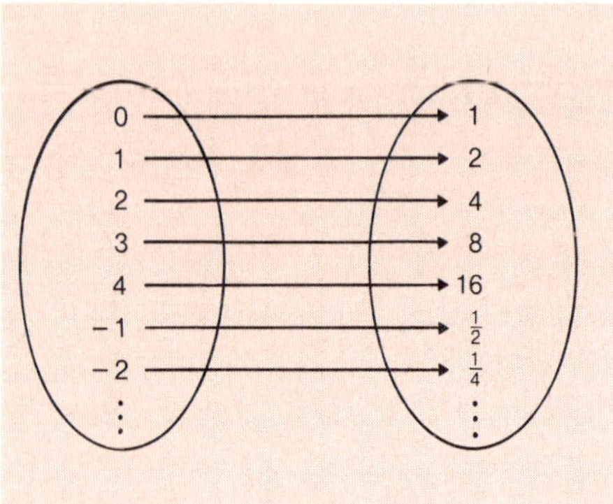

Bild 1

Graph im kartesischen Koordinatensystem:

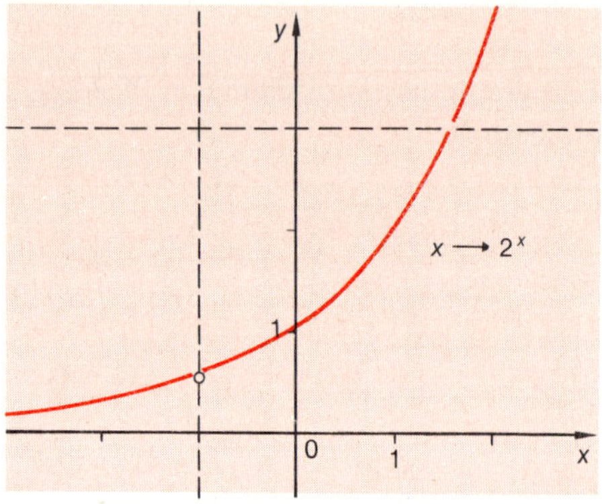

Bild 2

Man bezeichnet eine umkehrbare Funktion wegen der Eindeutigkeit der Zuordnung in beiden Richtungen auch häufig als **eineindeutige Funktion:**

2. Welche der folgenden Diagramme und Graphen gehören zu umkehrbaren Funktionen?

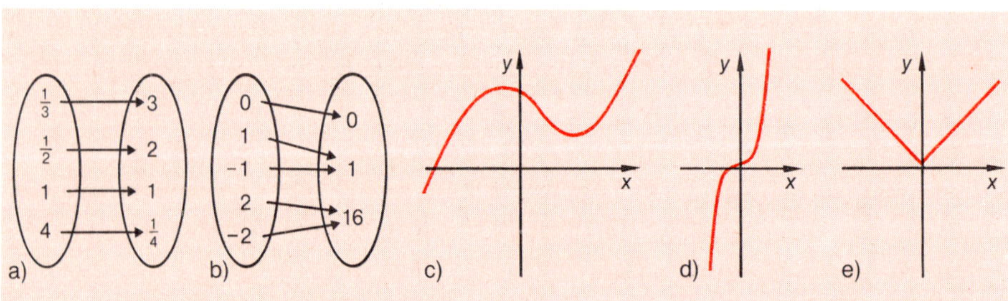

Sätze über umkehrbare Funktionen

Anhand der bisherigen Beispiele erkennt man:

Satz 1: Eine Funktion f ist umkehrbar, wenn für alle Elemente $x_1, x_2 \in D$ gilt: Aus $x_1 \neq x_2$ folgt $f(x_1) \neq f(x_2)$.

3. Welche der folgenden Funktionen sind umkehrbar?

a) $x \to \sqrt[3]{x};\ x \in \mathbb{R}$
b) $x \to x^2+5;\ x \in \mathbb{R}$
c) $x \to x^2+5;\ x \in \mathbb{R}_+$
d) $x \to \cos x;\ x \in \mathbb{R}$
e) $x \to \tan x;\ x \in [0, \frac{\pi}{2}[$
f) $x \to |x+2|;\ x \in \mathbb{R}$
g) $x \to |x^2-4|;\ x \in \mathbb{R}$
h) $x \to |x-2|;\ x \in [5, 10]$

Die Beispiele in Aufgabe 3 verdeutlichen, daß für die Umkehrbarkeit einer Funktion nicht allein die Funktionsgleichung, sondern auch die Definitionsmenge ausschlaggebend ist.

So ist z.B. die Funktion $f_1: x \to x^2;\ x \in \mathbb{R}$ nicht umkehrbar, die durch Einschränkung der Definitionsmenge beschriebene Funktion $f_2: x \to x^2;\ x \in \mathbb{R}_+$ hingegen ist umkehrbar.

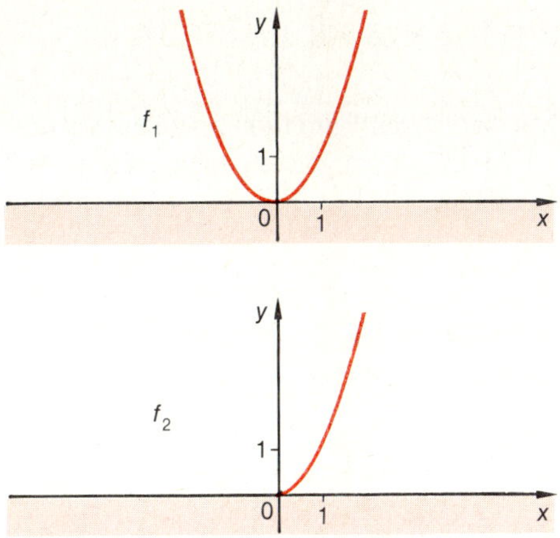

Bild 3

4. Schränken Sie im folgenden die Definitionsmenge so ein, daß die Funktion umkehrbar ist.

a) $x \to \sin x;\ x \in D$
b) $x \to x^4+2;\ x \in D$
c) $x \to |x|;\ x \in D$
d) $x \to (x-2)^2;\ x \in D$
e) $x \to |x^2-2|;\ x \in D$

Eine streng monotone Funktion erfüllt die Bedingungen, die an eine umkehrbare Funktion gestellt werden:
Jede Parallele zur y-Achse und auch jede Parallele zur x-Achse hat *höchstens einen* Punkt mit dem Graphen einer streng monotonen Funktion gemeinsam.

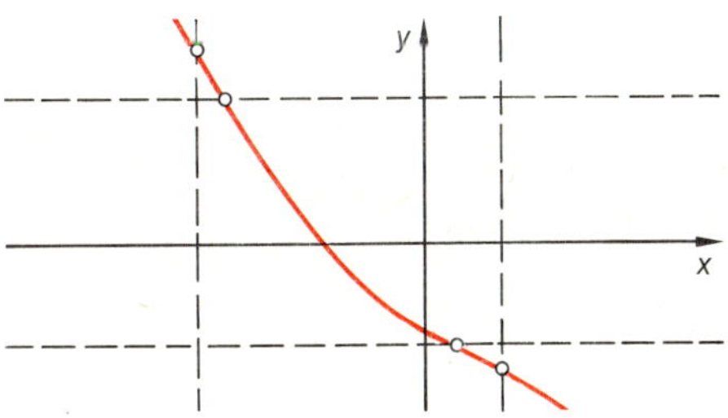

Bild 4a

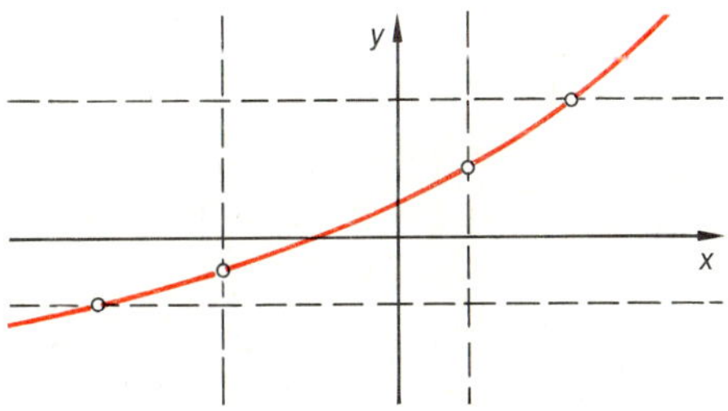

Bild 4b

Diese anschauliche Überlegung führt auf den folgenden Satz:

Satz 2: Wenn eine Funktion streng monoton ist, dann ist sie umkehrbar.

5. Beweisen Sie diesen Satz unter Verwendung der Definition der strengen Monotonie (Hahn/Dzewas Band 11,S. 79).

Es gibt auch Funktionen, die zwar nicht auf ihrer Definitionsmenge streng monoton, aber trotzdem umkehrbar sind.

Beispiel:

$$f\colon x \begin{cases} x & \text{für } x \leqq 0 \\ \frac{1}{x} & \text{für } x > 0 \end{cases}$$

Mit derartigen Funktionen wollen wir uns allerdings im folgenden nicht weiter beschäftigen.

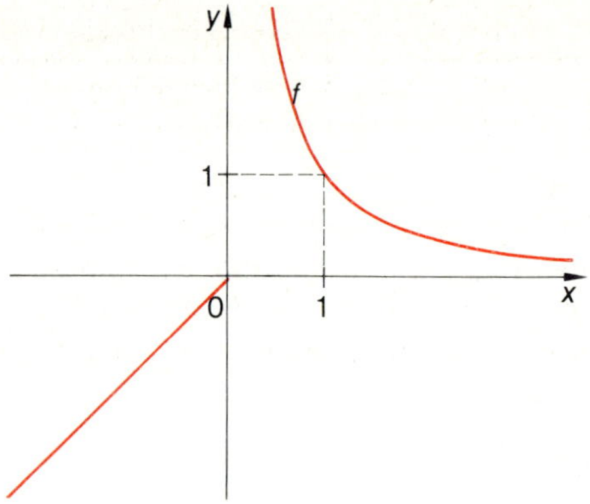

Bild 5

Bestimmung der Umkehrfunktion

Gegeben ist die Funktion

$$f\colon x \to 2x+1; \quad D_f = [0; +\infty[$$

mit der Wertemenge $W_f = [1; +\infty[$. Die Funktion f ist, wie der Graph anschaulich zeigt, streng monoton wachsend.

Es gibt folglich zur Funktion

$$f\colon x \to f(x); \quad x \in D_f$$

die Umkehrfunktion

$$\bar{f}\colon f(x) \to x; \; f(x) \in W_f.$$

Ihren Funktionsterm erhält man, wenn man die Funktionsgleichung $f(x) = 2x+1$ der Ausgangsfunktion f nach x auflöst:

$$x = \tfrac{1}{2}(f(x)-1)$$

Die Definitionsmenge $D_{\bar{f}}$ der Umkehrfunktion $\bar{f}$ ist gleich der Wertemenge W_f der Ausgangsfunktion f:

$$D_{\bar{f}} = W_f.$$

Die Wertemenge $W_{\bar{f}}$ der Umkehrfunktion $\bar{f}$ ist gleich der Definitionsmenge D_f der Ausgangsfunktion f:

$$W_{\bar{f}} = D_f.$$

Die Umkehrfunktion $\bar{f}$ der gegebenen Funktion f lautet also:

$$\bar{f}\colon f(x) \to \tfrac{1}{2}(f(x)-1); \; D_{\bar{f}} = W_f = [1; +\infty[, \; W_{\bar{f}} = D_f = [0; +\infty[.$$

Bild 6 zeigt, wie man am Graphen von f sowohl Wertepaare der Funktion f als auch Wertepaare der Funktion $\bar{f}$ ablesen kann:

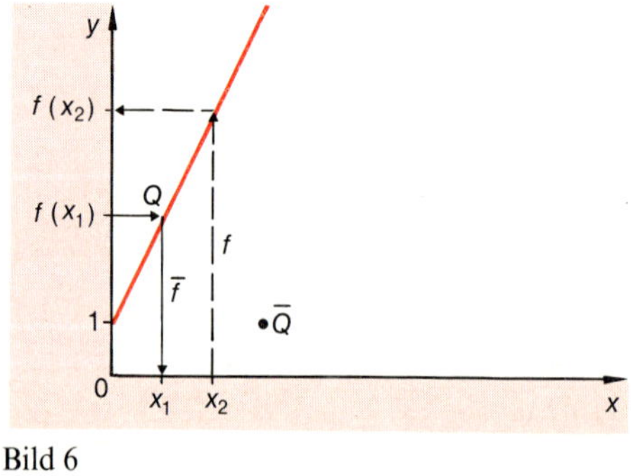

Bild 6

Funktion	Ableserichtung	Wertepaar
f	x-Achse $\longrightarrow$ y-Achse	$(x_1; f(x_1))$
$\bar{f}$	y-Achse $\longrightarrow$ x-Achse	$(f(x_2); x_2)$ oder $(f(x_2); \bar{f}(f(x_2)))$

Ist z.B. $f(x)=3$, so ist $\bar{f}(f(x))=\bar{f}(3)=1$.
Zur Funktion $\bar{f}$ gehört also das Wertepaar (3; 1).
Will man das Wertepaar (3; 1) nun wieder in üblicher Weise als Punkt im Koordinatensystem darstellen, so deutet man 3 als x-Koordinate und 1 als y-Koordinate und erhält in Bild 6 den Punkt Q.

6. a) Zeichnen Sie den Graphen von $f\colon x \to \frac{3}{2}x-2;\ x \in \mathbb{R}$, und lesen Sie daran die folgenden Wertepaare ab:

$(-2; \bar{f}(-2))$, $(0; \bar{f}(0))$, $(1; \bar{f}(1))$, $(4; \bar{f}(4))$.

b) Stellen Sie die vier Wertepaare „in üblicher Weise" als Punkte im Koordinatensystem dar und verbinden Sie sie durch eine Gerade. Vergleichen Sie diese Gerade mit dem Graphen von f.

Stellt man die zu $\bar{f}$ gehörenden Wertepaare „in üblicher Weise" als Punkte im Koordinatensystem dar, so erhält man den Funktionsgraphen von $\bar{f}$, für den nun auch wieder die übliche Ableserichtung

x-Achse → y-Achse

gilt.

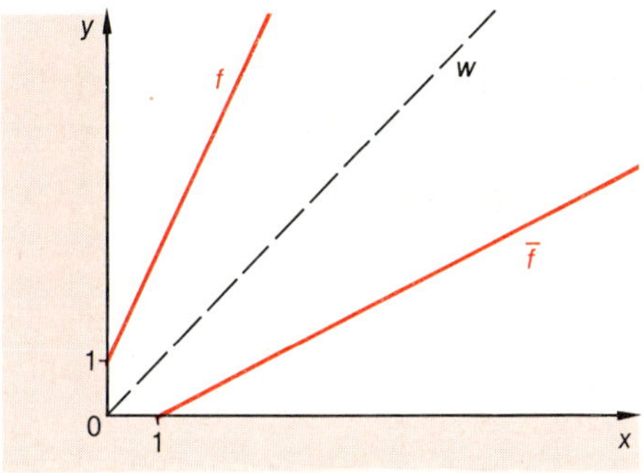

Bild 7

Diesem Übergang zur üblichen Form der graphischen Darstellung entspricht ein Übergang zur üblichen Bezeichnung der Variablen:

Statt $\bar{f}\colon f(x) \to x$ mit $x=\frac{1}{2}(f(x)-1);\ f(x) \in D_{\bar{f}}$,

schreibt man $\bar{f}\colon x \to \bar{f}(x)$ mit $\bar{f}(x)=\frac{1}{2}(x-1);\ x \in D_{\bar{f}}$.

Das ursprüngliche $f(x)$ wird also in x, das ursprüngliche x in $\bar{f}(x)$ umbenannt. Diese Umbenennung ist gleichbedeutend mit einer Spiegelung des Graphen an der Winkelhalbierenden w des I. und III. Quadranten (vgl. Bild 7):
Der Graph von $\bar{f}$ ist das Spiegelbild des Graphen von f an w (und umgekehrt).

Will man sich lediglich einen Überblick über den Verlauf des Graphen der Umkehrfunktion verschaffen, dann wendet man das Blatt mit dem Graphen der Ausgangsfunktion f wie eine Buchseite von rechts nach links um, dreht es anschließend um 90° im Uhrzeigersinn und hält es mit der Vorderseite gegen das Licht. Das auf die Rückseite durchscheinende Bild ist der Graph der Umkehrfunktion $\bar{f}$.
Mit Hilfe von Kohlepapier kann man erreichen, daß beim Zeichnen des Graphen der Ausgangsfunktion f der Graph der Umkehrfunktion $\bar{f}$ auf der Rückseite des Zeichenpapiers erscheint.

Schematischer Überblick über das Verfahren zur Bestimmung der Umkehrfunktion

	Funktionsgleichung	Definitionsmenge	Wertemenge	Graph
Ausgangsfunktion $f: x \to f(x)$	$f(x) = 2x + 1$	$D_f = [0; +\infty[$	$W_f = [1; +\infty[$	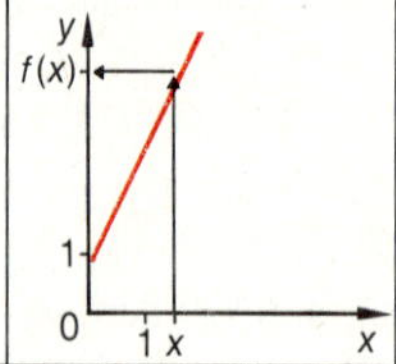
1. Schritt Auflösen der Funktionsgleichung nach x; Vertauschen von Definitions- und Wertemenge. $\bar{f}: f(x) \to x$	$x = \frac{1}{2}(f(x) - 1)$	$D_{\bar{f}} = [1; +\infty[$	$W_{\bar{f}} = [0; +\infty[$	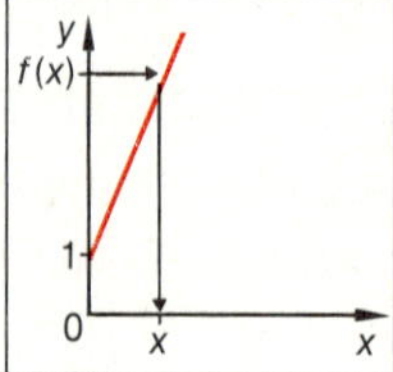
2. Schritt: Umbenennung: $\bar{f}: x \to \bar{f}(x)$	$\bar{f}(x) = \frac{1}{2}(x - 1)$	$D_{\bar{f}} = [1; +\infty[$	$W_{\bar{f}} = [0; +\infty[$	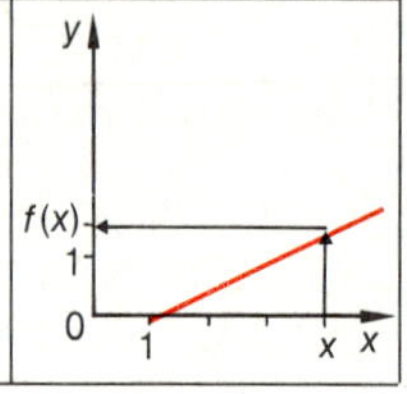

Umkehrfunktion: $\bar{f}: x \to \bar{f}(x)$ mit $\bar{f}(x) = \frac{1}{2}(x - 1)$; $D_{\bar{f}} = [1; +\infty[$; $W_{\bar{f}} = [0; +\infty[$

7. Bestimmen Sie die Umkehrfunktion einschließlich ihrer Definitions- und ihrer Wertemenge. Zeichnen Sie die Graphen von Funktion und Umkehrfunktion jeweils in dasselbe kartesische Koordinatensystem.

a) $f: x \to 3x + 2;\quad x \in \mathbb{R}$
b) $f: x \to 2x - 3;\quad x \in \mathbb{R}$
c) $f: x \to \frac{1}{3}x - 0{,}5;\quad x \in \mathbb{R}$
d) $f: x \to -\frac{1}{2}x + 2;\quad x \in \mathbb{R}$
e) $f: x \to (x - 5) \cdot 3;\quad x \in \mathbb{R}$
f) $f: x \to -4x - 0{,}5;\quad x \in \mathbb{R}$
g) $f: x \to \frac{x}{8} + 3;\quad x \in \mathbb{R}$
h) $f: x \to (x + 8) : 2;\quad x \in \mathbb{R}$
i) $f: x \to \frac{1}{x};\quad x > 0$
k) $f: x \to \frac{1}{x^2};\quad x > 0$
l) $f: x \to \frac{1}{x^2};\quad x < 0$
m) $f: x \to 3 - \frac{1}{x};\quad x > 0$
n) $f: x \to 2 + \frac{1}{x};\quad x < 0$
o) $f: x \to \sqrt{x};\quad x \geq 0$
p) $f: x \to \sqrt{x + 3};\quad x \geq -3$
q) $f: x \to \sqrt{x} + 3;\quad x \geq 0$
r) $f: x \to \sqrt{x - 5};\quad x \geq 5$
s) $f: x \to \dfrac{3}{\sqrt{x - 2}} + 2;\quad x > 2$

Bei der vorhergehenden Aufgabe handelte es sich entweder um lineare Funktionen oder um solche Funktionen, deren strenge Monotonie ohne Schwierigkeiten erkennbar war. Anders ist das beispielsweise bei der Funktion

$$f: x \to f(x) \text{ mit } f(x) = 3x^2 - 6x + 5; \quad D_f = [2; +\infty[.$$

Die Frage nach der strengen Monotonie und damit nach der Umkehrbarkeit läßt sich nun nicht mehr so leicht beantworten. Hier bringt uns der Monotoniesatz weiter (s. Hahn/Dzewas Band 11, S. 172). Er besagt u.a.:

Sei f für alle $x \in [a; b]$ differenzierbar.
a) Wenn $f'(x) > 0$ für alle $x \in [a; b]$, dann ist f auf $[a; b]$ streng monoton wachsend.
b) Wenn $f'(x) < 0$ für alle $x \in [a; b]$, dann ist f auf $[a; b]$ streng monoton fallend.

Wenn wir also auf diese Art untersuchen wollen, ob die Funktion

$$f\colon x \to 3x^2 - 6x + 5; \quad D_f = [2; +\infty[$$

streng monoton und damit umkehrbar ist, dann müssen wir zunächst ihre Ableitungsfunktion bestimmen:

$$f'\colon x \to 6x - 6, \quad D_{f'} = D_f = [2; +\infty[$$

Nun untersuchen wir, für welche Werte von x der Term $6x - 6$ größer bzw. kleiner als Null ist:

$$6x - 6 > 0; \qquad 6x - 6 < 0$$
$$6x > 6; \qquad 6x < 6$$
$$x > 1; \qquad x < 1$$

Wegen $D_f = [2; +\infty[$ ist die Ableitungsfunktion f' für alle $x \in D_f$ positiv. Die Funktion f ist also auf D_f streng monoton wachsend und damit umkehrbar.

Nun läßt sich auch die Frage nach der Wertemenge W_f der gegebenen Funktion f beantworten:
Da die Funktion f auf D_f streng monoton wachsend ist, erhalten wir den kleinsten Funktionswert, also das kleinste Element der Wertemenge W_f, wenn wir in die Funktionsgleichung $f(x) = 3x^2 - 6x + 5$ das kleinste Element der Definitionsmenge D_f, also die Zahl 2 einsetzen. Es ergibt sich:

$$f(2) = 3 \cdot 2^2 - 6 \cdot 2 + 5 = 5.$$

Somit gilt:

$$W_f = [5; +\infty[$$

Und nun können wir die Umkehrfunktion nach unserem bewährten Schema bestimmen:

	Funktionsgleichung	Definitionsmenge	Wertemenge
Ausgangsfunktion $f\colon x \to f(x)$	$f(x) = 3x^2 - 6x + 5$	$D_f = [2; +\infty[$	$W_f = [5; +\infty[$
1. Schritt: Auflösen der Funktionsgleichung nach x; Vertauschen von Definitions- und Wertemenge $\bar{f}\colon f(x) \to x$	$3x^2 - 6x + (5 - f(x)) = 0$ $x = 1 + \sqrt{\frac{f(x)}{3} - \frac{2}{3}}$ die zweite Lösung entfällt, da nicht in D_f	$D_{\bar{f}} = [5; +\infty[$	$W_{\bar{f}} = [2; +\infty[$
2. Schritt: Umbenennung: $\bar{f}\colon x \to \bar{f}(x)$	$\bar{f}(x) = 1 + \sqrt{\frac{x}{3} - \frac{2}{3}}$	$D_{\bar{f}} = [5; +\infty[$	$W_{\bar{f}} = [2; +\infty[$

Umkehrfunktion: $\bar{f}: x \rightarrow \bar{f}(x)$
mit $\bar{f}(x) = 1 + \sqrt{\frac{x}{3} - \frac{2}{3}}$;
$D_{\bar{f}} = [5; +\infty[$; $W_{\bar{f}} = [2; +\infty[$

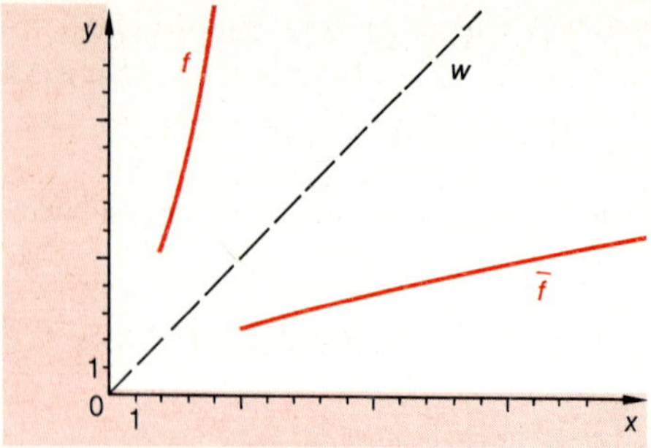

Bild 8

8. Untersuchen Sie die nachstehenden Funktionen auf strenge Monotonie. Bestimmen Sie bei den streng monotonen Funktionen sowohl die Wertemenge als auch die Umkehrfunktion.
Zeichnen Sie die Graphen von Funktion und Umkehrfunktion jeweils in dasselbe kartesische Koordinatensystem.

a) $f: x \rightarrow x^2 + x - 1$; $D_f = \mathbb{R}_+$
b) $f: x \rightarrow x^2 + 4x$; $D_f = [-2; +\infty[$
c) $f: x \rightarrow x^2 + 4x + 4$; $D_f = \mathbb{R}_-$
d) $f: x \rightarrow 3x^2 - 0{,}75x - 4{,}5$; $D_f = \mathbb{R}_-$
e) $f: x \rightarrow 0{,}5x^2 - 3x - 1$; $D_f =]-\infty; 2]$
f) $f: x \rightarrow 2x^2 + 1$; $D_f = [-2; +2]$
g) $f: x \rightarrow 0{,}5x^2 + 3x$; $D_f = [-3; +3]$
h) $f: x \rightarrow 2x^2 - 3x - 1$; $D_f = [2; 10]$
i) $f: x \rightarrow 3x^3$; $D_f = \mathbb{R}$
k) $f: x \rightarrow 4x^5 - 2$; $D_f = \mathbb{R}$

9. Gegeben ist eine nicht-monotone Funktion f. Zerlegen Sie die Definitionsmenge D_f in möglichst große Intervalle, auf denen f streng monoton ist. Geben Sie die entsprechenden Umkehrfunktionen an.

a) $f: x \rightarrow x^2 - 1$; $D_f = \mathbb{R}$ b) $f: x \rightarrow 2 - x - x^2$; $D_f = \mathbb{R}$
c) $f: x \rightarrow x^2 + 6x$; $D_f = \mathbb{R}$ d) $f: x \rightarrow 3x^2 - x + 2$; $D_f = \mathbb{R}$
e) $f: x \rightarrow 0{,}75x^2 - 3$; $D_f = \mathbb{R}$ f) $f: x \rightarrow 1{,}5x^2 + 4x$; $D_f = \mathbb{R}$

Verketten von Funktion und Umkehrfunktion

Wir haben in den einführenden Betrachtungen am Taschenrechner die Umkehrfunktion $\bar{f}$ zu f dadurch gewonnen, daß wir nach der Zuordnung *Eingabe* $\xrightarrow{f}$ *Ausgabe* durch die anschließende Zuordnung *Ausgabe* $\xrightarrow{\bar{f}}$ *Eingabe* den Eingabewert zurückgewonnen haben, d.h. also $\bar{f}(f(x)) = x$ für alle $x \in D_f$.
Dies stellt eine Verkettung der Funktion f mit der Umkehrfunktion $\bar{f}$ dar.

$$x \xrightarrow{f} f(x) \xrightarrow{\bar{f}} x$$

Damit wird deutlich, daß die Verkettung $\bar{f} \circ f$ einer Funktion mit ihrer Umkehrfunktion jedem $x \in D_f$ wiederum den gleichen Wert x zuordnet, d.h. $\bar{f} \circ f$ ist die identische Funktion.

$$x \xrightarrow{\bar{f} \circ f} \bar{f}(f(x)) = x$$

4.2 Ableitung der Umkehrfunktion

Anhand des Zusammenhanges zwischen den Graphen von Funktion und Umkehrfunktion lassen sich schon Aussagen und Vermutungen über die Ableitung der Umkehrfunktion formulieren. Schreiben Sie diese auf, und notieren Sie offene Fragen, deren Klärung Sie im Laufe dieses Abschnitts erwarten. Greifen Sie nach dem Durcharbeiten des Abschnitts auf diese Notizen zurück.

Gegeben ist die Funktion $f\colon x \to \frac{1}{6}x^2 - 2;\ x \in \mathbb{R}_+$. Sie ist umkehrbar und differenzierbar.

Die Graphen von f und $\bar{f}$ sind achsensymmetrisch bezüglich der Winkelhalbierenden w des I. und III. Quadranten.

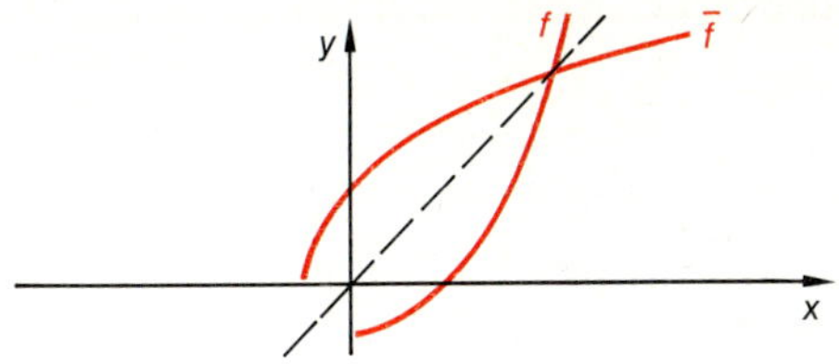

Bild 1 a

Die Punkte $P=(6;4)$ und $\bar{P}=(4;6)$ sind achsensymmetrisch zu w. Wenn also P ein Punkt des Graphen von f ist, dann ist $\bar{P}$ ein Punkt des Graphen von $\bar{f}$.

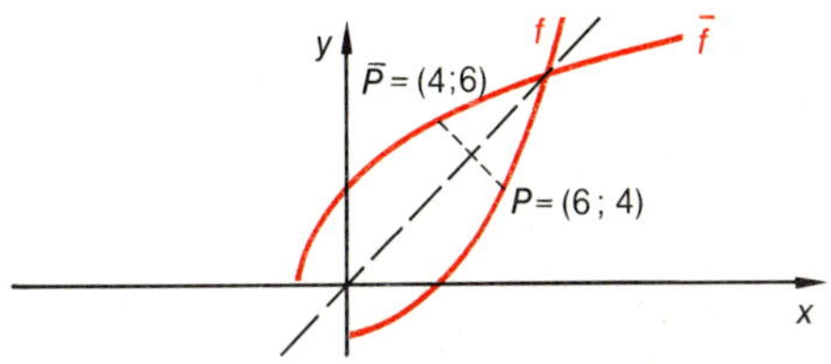

Bild 1 b

Die Tangenten t und $\bar{t}$ sind achsensymmetrisch zu w. Wenn also t die x-Achse unter dem Winkel α und die y-Achse unter dem Winkel β schneidet, dann schneidet $\bar{t}$ die y-Achse unter dem Winkel α und die x-Achse unter dem Winkel β.

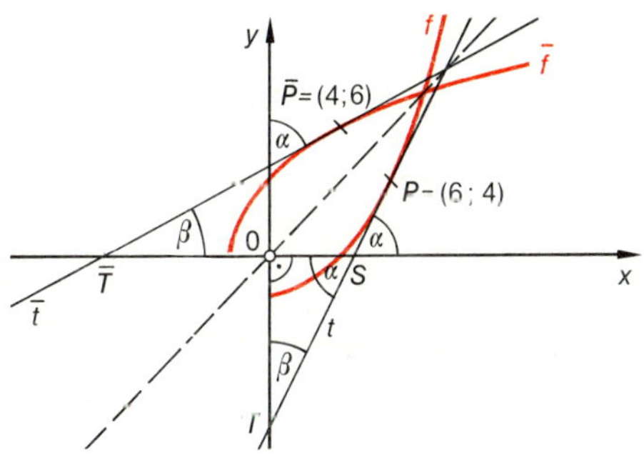

Bild 1 c

Die Ableitung von f an der Stelle 6 ist gleich dem Tangens des Winkels α:

$f'(6) = \tan\alpha.$

Die Ableitung von $\bar{f}$ an der Stelle 4 ist gleich dem Tangens des Winkels β:

$\bar{f}'(4) = \tan\beta$

Im rechtwinkligen Dreieck OST gilt:

$\alpha + \beta = 90^\circ$ bzw. $\beta = 90^\circ - \alpha.$

Daraus folgt:

$$\tan\beta = \tan(90^\circ - \alpha) = \cot\alpha = \frac{1}{\tan\alpha}; \quad \text{also gilt:}$$

$$\begin{array}{ccc} \downarrow & & \downarrow \\ \bar{f}'(4) & = & \dfrac{1}{f'(6)} \end{array}$$

Diese für die spezielle Funktion und das spezielle Punktepaar $P=(6;4)$ und $\bar{P}=(4;6)$ abgeleitete Beziehung läßt sich verallgemeinern:

Umkehrregel: Wenn eine umkehrbare Funktion f an einer Stelle x differenzierbar ist und $f'(x) \neq 0$, dann ist auch die Umkehrfunktion $\bar{f}$ an der Stelle $f(x)$ differenzierbar, und es gilt:

$$\bar{f}'(f(x)) = \frac{1}{f'(x)}$$

Deuten Sie die Bedingung $f'(x) \neq 0$ geometrisch. Wie sieht der Graph der Umkehrfunktion für eine Stelle aus, an der diese Bedingung verletzt ist?

Mit Hilfe der Umkehrregel können wir die Ableitung der Wurzelfunktion bestimmen: Zunächst stellen wir fest, daß die Wurzelfunktion als Umkehrfunktion der Quadratfunktion in ihrer Definitionsmenge $\mathbb{R}_+$ überall dort differenzierbar ist, wo die Ableitung der Quadratfunktion nicht Null ist.

Zur Berechnung der Ableitung ist es empfehlenswert, die Gleichung

$$\bar{f}'(f(x)) = \frac{1}{f'(x)}$$

in einer Weise zu verwenden, die dem gegebenen Problem möglichst angemessen ist: Wir wollen die Wurzelfunktion ableiten und bezeichnen daher diese Funktion mit f.

$$f\colon x \to \sqrt{x};\ x \in \mathbb{R}_+.$$

Entsprechend lösen wir die Gleichung nach $f'(x)$ auf:

$$f'(x) = \frac{1}{\bar{f}'(f(x))}.$$

Hierin bedeutet $\bar{f}$ nun die Quadratfunktion:

$$\bar{f}\colon f(x) \to (f(x))^2;\ f(x) \in \mathbb{R}_+.$$

Die Ableitung der Quadratfunktion an der Stelle $f(x)$ ist bekannt:

$$\bar{f}'(f(x)) = 2 \cdot f(x).$$

Diese Ableitung ist nur Null für $\sqrt{x}=0$, d.h. für $x=0$.

Durch Einsetzen erhalten wir die Ableitung der Wurzelfunktion für $x \neq 0$:

$$f'(x) = \frac{1}{2 \cdot f(x)} = \frac{1}{2 \cdot \sqrt{x}}.$$

Somit lautet die gesuchte Ableitungsfunktion:

$$f'\colon x \to \frac{1}{2 \cdot \sqrt{x}};\ D_{f'} = \mathbb{R}_+^*.$$

Dieses Ergebnis haben wir schon einmal auf gänzlich anderem Wege erhalten (Hahn/Dzewas Band 11, S. 157).

1. Bestimmen Sie ebenso die Ableitungsfunktion der Funktion

a) $f\colon x \to \sqrt[3]{x};\quad x \in \mathbb{R}_+$

b) $f\colon x \to x^{\frac{1}{5}};\quad x \in \mathbb{R}_+$

Satz: Die Wurzelfunktion

$$f\colon x \to \sqrt[n]{x} = x^{\frac{1}{n}};\ x \in \mathbb{R}_+ \text{ und } n \in \mathbb{N}^*$$

hat als Ableitungsfunktion

$$f'\colon x \to \frac{1}{n \cdot (\sqrt[n]{x})^{n-1}} = \frac{1}{n} \cdot x^{\frac{1}{n}-1};\ x \in \mathbb{R}_+^* \text{ und } n \in \mathbb{N}^*$$

2. Beweisen Sie diesen Satz.

3. Ermitteln Sie zunächst die maximale Definitionsmenge D, und bestimmen Sie dann die Ableitungsfunktion.

a) $f\colon x \to \sqrt{5x+1};\quad x \in D$

b) $f\colon x \to \sqrt{1-x};\quad x \in D$

c) $f\colon x \to \sqrt{3+\frac{x}{2}};\quad x \in D$

d) $f\colon x \to 5\sqrt[3]{x+5};\quad x \in D$

e) $f\colon x \to -2\sqrt{-x};\quad x \in D$

f) $f\colon x \to \sqrt[5]{4-3x};\quad x \in D$

g) $f\colon x \to \frac{3}{\sqrt{x-1}};\quad x \in D$

h) $f\colon x \to x \cdot \sqrt{3-x};\quad x \in D$

i) $f\colon x \to \frac{x}{\sqrt{2x-1}};\quad x \in D$

k) $f\colon x \to \sqrt{\frac{x+1}{x-1}};\quad x \in D$

l) $f\colon x \to \sqrt[4]{x};\quad x \in D$

m) $f\colon x \to 2 \cdot x^{\frac{1}{3}};\quad x \in D$

n) $f\colon x \to \sqrt[5]{3x};\quad x \in D$

4.3 Anwendungen

Beispiel: Ein kugelförmiger Tank mit einem Radius von 1,2 m wird mit einer konstanten Zuflußrate von 100 $\frac{l}{\text{min}}$ mit Öl gefüllt.
Mit welcher Geschwindigkeit steigt die Füllhöhe h, wenn der Tank gerade zur Hälfte gefüllt ist?

Das Problem ist gelöst, wenn wir die Füllhöhe h als Funktion der Zeit t beschreiben können und dann die 1. Ableitung dieser Funktion zu dem der halben Füllhöhe entsprechenden Zeitpunkt t_0 berechnen.

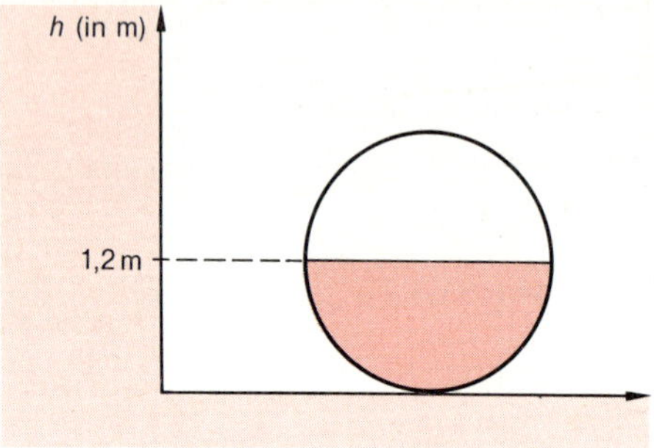

Das Volumen des Kugelabschnitts der Höhe h beträgt allgemein

$$V = \frac{\pi}{3} \cdot (3r - h) \cdot h^2.$$

In unserem Falle gilt mit $r = 1{,}2$ m

$$V = \frac{\pi}{3} \cdot (3{,}6 - h) \cdot h^2,$$

wobei h in m und V in m^3 gegeben sind.
Das Volumen wächst linear mit der Zeit. Dies läßt sich durch die Gleichung

$$V = \frac{1}{10}t \quad (\text{Zufluß: } \tfrac{1}{10}\,\text{m}^3 \text{ pro Minute})$$

beschreiben (t in min).
Durch Umrechnen erhalten wir $t = 10\,V$, und somit können wir t als Funktion von h darstellen:

$$t(h) = 10 \cdot \frac{\pi}{3}(3{,}6 - h) \cdot h^2$$

Wir suchen aber gerade die Ableitung der Umkehrfunktion an der Stelle $t(1{,}2)$.
Die allgemeine Berechnung der Umkehrfunktion $\bar{t}$ zu t ist in diesem Falle mit unseren Mitteln nicht möglich.
Es gilt aber nach der Umkehrregel

$$\bar{t}'(t(1{,}2)) = \frac{1}{t'(1{,}2)}$$

Aus $t(h) = \frac{10}{3}\pi \cdot (3{,}6 - h) \cdot h^2 = 12\pi h^2 - \frac{10}{3}\pi h^3$ bestimmen wir $t'(h) = 24\pi h - 10\pi h^2$ und damit $t'(1{,}2) = 12 \cdot 1{,}2\pi = 14{,}4\pi$.
Unsere gesuchte Steiggeschwindigkeit der Füllhöhe h beträgt somit bei halbgefülltem Tank

$$\frac{1}{14{,}4\,\pi}\,\frac{\text{m}}{\text{min}} \approx 0{,}022\,\frac{\text{m}}{\text{min}}$$

1. Bestimmen Sie die Steiggeschwindigkeit im Beispiel, wenn der Tank zu einem Viertel (einem Drittel, drei Vierteln) gefüllt ist.

2. Berechnen Sie die Steiggeschwindigkeit zum Zeitpunkt der halben Füllhöhe, wenn der Tank die Form eines Kegels (Kegelstumpfs) hat.

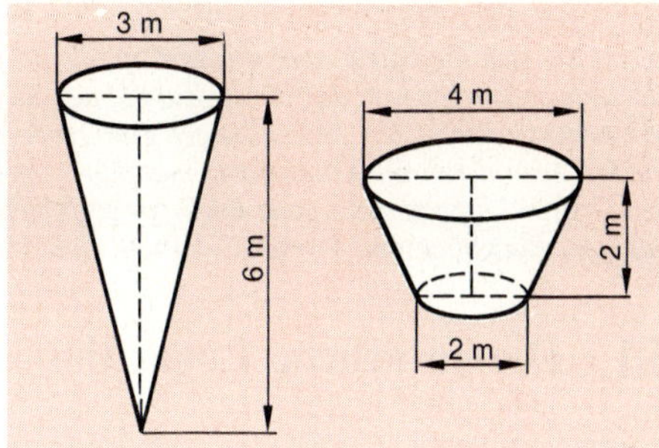

3. Bei der Abbildung durch dünne Linsen gilt für die Gegenstandsweite g und die Bildweite b die Linsengleichung

$$\frac{1}{g}+\frac{1}{b}=\frac{1}{f}$$

wobei f die Brennweite der Linse angibt.

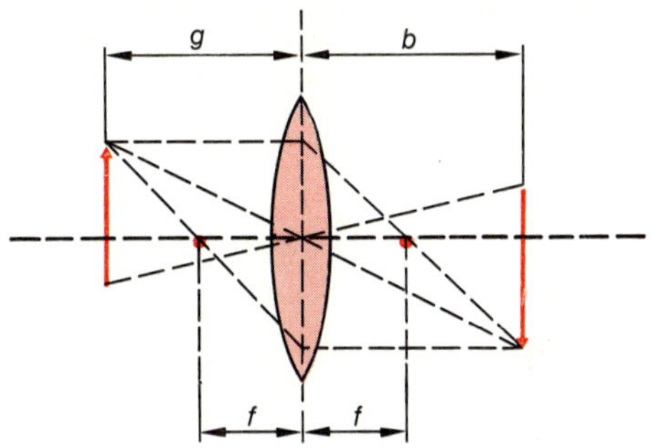

Die Brennweite sei $f = 50\,\text{mm}$.

a) Bestimmen Sie die Funktion h_1, die die Bildweite b als Funktion der Gegenstandsweite g beschreibt, und die Funktion h_2, die g als Funktion von b beschreibt. Zeichnen Sie die Graphen von h_1 und h_2.

b) Zeigen Sie, daß h_2 die Umkehrfunktion zu h_1 ist.

c) Bestimmen Sie h_1' und h_2'. Interpretieren Sie $h_1'(g)$ und $h_2'(b)$ im Zusammenhang der Abbildung.

4. Die Produktionskosten für x Stück einer Ware seien durch die Funktion

$$K: x \rightarrow \tfrac{1}{20}(x-5)^3 + 50; \quad 10 \leq x \leq 50$$

beschrieben.

Die Ableitung K' dieser Funktion wird als **„Grenzkostenfunktion"** bezeichnet. Sie gibt an, wie sich eine Änderung der Produktionszahl bei der jeweiligen Stückzahl x auf die Kosten auswirkt.

a) Zeichnen Sie die Graphen von K und K'.

b) Bestimmen Sie die Umkehrfunktion $\bar{K}$.

c) Berechnen Sie $\bar{K}'$. Was gibt diese Funktion an?

5 Logarithmusfunktionen und Exponentialfunktionen

Wenn Sie sich die Gliederung dieses Kapitels im Inhaltsverzeichnis ansehen und ein wenig im Kapitel blättern, stellen Sie fest, daß dieses Kapitel viel Neues bringt. Es geht hier um zwei Funktionen, die in der Mathematik wie in den Anwendungen eine große Rolle spielen. Leider ist der Weg, auf dem man diese Funktionen (deren Funktionswerte man übrigens jedem besseren Taschenrechner entnehmen kann) in den Griff bekommt, nicht ganz leicht zu verfolgen. Um so mehr sollten Sie immer wieder Lesepausen machen, Rückblick und Vorschau halten, Gelerntes schriftlich festhalten und offene Fragen notieren.

5.1 Die natürliche Logarithmusfunktion

Einführung

Auf den ersten Blick ist es nicht ersichtlich, was zwei Probleme miteinander verbindet, die so unterschiedlich erscheinen wie die Berechnung des Inhalts der schraffierten Fläche im Bild 1 und der Start einer Weltraumrakete.

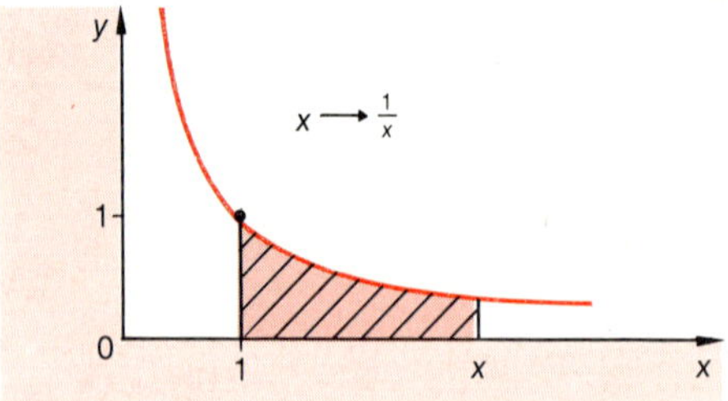

Bild 1

Bild 2

Im Verlaufe dieses Abschnitts werden Sie den Zusammenhang erkennen.

Überfliegen Sie diesen Abschnitt, bis Sie die Weltraumrakete wiederfinden, und versuchen Sie sich einen Eindruck von seinem Inhalt zu verschaffen.

Den realen Start der Weltraumrakete müssen wir zwar den Spezialisten überlassen, an das Problem der Flächenberechnung dagegen können wir uns mit begründeter Aussicht auf Erfolg heranwagen.

Für $x \geqq 1$ läßt sich die Maßzahl des Inhalts der schraffierten Fläche bestimmen durch die Flächeninhaltsfunktion

$$A_1\colon x \longrightarrow A_1(x) \text{ mit } A_1(x) = \int_1^x \frac{1}{t}\,dt;\; x \geq 1.$$

Wenn nötig, frischen Sie Ihre Erinnerung an Integralfunktionen auf.

Näherungswerte für $A_1(x)$ kann man durch geschicktes Auszählen von Millimeterquadraten ermitteln.

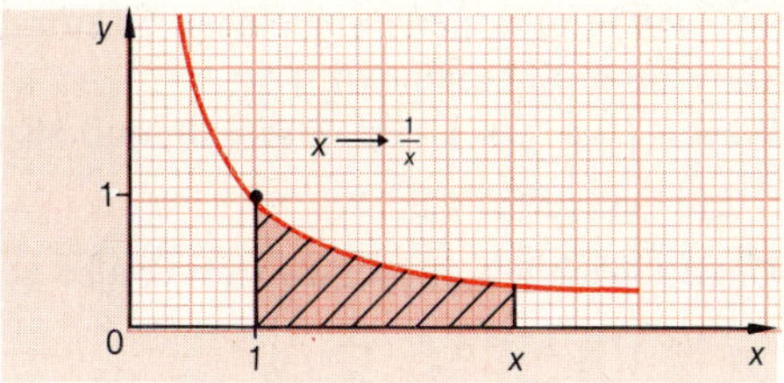

Bild 3

1. Stellen Sie auf diesem Wege eine Wertetabelle der Funktion A_1 im Intervall $[1;4]$ auf, und skizzieren Sie den Graphen.

Zur integralfreien Darstellung der Funktionsgleichung $\quad A_1(x)=\int\limits_1^x \frac{1}{t}\,\mathrm{d}t$

müssen wir uns zunächst auf die Suche nach einer Stammfunktion zur Funktion f mit $f(x)=\frac{1}{x}=x^{-1}$ machen. Nun sind zwar Stammfunktionen zu

$$f\colon\ x\to x^n;\ x\in\mathbb{R} \text{ gegeben durch } F\colon\ x\to\frac{1}{n+1}\,x^{n+1};\ x\in\mathbb{R}^*,$$

aber diese Beziehung hilft uns nicht weiter, da sie für $n=-1$ versagt.

Offenbar ist es uns nicht möglich, mit den uns bisher bekannten Mitteln eine Funktion F zu bestimmen, für deren Ableitungsfunktion gilt $F'(x)=\frac{1}{x}$.
Die Anschauung zeigt, daß es eine derartige Funktion gibt. Sie läßt sich aus ihren Eigenschaften bestimmen.
Dazu erweitern wir zunächst die gesuchte Flächeninhaltsfunktion A_1 zu einer Integralfunktion, indem wir als obere Grenze auch Zahlen zwischen 0 und 1 zulassen.
Diese Integralfunktion wollen wir mit L bezeichnen.

$$L\colon\ x\to L(x) \text{ mit } L(x)=\int\limits_1^x \tfrac{1}{t}\,\mathrm{d}t;\ x>0$$

Wir untersuchen Eigenschaften der Funktion L:

Überprüfen Sie die Eigenschaften (1) bis (11) soweit möglich anhand Ihrer Skizze aus Aufgabe 1.

(1) Wegen $\int\limits_1^1 \frac{1}{t}\,\mathrm{d}t=0$ gilt:

$L(1)=0$

(2) Da L Stammfunktion der Funktion f mit $f(x)=\frac{1}{x}$ ist, gilt:

$L'(x)=\frac{1}{x}$

(3) Da $L'(x)=\frac{1}{x}$ für alle $x>0$ positiv ist, gilt:

Die Funktion L ist streng monoton wachsend.

(4) Da $L(1)=0$ und L streng monoton wachsend ist, gilt:

$L(x)>0$ für $x>1$ $\qquad$ $L(x)<0$ für $0<x<1$.

(5) Für $L(a\cdot x)$ mit $a>0$ gilt gemäß der Kettenregel:

$$L'(a\cdot x)=\frac{1}{a\cdot x}\cdot a=\tfrac{1}{x}=L'(x)$$

(6) Zwei Funktionen mit gleicher Ableitungsfunktion unterscheiden sich nur durch einen konstanten Summanden.

Wegen $L'(a \cdot x) = L'(x) = \frac{1}{x}$ $(a > 0)$ muß also gelten:

$$L(a \cdot x) = L(x) + c.$$

Diese Gleichheit gilt für alle $x > 0$, also auch für $x = 1$:

$$L(a \cdot 1) = L(1) + c.$$

Wegen $L(1) = 0$ und $L(a \cdot 1) = L(a)$ folgt daraus $c = L(a)$ und damit:

$$L(a \cdot x) = L(x) + L(a) \text{ bzw.}$$

$$L(a \cdot x) = L(a) + L(x)$$

(7) Einerseits folgt aus

$$L(a \cdot x) = L(a) + L(x)$$

für $x = \frac{1}{a}$:

$$L(a \cdot \tfrac{1}{a}) = L(a) + L(\tfrac{1}{a})$$

andererseits ist

$$L(a \cdot \tfrac{1}{a}) = L(\tfrac{a}{a}) = L(1) = 0$$

Somit gilt:

$$L(a) + L(\tfrac{1}{a}) = 0$$

$$L(\tfrac{1}{a}) = -L(a)$$

(8) Aus $L(\frac{a}{b}) = L(a \cdot \frac{1}{b}) = L(a) + L(\frac{1}{b})$ ergibt sich wegen $L(\frac{1}{b}) = -L(b)$:

$$L(\tfrac{a}{b}) = L(a) - L(b).$$

(9) Aus $L(a \cdot x) = L(a) + L(x)$ folgt für $x = a$:

$$L(a^2) = L(a \cdot a) = L(a) + L(a) = 2 \cdot L(a) \text{ und}$$

$$L(a^3) = L(a^2 \cdot a) = L(a^2) + L(a) = 2\,L(a) + L(a) = 3 \cdot L(a)$$

usw.

Es läßt sich zeigen, daß für alle $n \in \mathbb{N}$ gilt:

$$L(a^n) = L(\underbrace{a \cdot a \cdot a \cdot \ldots \cdot a}_{n \text{ Faktoren}}) = \underbrace{L(a) + L(a) + L(a) \ldots L(a)}_{n \text{ Summanden}} = n \cdot L(a).$$

Da $a > 0$, kann man für a auch x setzen, und erhält:

$$L(x^n) = n \cdot L(x) \quad \text{für } x > 0 \text{ und } n \in \mathbb{N}.$$

Man kann zeigen, daß diese Beziehung nicht nur für natürliche Zahlen, sondern für alle reellen Zahlen gilt:

$$L(x^r) = r \cdot L(x) \quad \text{für } x > 0 \text{ und } r \in \mathbb{R}.$$

Überlegen Sie, welche Funktionen mit den Eigenschaften (6) und (9) Sie schon kennengelernt haben. Überprüfen Sie, ob die anderen Eigenschaften auch auf diese Funktionen zutreffen.

(10) Wegen $L(2) > 0$ und $L(2^n) = n \cdot L(2)$ überschreiten die Funktionswerte $L(2^n)$ mit wachsendem n jede Schranke. Es gilt daher:

$$L(x) \to +\infty \quad \text{für } x \to +\infty$$

Wegen $L(\frac{1}{2}) = -L(2) < 0$ und $L((\frac{1}{2})^n) = n \cdot L(\frac{1}{2})$ unterschreiten die Funktionswerte $L((\frac{1}{2})^n)$ mit wachsendem n jede Schranke. Es gilt daher:

$$L(x) \to -\infty \quad \text{für } x \to 0$$

(11) Die Ergebnisse von Aufgabe 1 führen auf die Aussage: Es gibt eine Stelle, an der die Funktion L den Funktionswert 1 annimmt. Wir wollen diese Stelle mit e bezeichnen:

$L(\mathrm{e}) = 1$

Auf die Suche nach dem Zahlenwert von e machen wir uns später.

Informieren Sie sich, wo dieses geschieht.

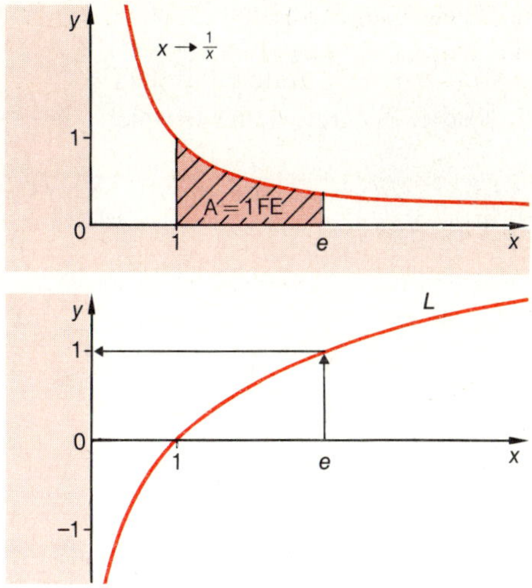

Bild 4

2. Begründen Sie die folgenden Aussagen:
a) Die Funktion L besitzt nur eine Nullstelle.
b) Die Funktion L besitzt keinen Extremwert.
c) Die Funktion L besitzt keine Wendestellen.
d) Der Graph der Funktion L ist stets rechtsgekrümmt.

3. Fassen Sie zusammen wie im Beispiel: $L(3) + 4 \cdot L(2) = L(3) + L(2^4) = L(3 \cdot 2^4)$

a) $L(3) + L(2) + L(5)$
b) $3 \cdot L(5) + 2 \cdot L(3) + 3 \cdot L(2)$
c) $8 \cdot L(21) + 3 \cdot L(7) + 5 \cdot L(9)$
d) $5 \cdot [L(3) + 2L(2)]$
e) $L(12) + 3 \cdot L(8) + 2 \cdot [L(4) + L(5)]$
f) $4 \cdot [L(5) + 5 \cdot L(4)] + 2\,[L(10) + L(2)]$

4. Spalten Sie auf wie im Beispiel: $L(3^5 \cdot 7^3) = L(3^5) + L(7^3) = 5 \cdot L(3) + 3 \cdot L(7)$

a) $L(3 \cdot 2^8 \cdot 3^4)$
b) $L[(4 \cdot 3)^2 \cdot 7]$
c) $L[3^2 \cdot (4 \cdot 2)^3]$
d) $L[(3 \cdot 2^3 \cdot 4^5)^2]$
e) $L(\sqrt{3 \cdot 5^2})$
f) $L(3 \cdot \sqrt{2} \cdot 5^{\frac{1}{3}})$

5. Machen Sie sich klar, daß für alle $r \in \mathbb{R}$ gilt: $L(\mathrm{e}^r) = r$

Die Funktion ln

Ihre Eigenschaften und insbesondere die Beziehung

$L(x^r) = r \cdot L(x);\; x > 0$ und $r \in \mathbb{R}$

haben die Funktion L entlarvt.

Es handelt sich um eine Logarithmusfunktion, deren Basis die uns bisher noch unbekannte, aber ganz sicher existierende Zahl e ist. Es gilt also:

$L(x) = \log_{\mathrm{e}} x.$

Den Logarithmus von x zur Basis e bezeichnet man als **natürlichen Logarithmus** (logarithmus naturalis) von x und schreibt dafür $\ln x$. Damit läßt sich die Funktion L nun folgendermaßen darstellen:

$\ln\colon x \to \ln x;\quad x > 0$

6. Zeigen Sie, daß gilt: $e^{\ln x} = x$.

7. Spalten Sie auf wie im Beispiel: $\ln\left(\frac{\sqrt{2}}{4^3}\right) = \ln\sqrt{2} - \ln(4^3) = \frac{1}{2}\cdot\ln 2 - 3\cdot\ln 4$

a) $\ln\left(\frac{2\cdot\sqrt{5}}{7^2}\right)$ b) $\ln\left(\frac{5\cdot 3^2}{4^3}\right)^5$ c) $\ln\left(\frac{5^2\cdot\sqrt[3]{3}}{\sqrt[4]{7}}\right)^{\frac{1}{3}}$

d) $\ln\frac{4^{\frac{1}{3}}\cdot 6^{\frac{3}{4}}}{\sqrt[3]{5^2}\cdot 2^5}$ e) $\ln\sqrt[3]{\frac{4^{-5}\cdot\sqrt{2}}{3^7\cdot 2^{-5}}}$

8. Fassen Sie zusammen wie im Beispiel: $2\cdot\ln 5 - \frac{3}{5}\cdot\ln 8 = \ln 5^2 - \ln 8^{\frac{3}{5}} = \ln\frac{5^2}{\sqrt[5]{8^3}}$

a) $2\ln 3 - \ln 8 + \ln 4$ b) $4\cdot\ln 5 - 3\cdot\ln 2 + \ln 7$ c) $4\cdot\ln 5 - (3\cdot\ln 2 + \ln 7)$
d) $5\cdot(\ln 12 + \frac{1}{2}\ln 4)$ e) $\frac{1}{5}[\ln 25 - (\ln 18 - \frac{2}{3}\ln 3)]$

9. Deuten Sie $\ln 0{,}5$ als Maßzahl eines Flächeninhalts am Graphen der Funktion $f\colon x \to \frac{1}{x};\ x > 0$.

Wir müssen uns nun noch, wie auf S. 123 angekündigt, auf die Suche nach dem Zahlenwert von e machen.
Mit e hatten wir diejenige Stelle bezeichnet, an der die natürliche Logarithmusfunktion den Funktionswert 1 annimmt:

$$\ln e = 1.$$

10. Zeigen Sie am Graphen der Funktion $f\colon x \to \frac{1}{x};\ x > 0$, daß $2 < e < 4$ gilt.

11. Ermitteln Sie durch geschicktes Auszählen von Millimeterquadraten in Bild 3 auf Seite 121 einen Näherungswert für die Zahl e.

Es folgt nun eine trickreiche Überlegung, die auf eine brauchbare Methode zur näherungsweisen Berechnung der Zahl e führt.

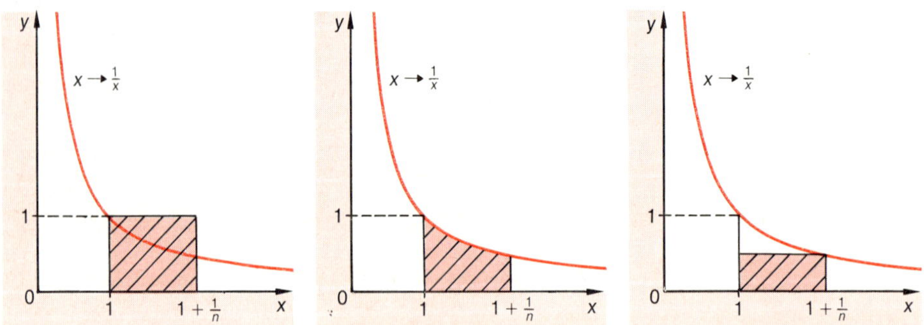

Charakterisieren Sie die drei Flächen, die hier verglichen werden. Da ihr Zusammenhang mit unserer Fragestellung keineswegs von vornherein klar ist, überlegen Sie am Ende der Herleitung, inwiefern der Ansatz zum Ziele führt.

Für die Inhalte der schraffierten Flächen gilt:

$$\left[\left(1+\tfrac{1}{n}\right)-1\right]\cdot 1 \quad > \quad \int_1^{1+\frac{1}{n}} \tfrac{1}{n}\,dx \quad > \quad \left[\left(1+\tfrac{1}{n}\right)-1\right]\cdot\frac{1}{1+\frac{1}{n}}$$

$$\tfrac{1}{n} \quad > \quad \ln\left(1+\tfrac{1}{n}\right) \quad > \quad \frac{1}{n+1} \qquad \|\ \text{Kehrwert-bildung}$$

$$n \quad < \quad \frac{1}{\ln\left(1+\frac{1}{n}\right)} \quad < \quad n+1 \qquad \|\cdot\ln\left(1+\tfrac{1}{n}\right)$$

$$n\cdot\ln\left(1+\tfrac{1}{n}\right) \quad < \quad 1 \quad < \quad (n+1)\cdot\ln\left(1+\tfrac{1}{n}\right)$$

$$\ln\left[\left(1+\tfrac{1}{n}\right)^n\right] \quad < \quad 1 \quad < \quad \ln\left[\left(1+\tfrac{1}{n}\right)^{n+1}\right]$$

Somit gilt:

$$\mathrm{e}^{\ln\left(1+\frac{1}{n}\right)^n} \quad < \quad \mathrm{e}^1 \quad < \quad \mathrm{e}^{\ln\left(1+\frac{1}{n}\right)^{n+1}}$$

Und damit erhalten wir:

$$\left(1+\tfrac{1}{n}\right)^n \quad < \quad \mathrm{e} \quad < \quad \left(1+\tfrac{1}{n}\right)^{n+1} \text{ für } n\in\mathbb{N}^*$$

Blicken Sie nun zurück auf den Anfang der Herleitung. Gliedern Sie die gesamte Herleitung und geben Sie den Teilen Überschriften. Versuchen Sie die Herleitung aus dem Gedächtnis zu reproduzieren, indem Sie erst den Gedankengang in groben Zügen notieren und dann Details einfügen.

Mit Hilfe dieser Doppelgleichung können wir die Zahl e abschätzen.

Für $n=1$ ergibt sich: $2<\mathrm{e}<4$

Für $n=2$ ergibt sich: $2{,}25<\mathrm{e}<3{,}375$

Für $n=10$ ergibt sich: $2{,}59<\mathrm{e}<2{,}85$

12. Schätzen Sie e ebenso ab für $n=500$, $n=1000$ und $n=10000$.

Man kann zeigen, daß diese Doppelungleichung eine Intervallschachtelung beschreibt, mit der man die Zahl e beliebig genau bestimmen kann.

Die Zahl e wird als **Eulersche Zahl** bezeichnet.

Man kann zeigen, daß e eine irrationale Zahl ist. Auf 10 Nachkommastellen genau gilt:

$\mathrm{e}=2{,}7182818284\ldots$

Bild 4: Leonhard Euler (1707–1783)

Zusammenfassung:

1. Die natürliche Logarithmusfunktion ist definiert durch

$$\ln\colon x \to \ln x = \int_1^x \frac{1}{t}\,dt,\quad x \in \mathbb{R}_+^*$$

Sie ist streng monoton wachsend und hat als Wertemenge die Menge $\mathbb{R}$.

2. Es gilt: $\ln 1 = 0$, $\ln e = 1$
3. $\ln' x = \frac{1}{x}$ für alle $x \in \mathbb{R}_+^*$
4. Für alle $a, b \in \mathbb{R}_+^*$ gilt:
   a) $\ln(a \cdot b) = \ln a + \ln b$
   b) $\ln\left(\frac{1}{a}\right) = -\ln a$
   c) $\ln\left(\frac{a}{b}\right) = \ln a - \ln b$
5. Für alle $a \in \mathbb{R}_+^*$ und $r \in \mathbb{R}$ gilt:
   $\ln a^r = r \cdot \ln a$
6. $\ln(e^a) = a \cdot \ln e = a$
7. $e^{\ln a} = a$

Der Graph der Funktion ln sieht folgendermaßen aus:

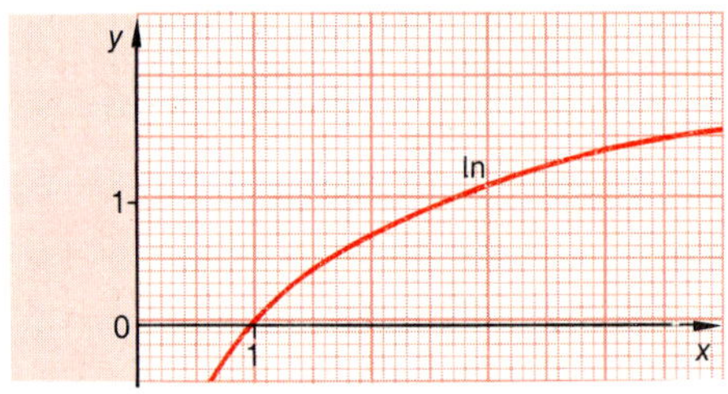

Bild 5

Funktionswerte der natürlichen Logarithmusfunktion können beim Taschenrechner mit der Taste [ln] abgerufen werden.

Beispiel 1: [C] 14 [ln] Anzeige: 2,63905733

13. Bestimmen Sie mit dem Taschenrechner auf vier Stellen nach dem Komma:

a) $\ln 3{,}57$ b) $\ln 0{,}21$ c) $\ln 0{,}021$ d) $\ln 33{,}5$ e) $\ln 7{,}5 \cdot 10^5$
f) $\ln 7{,}5 \cdot 10^{-5}$ g) $\ln 1{,}73 \cdot 10^{25}$ h) $\ln 1{,}73 \cdot 10^{-25}$ i) $\ln 10^{99}$ k) $\ln 10^{-99}$

14. Würde man in einem kartesischen Koordinatensystem (Längeneinheit 1 cm) die positive x-Achse bis zur Länge des Erdumfangs (etwa 40000 km = 4000000000 cm) zeichnen, dann genügte es für die Darstellung des Graphen der natürlichen Logarithmusfunktion, die positive y-Achse bis zu einer Länge von ca. 23 cm zu zeichnen, denn $\ln 4000000000 \approx 22{,}12$.
Bis zu welcher Länge müßte man die positive y-Achse zeichnen, wenn man die positive x-Achse bis zur Länge
a) des doppelten Erdumfangs,
b) der Entfernung Erde–Mond (384000 km),
c) der Entfernung Erde–Sonne (150000000 km),
d) der Entfernung Erde–nächstgelegener Fixstern ($4{,}06 \cdot 10^{13}$ km),
e) des Durchmessers der Milchstraße ($8{,}5 \cdot 10^{17}$ km),
f) der mit 10^{23} km geschätzten Ausdehnung unseres Weltalls zeichnen würde?

15. Bestimmen Sie die Ableitung der Funktion mit

a) $f(x) = \ln 2x$ b) $f(x) = x - \ln x$ c) $f(x) = x \cdot \ln x$

d) $f(x) = \ln x^2$ e) $f(x) = (\ln x)^2$ f) $f(x) = x \cdot (\ln x)^2$

g) $f(x) = \ln \sqrt{x}$ h) $f(x) = \sqrt{\ln x}$ i) $f(x) = \ln(1-x)$

k) $f(x) = \dfrac{1}{\ln x}$ l) $f(x) = \ln \frac{1}{x}$ m) $f(x) = \dfrac{1}{\ln \frac{1}{x}}$

n) $f(x) = \ln \dfrac{1-x}{1+x}$ o) $f(x) = x \cdot (1 - \ln x^2)$ p) $f(x) = \ln(\ln x)$

Die Funktion

$F\colon x \to \ln x;\ x \in \mathbb{R}_+^*$

ist eine Stammfunktion der Funktion

$f\colon x \to \frac{1}{x};\ x \in \mathbb{R}_+^*$.

Wir können somit Integrale der folgenden Art berechnen.

Beispiel 2: $\int\limits_3^8 \frac{1}{x}\,\mathrm{d}x = [\ln x]_3^8 = \ln 8 - \ln 3 \approx 0{,}981$

Beispiel 3: $\int\limits_3^6 \frac{1}{2x}\,\mathrm{d}x = \frac{1}{2}\int\limits_3^6 \frac{1}{x}\,\mathrm{d}x = \frac{1}{2}\cdot[\ln x]_3^6 = \frac{1}{2}\cdot[\ln 6 - \ln 3] = \frac{1}{2}\ln 2 \approx 0{,}347$

Beispiel 4: $\int\limits_1^7 \dfrac{3x+2}{x}\,\mathrm{d}x = \int\limits_1^7 (3 + \frac{2}{x})\,\mathrm{d}x = \int\limits_1^7 3\,\mathrm{d}x + 2\int\limits_1^7 \frac{1}{x}\,\mathrm{d}x$

$= [3x]_1^7 + 2\cdot[\ln x]_1^7 = 18 + 2\cdot\ln 7 \approx 21{,}892$

16. Berechnen Sie ebenso.

a) $\int\limits_5^7 \dfrac{1}{x}\,\mathrm{d}x$ b) $\int\limits_2^5 \dfrac{1}{4x}\,\mathrm{d}x$ c) $\int\limits_4^{10} \dfrac{3}{x}\,\mathrm{d}x$

d) $\int\limits_7^{12} \dfrac{5}{6x}\,\mathrm{d}x$ e) $\int\limits_{0,2}^{1,2} \dfrac{1}{0{,}5x}\,\mathrm{d}x$ f) $\int\limits_{\frac{1}{10}}^{\frac{9}{10}} \dfrac{0{,}5}{x}\,\mathrm{d}x$

g) $\int\limits_4^5 \dfrac{3x+1}{x}\,\mathrm{d}x$ h) $\int\limits_2^8 \dfrac{5-4x}{x}\,\mathrm{d}x$ i) $\int\limits_{0,25}^{1,5} \dfrac{4x+5}{2x}\,\mathrm{d}x$

17. Berechnen Sie den Flächeninhalt unter dem Graphen der Funktion f über dem Intervall I.

a) $f(x) = \frac{1}{x}$; $I = [0{,}2; 9]$ b) $f(x) = \frac{1}{x}$; $I = [\mathrm{e}; 2\cdot\mathrm{e}]$

c) $f(x) = \frac{1}{x}$; $I = [\mathrm{e}; n\cdot\mathrm{e}]$ d) $f(x) = \frac{1}{x}$; $I = [\mathrm{e}; \mathrm{e}^2]$

e) $f(x) = \frac{1}{x}$; $I = [\mathrm{e}; \mathrm{e}^n]$ f) $f(x) = \dfrac{5x+1}{x}$; $I = [2; 8]$

g) $f(x) = \dfrac{2x-9}{x}$; $I = [1; 10]$ h) $f(x) = \dfrac{12-5x}{x}$; $I = [2; 5]$

i) $f(x) = 1 - \dfrac{3}{4x}$; $I = [0{,}25; 4]$ k) $f(x) = \dfrac{x^2-4x}{x}$; $I = [1; 5]$

Beispiel für eine Funktionsuntersuchung

Zu untersuchen ist die Funktion f mit der Gleichung $f(x)=\ln(6-x^2)$.

(1) *Maximale Definitionsmenge:* Die Definitionsmenge der natürlichen Logarithmusfunktion ist $\mathbb{R}_+^*$.

Also muß im vorliegenden Fall gelten:

$$6-x^2>0$$
$$6>x^2$$
$$\sqrt{6}>|x|$$

Damit ergibt sich als maximale Definitionsmenge $D=]-\sqrt{6};\sqrt{6}[$.

(2) *Symmetrie:* Aus $f(x)=\ln(6-x^2)$ und $f(-x)=\ln(6-(-x)^2)=\ln(6-x^2)$ folgt: $f(x)=f(-x)$, und das bedeutet: Der Graph der gegebenen Funktion ist achsensymmetrisch bezüglich der y-Achse.

(3) *Schnittpunkt mit der y-Achse:* Es gilt: $f(0)=\ln(6-0^2)=\ln 6$.

Der Schnittpunkt des Graphen mit der y-Achse ist also der Punkt $(0;\ln 6)$.

(4) *Nullstellen:* Es sind Lösungen der Gleichung

$$\ln(6-x^2)=0$$

gesucht.

Die natürliche Logarithmusfunktion hat genau eine Nullstelle, und zwar 1. Daher muß gelten:

$$6-x^2=1$$
$$x^2=5$$
$$|x|=\sqrt{5}$$

Es gibt also zwei Nullstellen:

$$x_1=-\sqrt{5} \quad \text{und} \quad x_2=\sqrt{5}$$

(5) *Ableitungen:*

$$f'(x)=\frac{-2x}{6-x^2} \qquad f''(x)=-\frac{12+2x^2}{(6-x^2)^2}$$

Beide Ableitungsfunktionen sind in $D=]-\sqrt{6};+\sqrt{6}[$ definiert.

(6) *Hoch- und Tiefpunkte:* Da die Tangente in einem Hoch- bzw. Tiefpunkt des Graphen einer differenzierbaren Funktion waagerecht verläuft, kann ein solcher Punkt nur an einer Stelle x liegen, für die gilt:

$$f'(x)=0.$$

Im vorliegenden Fall muß also gelten:

$$\frac{-2x}{(6-x^2)}=0$$
$$-2x=0$$
$$x=0$$

Mit $f(0)=\ln 6$ ergibt sich:

Der Punkt $(0;\ln 6)$ ist der einzige Punkt des Graphen mit waagerechter Tangente.

Die Untersuchung darüber, von welcher Art dieser Punkt ist, erfolgt mit Hilfe der 2. Ableitung.

Im vorliegenden Fall gilt:

$$f''(0) = -\tfrac{12}{36} < 0.$$

Also gilt: Der Punkt (0; ln 6) ist Hochpunkt. Weitere Extrempunkte sind nicht vorhanden.

(7) *Wendepunkte:* Mögliche Wendestellen werden durch die Nullstellen der 2. Ableitung geliefert. Im vorliegenden Fall muß also gelten:

$$f''(x) = -\frac{12+2x^2}{(6-x^2)^2} = 0.$$

Die Lösungsmenge dieser Gleichung ist leer. Folglich hat der Graph der gegebenen Funktion keinen Wendepunkt.

(8) *Verhalten an den Grenzen des Definitionsbereichs:* Weil für $x \to \sqrt{6}$ gilt $f(x) \to -\infty$, hat der Graph der gegebenen Funktion bei $\sqrt{6}$ eine senkrechte Asymptote.
Weil der Graph der Funktion symmetrisch zur y-Achse ist, hat er bei $-\sqrt{6}$ ebenfalls eine senkrechte Asymptote.

(9) *Skizzierung des Graphen:*

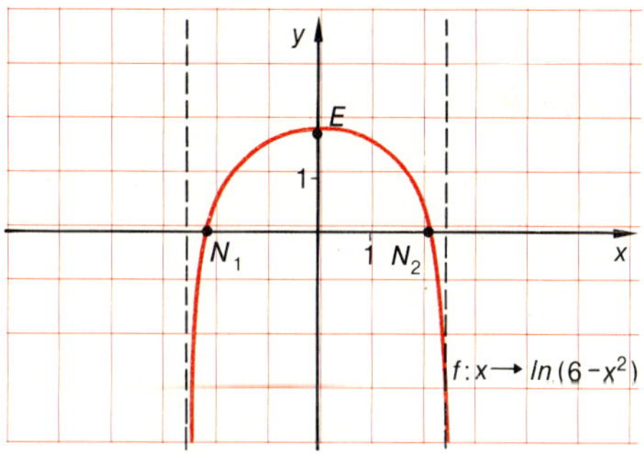

Bild 6

18. Führen Sie eine Kurvendiskussion durch.

a) $f(x) = \ln(1+x^2)$
b) $f(x) = \ln(x^2)$
c) $f(x) = (\ln x)^2$
d) $f(x) = \ln(4x+3)$
e) $f(x) = 1 - \ln(4x^2+1)$
f) $f(x) = x \cdot (1 - \ln x)$
g) $f(x) = (\ln x)^2 - 2\ln x$
h) $f(x) = x^2 \cdot \ln x$

Anwendungen

Wir wollen nun auf das am Anfang dieses Kapitels auf S. 120 erwähnte Problem des Starts einer Weltraumrakete zurückkommen.

Eine Rakete bewege sich zu einem bestimmten Zeitpunkt t mit einer Geschwindigkeit $v(t)$.
Durch das Zünden des Treibstoffs strömt dieser mit einer bestimmten Ausströmgeschwindigkeit c aus.
Dadurch verringert sich die Masse der Rakete, die zum Zeitpunkt t gerade $m(t)$ betrug Gleichzeitig erhöht sich die Geschwindigkeit.

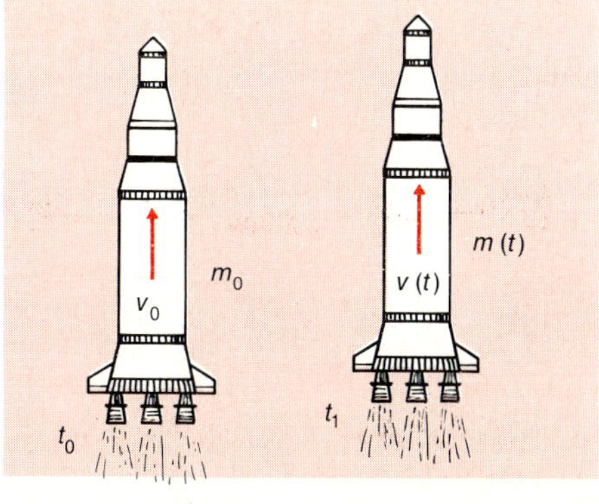

Bild 7

Die Änderungen von Geschwindigkeit und Masse der Rakete innerhalb eines kleinen Zeitabschnitts $\Delta t = t_1 - t$ lassen sich mit Hilfe der Differenzenquotienten

$$\frac{\Delta V}{\Delta t} = \frac{v(t_1) - v(t)}{t_1 - t} \quad \text{und} \quad \frac{\Delta m}{\Delta t} = \frac{m(t_1) - m(t)}{t_1 - t}$$

oder beim Grenzübergang $t_1 \rightarrow t$ durch die Ableitungen $v'(t)$ und $m'(t)$ beschreiben. Physikalische Überlegungen, die wir hier nicht durchführen können, zeigen daß die Änderung der Geschwindigkeit direkt proportional zur Änderung der Masse und umgekehrt proportional zur gerade vorhandenen Masse der Rakete ist. Der Proportionalitätsfaktor ist durch die Ausströmgeschwindigkeit c des Treibgases gegeben.

$$v'(t) = -c \frac{m'(t)}{m(t)}$$

Damit erhalten wir durch Integration beider Seiten:

$$v(t) = -c \cdot \ln(m(t)) + c_0$$

19. Bestätigen Sie, daß $[\ln(m(t))]' = \frac{m'(t)}{m(t)}$ gilt.

Die Integrationskonstante c_0 läßt sich aus der Anfangsbedingung zum Zeitpunkt t_0 mit $v(t_0) = v_0$ und $m(t_0) = m_0$ bestimmen:

$$v_0 = -c \ln m_0 + c_0 \quad \text{und damit}$$
$$c_0 = v_0 + c \cdot \ln m_0 .$$

Durch Einsetzen erhält man:

$$v(t) = v_0 + c \cdot (\ln m_0 - \ln(m(t)))$$

$$v(t) = v_0 + c \cdot \ln \frac{m_0}{m(t)} \quad \textbf{(Raketengleichung)}$$

Ist m_0 die Startmasse zum Zeitpunkt t_0 und m_E die Masse der Rakete zum Brennschluß (Zeitpunkt t_E), so erreicht die Rakete eine Endgeschwindigkeit von

$$v_E = v_0 + c \cdot \ln \frac{m_0}{m_E}$$

Für eine Rakete, die senkrecht von der Erdoberfläche startet, ist $v_0 = 0$.
Ihre Bewegung findet allerdings noch nicht im kräftefreien Raum statt, sondern im Gravitationsfeld der Erde. Wenn man für den gesamten Startvorgang das Gravitationsfeld als etwa konstant ansieht, so muß man von der zum Zeitpunkt t erreichten Geschwindigkeit noch die durch die Erdbeschleunigung bedingte Fallgeschwindigkeit $v_g \approx 10 \frac{\text{m}}{\text{s}^2} \cdot t$ abziehen.
Damit erhalten wir als Formel für die nach t Brennsekunden erreichte Geschwindigkeit der Rakete

$$v(t) = c \cdot \ln \frac{m_0}{m_E} - 10 \cdot t \quad \text{(dabei ist } v \text{ in } \tfrac{\text{m}}{\text{s}} \text{ gegeben).}$$

20. Eine einstufige Rakete (Gesamtmasse $m = 280\,\text{t}$, Treibstoffmasse $230\,\text{t}$, Ausströmgeschwindigkeit $c = 2500 \frac{\text{m}}{\text{s}}$, Brennzeit $t = 60\,\text{s}$) wird senkrecht von der Erdoberfläche gestartet.
a) Welche Geschwindigkeit erreicht die Rakete nach Brennschluß ohne Berücksichtigung der Fallbewegung im Gravitationsfeld der Erde?

b) Welche Geschwindigkeit erreicht sie unter Berücksichtigung der Fallbewegung im Erdfeld?

c) Welche Höhe erreicht die Rakete im Fall a) und im Fall b)?

Die technisch erreichbaren Werte für die Ausströmgeschwindigkeit des Treibstoffs (bei Feststoffraketen $2500\frac{\text{m}}{\text{s}}$ bis $3000\frac{\text{m}}{\text{s}}$, bei Flüssigkeitsraketen bis zu $4600\frac{\text{m}}{\text{s}}$ und das Verhältnis Startgewicht m_0 zu Leergewicht m_E (maximal 6 : 1, im allgemeinen 3 : 1 bis 4 : 1) reichen in der Regel nicht aus, um die zum Verlassen des Gravitationsfeldes der Erde notwendige Geschwindigkeit zu erreichen (ungefähr $40\,000\frac{\text{km}}{\text{h}}$).

Man verwendet deshalb Mehrstufenraketen, die aus mehreren hintereinandergeschalteten Stufen mit jeweils eigenem Antrieb bestehen. Nach Verbrennen ihres Treibstoffs wird die abgebrannte Stufe abgetrennt und die nächste Stufe gezündet. Der verbleibende Restkörper fliegt dann mit der deutlich geringeren Masse weiter und kann damit eine weit größere Geschwindigkeitserhöhung erreichen, als es mit dem Ballast der leergebrannten Brennstoffbehälter und des funktionslosen Raketenmotors möglich wäre.

21. Eine zweistufige Rakete (Gesamtmasse $m = 2400\,\text{t}$) hat als erste Stufe eine Kerosin-Sauerstoff-Rakete (Treibstoffmasse $m_1 = 1800\,\text{t}$, Ausströmgeschwindigkeit $c_1 = 2500\frac{\text{m}}{\text{s}}$, Leergewicht $m_{10} = 200\,\text{t}$) und als zweite Stufe eine Wasserstoff-Sauerstoff-Rakete ($m_2 = 320\,\text{t}$, $m_{20} = 79{,}5\,\text{t}$, $c_2 = 4500\frac{\text{m}}{\text{s}}$) mit einer Nutzlast von 50 kg.
a) Welcher Geschwindigkeitszuwachs ergibt sich nach Brennschluß jeweils der ersten bzw. der zweiten Stufe?
b) Welche Endgeschwindigkeit erreicht die Rakete?
c) Welche Höhe erreicht die Rakete?
d) Die Brenndauer der ersten Stufe sei $t_1 = 150\,\text{s}$, die der zweiten Stufen $t_2 = 400\,\text{s}$. Welche Geschwindigkeit erreicht die Rakete unter Berücksichtigung des Gravitationsfeldes der Erde ($g = 10\frac{\text{m}}{\text{s}^2}$ konst.)?

5.2 Die e-Funktion

Einführung

Die natürliche Logarithmusfunktion

$\ln\colon x \to \ln x;\ x > 0$

ist streng monoton wachsend. Sie ist somit umkehrbar, denn jede streng monotone Funktion besitzt eine Umkehrfunktion (s. S. 109).
Die Umkehrfunktion der natürlichen Logarithmusfunktion erhalten wir mit Hilfe des auf S. 112 beschriebenen Verfahrens:

	Funktionsgleichung	Definitionsmenge	Wertemenge
Ausgangsfunktion $\ln\colon x \to \ln x$	$f(x) = \ln x$	$D_f = \mathbb{R}_+^*$	$W_f = \mathbb{R}$
1. Schritt: Auflösen der Funktionsgleichung nach x; Vertauschen von Definitions- und Wertemenge. $\bar{f}\colon f(x) \to x$	$x = e^{f(x)}$	$D_{\bar{f}} = \mathbb{R}$	$W_{\bar{f}} = \mathbb{R}_+^*$
2. Schritt: Umbenennung: $\bar{f}\colon x \to \bar{f}(x)$	$\bar{f}(x) = e^x$	$D_{\bar{f}} = \mathbb{R}$	$W_{\bar{f}} = \mathbb{R}_+^*$

Umkehrfunktion: $\bar{f}\colon x \to \bar{f}(x)$ mit $\bar{f}(x) = e^x$; $D_{\bar{f}} = \mathbb{R}$, $W_{\bar{f}} = \mathbb{R}_+^*$

Die Umkehrfunktion der natürlichen Logarithmusfunktion ist also eine Exponentialfunktion.
Sie hat als Basis die Zahl e. Man nennt sie **e-Funktion** und bezeichnet sie mit dem Symbol exp:

$\exp\colon x \to e^x;\ x \in \mathbb{R}.$

Den Graphen der e-Funktion erhält man, wenn man den Graphen der natürlichen Logarithmusfunktion an der Winkelhalbierenden des I. und III. Quadranten spiegelt:

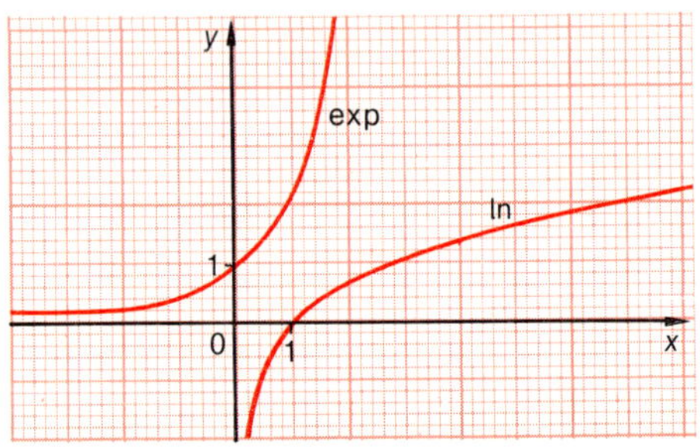

Bild 1

Funktionswerte der e-Funktion können beim Taschenrechner mit der Taste [e^x] abgerufen werden.

Beispiel 1:

[C] 3 [e^x] Anzeige: 20,08553692

1. Bestimmen Sie mit dem Taschenrechner auf vier Stellen nach dem Komma.

a) e^5 b) $e^{2,3}$ c) e^{-1} d) e^{10} e) e^1 f) e^{-5} g) $e^{-\sqrt{2}}$ h) $e^{\sin 45°}$

Ableitung der e-Funktion

Als Umkehrfunktion der natürlichen Logarithmusfunktion ist die e-Funktion an jeder Stelle ihrer Definitionsmenge $\mathbb{R}$ differenzierbar.

Zur Berechnung der Ableitungsfunktion von $f\colon x \to e^x$ lösen wir die Gleichung

$$\bar{f}'(f(x)) = \frac{1}{f'(x)} \quad \text{(Umkehrregel; s. S. 116)}$$

nach $f'(x)$ auf:

$$f'(x) = \frac{1}{\bar{f}'(f(x))}$$

Hierin bedeutet nun $\bar{f}$ die natürliche Logarithmusfunktion

$$\bar{f}\colon f(x) \to \ln(f(x)); \quad f(x) \in \mathbb{R}_+^*.$$

Die Ableitung dieser Funktion an der Stelle $f(x)$ ist bekannt:

$$\bar{f}'(f(x)) = \frac{1}{f(x)}, \text{ wobei } f(x) \neq 0 \text{ für alle } x \in \mathbb{R}.$$

Durch Einsetzen erhalten wir

$$f'(x) = \frac{1}{\frac{1}{f(x)}} \quad \text{bzw.} \quad f'(x) = f(x).$$

Das bedeutet:

> Die e-Funktion
>
> $\exp\colon x \to e^x;\ x \in \mathbb{R}$
>
> ist mit ihrer Ableitungsfunktion identisch:
>
> $\exp'\colon x \to e^x;\ x \in \mathbb{R}.$

2. Bilden Sie die Ableitung der Funktionen mit

a) $f(x) = e^{2x}$ b) $f(x) = e^{\frac{1}{2}x}$ c) $f(x) = e^{-x}$

d) $f(x) = \sqrt{e^x}$ e) $f(x) = e^{(x^2)}$ f) $f(x) = e^{\sqrt{1-x}}$

g) $f(x) = e^{\sin x}$ h) $f(x) = 2x + e^{3x+1}$ i) $f(x) = 4e^{-x^2}$

3. Es sei $f\colon x \to f(x)$ eine Funktion, die mit ihrer Ableitungsfunktion identisch ist.

a) Zeigen Sie mit Hilfe der Quotientenregel, daß für diese Funktion gilt

$$\left(\frac{f(x)}{e^x}\right)' = 0$$

und damit

$$f(x) = c \cdot e^x$$

b) Deuten Sie dieses Ergebnis.

Da die e-Funktion mit ihrer Ableitungsfunktion identisch ist, ist sie auch eine Stammfunktion von sich selbst. Wir können somit Integrale der folgenden Art berechnen.

Beispiel 2: $\int_1^4 e^x\,dx = [e^x]_1^4 = e^4 - e^1 \approx 51{,}880$

Beispiel 3:

$$\int_2^5 e^{x+3}\,dx = \int_2^5 e^x \cdot e^3\,dx = e^3 \int_2^5 e^x\,dx = e^3\,[e^x]_2^5 = e^3\,[e^5 - e^2] = e^8 - e^5 \approx 2832{,}545$$

Beispiel 4:

$$\int_{-1}^{2} (e^x + x)\,dx = \int_{-1}^{2} e^x\,dx + \int_{-1}^{2} x\,dx = [e^x]_{-1}^{2} + \left[\frac{x^2}{2}\right]_{-1}^{2} = e^2 - e^{-1} + 2 - \tfrac{1}{2} \approx 8{,}521$$

4. Berechnen Sie ebenso.

a) $\int_{-1}^{+1} e^x\,dx$ b) $\int_0^5 e^{x+2}\,dx$ c) $\int_{-3}^{+3} (x + e^x)\,dx$ d) $\int_{-5}^{2} e^{x-3}\,dx$

e) $\int_{-1}^{4} \frac{e^x}{5}\,dx$ f) $\int_{-4}^{10} 3 \cdot e^x\,dx$ g) $\int_{-4}^{-2} \frac{1+e^x}{5}\,dx$ h) $\int_5^6 \frac{3e^x + 2}{6}\,dx$

i) $\int_0^3 \frac{4 - 5e^x}{20}\,dx$ k) $\int_0^{\ln 5} e^x\,dx$

5. Berechnen Sie den Flächeninhalt unter dem Graphen der Funktion f über dem Intervall I.

a) $f(x) = e^x$; $I = [-2; 2]$
b) $f(x) = -e^x$; $I = [-\ln 2; \ln 5]$
c) $f(x) = e^x - 1$; $I = [-3; 2]$
d) $f(x) = 1 - e^x$; $I = [-3; 2]$
e) $f(x) = \frac{e^x - 2}{4}$; $I = [0; 2]$
f) $f(x) = 5 - 2e^x$; $I = [-1; 1]$
g) $f(x) = \frac{4 - 5e^x}{20}$; $I = [0; 3]$

Beispiel für eine Funktionsuntersuchung

Zu untersuchen ist die Funktion f mit $f(x) = (2x - x^2) \cdot e^x$.

(1) *Maximale Definitionsmenge:* Die gegebene Funktion ist das Produkt aus einer ganzrationalen Funktion und einer Exponentialfunktion. Beide Funktionsarten sind in ganz $\mathbb{R}$ definiert. Folglich ist auch die gegebene Funktion in ganz $\mathbb{R}$ definiert, und es gilt:

$D = \mathbb{R}$.

(2) *Symmetrien* sind nicht erkennbar.

(3) *Schnittpunkt mit der y-Achse:* Es gilt

$f(0) = 0 \cdot e^0 = 0$.

Der Schnittpunkt des Graphen mit der y-Achse ist der Punkt $(0; 0)$.

(4) *Nullstellen:* Es sind die Lösungen der Gleichung

$(2x - x^2) \cdot e^x = 0$

gesucht.

Ein Produkt ist genau dann Null, wenn mindestens einer seiner Faktoren Null ist.
Weil $e^x \neq 0$ für alle $x \in \mathbb{R}$ ist, können wir uns beschränken auf die Lösung der Gleichung

$2x - x^2 = 0$

$x(2 - x) = 0$

$x_1 = 0 \qquad x_2 = 2$

Es gibt also zwei Nullstellen: $x_1 = 0$ und $x_2 = 2$.

(5) *Ableitungen:* $f'(x)=(2-x^2)\cdot e^x$ $f''(x)=(2-2x-x^2)\cdot e^x$ $f'''(x)=-(4x+x^2)\cdot e^x$
Alle drei Ableitungen sind in $D=\mathbb{R}$ definiert.

(6) *Hoch- und Tiefpunkte:* Mögliche Extremstellen werden durch die Nullstellen der ersten Ableitung geliefert. Im vorliegenden Fall muß also gelten:

$$f'(x)=(2-x^2)\cdot e^x=0.$$

Für alle $x\in\mathbb{R}$ gilt $e^x\neq 0$. Somit ergibt sich

$$2-x^2=0$$
$$x^2=2$$
$$x_1=\sqrt{2} \qquad x_2=-\sqrt{2}.$$

Einsetzen in die Funktionsgleichung $f(x)=(2x-x^2)\cdot e^x$ liefert die zugehörigen Funktionswerte:

$$f(x_1)=(2\sqrt{2}-2)\cdot e^{\sqrt{2}}\approx 3{,}408 \qquad f(x_2)=(-2\sqrt{2}-2)\cdot e^{-\sqrt{2}}\approx -1{,}174$$

Die Untersuchung darüber, von welcher Art diese Punkte mit waagerechter Tangente sind, erfolgt mit Hilfe der 2. Ableitung:

$$f''(x_1)=f''(\sqrt{2})=-2\sqrt{2}\cdot e^{\sqrt{2}}<0.$$

Also gilt: Der Punkt $(\sqrt{2};\ 3{,}408)$ ist ein Hochpunkt.

$$f''(x_2)=f''(-\sqrt{2})=2\sqrt{2}\,e^{-\sqrt{2}}>0.$$

Also gilt: Der Punkt $(-\sqrt{2};\ -1{,}174)$ ist ein Tiefpunkt.

(7) *Wendepunkte:* Mögliche Wendestellen werden durch die Nullstellen der 2. Ableitung geliefert. Im vorliegenden Fall muß also gelten:

$$f''(x)=(2-2x-x^2)\cdot e^x=0.$$

Weil $e^x\neq 0$ für alle $x\in\mathbb{R}$ gilt, ergibt sich:

$$2-2x-x^2=0$$
$$x_1=-1+\sqrt{3}\approx 0{,}732 \quad x_2=-1-\sqrt{3}\approx -2{,}732$$

Einsetzen in die Funktionsgleichung $f(x)=(2x-x^2)\cdot e^x$ liefert die zugehörigen Funktionswerte.

$$f(x_1)=(-6+4\sqrt{3})\,e^{-1+\sqrt{3}}\approx 1{,}930 \qquad f(x_2)=(-6-4\sqrt{3})\,e^{-1-\sqrt{3}}\approx -0{,}841.$$

Die Überprüfung mit Hilfe von f''' liefert:

$f'''(x_1)\approx -7{,}202\neq 0$; also ist $(0{,}732;\ 1{,}930)$ ein Wendepunkt.
$f'''(x_2)\approx 0{,}225\neq 0$; also ist $(-2{,}732;\ -0{,}841)$ ein Wendepunkt.

(8) *Skizzierung des Graphen:*

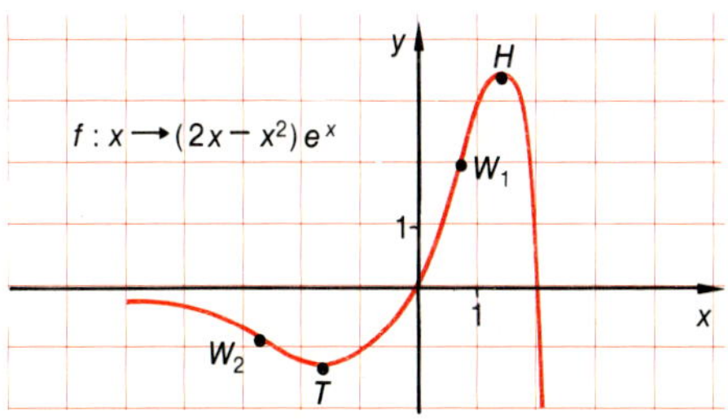

6. Führen Sie eine Kurvendiskussion durch.

a) $f(x)=x\cdot e^x$ b) $f(x)=x\cdot e^{-x}$ c) $f(x)=x^2\cdot e^x$
d) $f(x)=x^2\cdot e^{-x}$ e) $f(x)=5\cdot e^{-0{,}5x^2}$ f) $f(x)=e^{2x}-5\cdot e^x+4$

5.3 Allgemeine Logarithmusfunktionen

Natürliche Logarithmusfunktion und allgemeine Logarithmusfunktion

Wenn man die Funktionswerte der natürlichen Logarithmusfunktion

$$\ln: x \to \ln x, \quad x \in \mathbb{R}_+^*$$

kennt, dann kann man aus ihnen die Funktionswerte jeder beliebigen Logarithmusfunktion

$$f: x \to \log_a x, \quad x \in \mathbb{R}_+^*, \quad a \in \mathbb{R}_+^* \setminus \{1\}$$

berechnen.

Überlegen Sie, warum $a \neq 1$ gefordert wird.

Um den Zusammenhang herzustellen, gehen wir zurück auf die Definition des Logarithmus.

$$a^{\log_a x} = x, \quad x > 0$$

Wenn zwei positive Zahlen gleich sind, dann sind auch ihre natürlichen Logarithmen gleich:

$$\ln a^{\log_a x} = \ln x$$

Anwendung des Gesetzes $\ln(a^b) = b \cdot \ln a$ führt zu:

$$\log_a x \cdot \ln a = \ln x$$

Division beider Seiten durch $\ln a (\neq 0)$ ergibt:

$$\log_a x = \frac{\ln x}{\ln a}$$

Versuchen Sie, diese kleine Herleitung aus dem Gedächtnis zu reproduzieren.

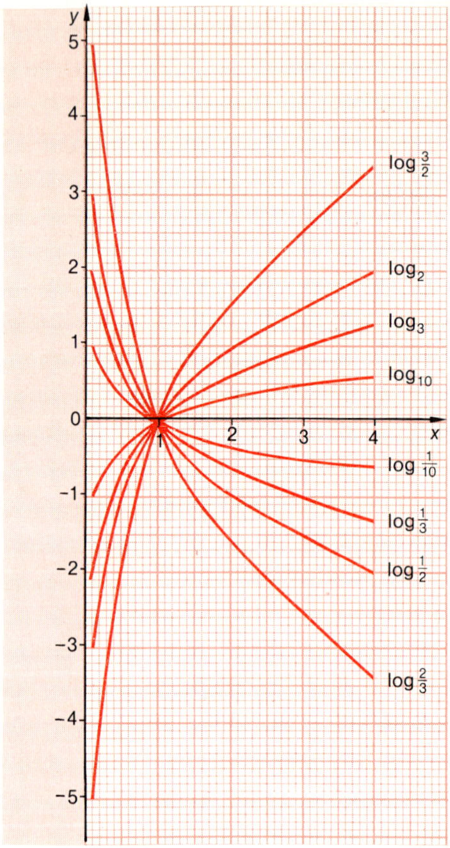

Bild 2

Beispiel:

$$\log_2 5 = \frac{\ln 5}{\ln 2} = \frac{1{,}6094}{0{,}6931} = 2{,}3219$$

1. Bestimmen Sie mit dem Taschenrechner auf 4 Stellen nach dem Komma.

a) $\log_4 64$ b) $\log_2 49$ c) $\log_4 5$ d) $\log_{0,5} 3$ e) $\log_{12} 5$

f) $\log_3 0{,}5$ g) $\log_9 100$ h) $\log_{1,4} 725$ i) $\log_{100} 2$ k) $\log_{7,5} 1{,}73$

Ableitung der allgemeinen Logarithmusfunktion

Mit Hilfe der Beziehung

$$\log_a x = \frac{\ln x}{\ln a}$$

gelingt es nun auch, die allgemeine Logarithmusfunktion

$$f\colon x \to \log_a x; \quad x \in \mathbb{R}_+^*, \quad a \in \mathbb{R}_+^* \setminus \{1\}$$

abzuleiten. Aus

$$\log_a x = \frac{\ln x}{\ln a} = \frac{1}{\ln a} \cdot \ln x \quad \text{folgt} \quad \log_a' x = \frac{1}{\ln a} \cdot \frac{1}{x}$$

Damit ergibt sich:

> Die allgemeine Logarithmusfunktion
>
> $$f\colon x \to \log_a x; \quad x \in \mathbb{R}_+^*; \quad a \in \mathbb{R}_+^* \setminus \{1\}$$
>
> hat die Ableitungsfunktion
>
> $$f'\colon x \to \frac{1}{x \cdot \ln a}; \quad x \in \mathbb{R}_+^*; \quad a \in \mathbb{R}_+^* \setminus \{1\}$$

2. Bilden Sie die Ableitung der Funktion mit

a) $f(x) = \log_2 x^2$

b) $f(x) = \log_{0,5} x^n$

c) $f(x) = \log_7 2x$

d) $f(x) = \log_3 (3x + 7)$

e) $f(x) = \log_{\frac{1}{3}} \frac{1}{x}$

f) $f(x) = \log_{1,5} (2^x)$

g) $f(x) = \log_8 (4x + x^2)$

h) $f(x) = \log_{10} \left(\frac{3}{x+1}\right)$

i) $f(x) = \log_{1,2} \left(\frac{x}{x+2}\right)$

k) $f(x) = \log_{0,2} \sin x$

5.4 e-Funktion und allgemeine Exponentialfunktionen

Wenn man die Funktionswerte der e-Funktion

$\exp\colon x \to e^x; \quad x \in \mathbb{R}$

kennt, kann man aus ihnen die Funktionswerte jeder beliebigen Exponentialfunktion

$f\colon x \to a^x; \quad x \in \mathbb{R}$ und $a \in \mathbb{R}_+^* \setminus \{1\}$

berechnen. Nach den Logarithmengesetzen gilt:

$\ln(a^x) = x \cdot \ln a.$

Daraus folgt:

$e^{\ln(a^x)} = e^{x \cdot \ln a}.$

Wegen $e^{\ln(a^x)} = a^x$ ergibt sich daraus die Beziehung:

$a^x = e^{x \cdot \ln a}$

Da sich z.B. 3^5 sicher leichter berechnen läßt als $e^{5 \cdot \ln 3}$, hat diese Beziehung für die Berechnung von Funktionswerten der allgemeinen Exponentialfunktion keine Bedeutung. Sie hilft uns aber bei der Suche nach der Ableitungsfunktion der allgemeinen Exponentialfunktion.

Aus

$f(x) = a^x = e^{x \cdot \ln a}$

folgt unter Verwendung der Kettenregel:

$f'(x) = e^{x \cdot \ln a} \cdot \ln a.$

Für $e^{x \cdot \ln a}$ schreiben wir nun wieder a^x und erhalten damit

$f'(x) = a^x \cdot \ln a.$

Die allgemeine Exponentialfunktion

$f\colon x \to a^x$; $x \in \mathbb{R}$ und $a \in \mathbb{R}_+^* \setminus \{1\}$ hat als Ableitungsfunktion

$f'\colon x \to a^x \cdot \ln a$; $x \in \mathbb{R}$ und $a \in \mathbb{R}_+^* \setminus \{1\}$

Jede Exponentialfunktion hat also die Eigenschaft, daß der Wert ihrer Ableitung an jeder Stelle proportional ist zum Funktionswert:

$f'(x) = c \cdot f(x)$

Bei der e-Funktion ist der Proportionalitätsfaktor $c = \ln e = 1$.
Außerdem haben wir erkannt, daß sich jede Exponentialfunktion mit $f(x) = a^x$ in der Form $f(x) = e^{cx}$ schreiben läßt, wobei $c = \ln a$.

Sie haben es geschafft: Logarithmusfunktionen und Exponentialfunktionen, speziell die ln-*Funktion und die* e-*Funktion, stehen Ihnen zu Diensten. Bevor Sie sich den Anwendungen zuwenden, sollten Sie Ihre Erinnerung und Ihr Wissen überprüfen. Haben Sie sich beim Lesen Notizen gemacht? Sie sollten mindestens das enthalten, was im Text durch einen Kasten hervorgehoben ist. Und sie sollten auf jeden Fall Beispiele enthalten!*

1. Bilden Sie die Ableitung der Funktion mit

a) $f(x) = 2^x$ b) $f(x) = 10^x$ c) $f(x) = 0{,}5^x$
d) $f(x) = 4^{5x}$ e) $f(x) = 3^{4x-2}$ f) $f(x) = 3^{2-4x}$
g) $f(x) = 5^{x^2}$ h) $f(x) = 5^{3x} \cdot 2^x$ i) $f(x) = 5^{3x} \cdot 2^{-x}$

5.5 Anwendungen

Exponentielles Wachstum

Eine Bakterienkultur verdoppelt ihren Bestand (Anzahl N der Bakterien) in festen Zeitabständen Δt. Wenn dieser Vorgang über längere Zeit ohne störende äußere Einflüsse und Begrenzung verläuft, so nimmt die Anzahl der Bakterien immer rascher zu.

1. Eine Bakterienkultur vermehrt sich bei günstigen Bedingungen alle 12 Minuten auf das Doppelte. Zum Zeitpunkt $t=0$ seien $N(0)=c_0$ Bakterien vorhanden.

a) Füllen Sie die folgende Tabelle aus und zeichnen Sie den Graphen der Funktion $t \to N(t)$.

Zeit t (in min)	0	12	$2 \cdot 12$	$3 \cdot 12$	$4 \cdot 12$	...	$n \cdot 12$
Bestand $N(t)$	c_0						

b) Ermitteln Sie mit Hilfe des Graphen den ungefähren Bestand zum Zeitpunkt $t = 10$ min, 30 min, 1 h, 12 h.

c) Zeichnen Sie Tangenten an den Graphen gemäß a) in verschiedenen Punkten $(t; N(t))$ und bestimmen Sie zeichnerisch $N'(t)$.

Aufgabe 1 führt uns auf die Vermutung, daß $N'(t)$ und $N(t)$ proportional sind:

$$N'(t)=k \cdot N(t).$$

Man nennt eine solche Gleichung, in der sowohl die Funktion als auch ihre Ableitung(en) vorkommen, eine **Differentialgleichung.** Eine Lösung einer solchen Differentialgleichung ist eine Funktion, die dieser Gleichung genügt.

In unserem Fall wird die Differentialgleichung durch jede Funktion der Form

$$N(t)=c \cdot e^{kt}$$

gelöst.

Die Konstante c ist im allgemeinen durch spezielle Anfangsbedingungen (etwa durch $N(0)=c_0$) festgelegt.

2. a) Bestätigen Sie, daß diese Funktion die Differentialgleichung $N'(t)=k \cdot N(t)$ erfüllt.

b) Zeigen Sie, daß der Quotient $\frac{N(t+h)-N(t)}{N(t)}$ unabhängig ist von t und nur von der Länge h des Intervalls $[t; t+h]$ abhängt.

Ein Vorgang, der der Differentialgleichung $N'(t)=k \cdot N(t)$ genügt, wird **exponentielles Wachstum** genannt.

Er wird durch eine Funktion der Form

$$N(t)=c \cdot e^{kt}$$

beschrieben. Die Konstante $k>0$ heißt **Wachstumskonstante.**

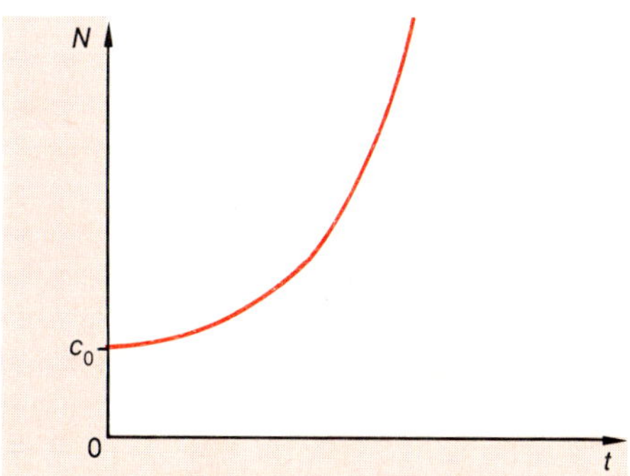

Bild 1

3. Zeigen Sie, daß beim exponentiellen Wachstum die **Verdoppelungszeit** D, d.h. die Zeit, in der sich $N(t)$ auf $2\,N(t)$ erhöht, eine Konstante (unabhängig von t) ist und durch $D=\frac{\ln 2}{k}$ bestimmt wird.

Das Modell des exponentiellen Wachstums kann auf viele Vorgänge in der Natur und der Gesellschaft angewandt werden. (Z.B. Bakterienwachstum, Bevölkerungswachstum, Rohstoffnachfrage etc.). Es ist allerdings immer nur so lange gültig, wie der Bestand klein genug ist und nicht von äußeren Bedingungen beeinflußt oder begrenzt wird.
Bei einer Bakterienkultur trifft die für das exponentielle Wachstum charakteristische Bedingung $N'(t)/N(t)=k$ im Anfangsstadium im allgemeinen recht gut zu. Bei der Bevölkerung einer Stadt oder eines Landes ist dieser Quotient k in der Regel nicht über eine längere Periode von Jahren konstant. Häufig kann man jedoch eine minimale oder maximale Schätzung für k angeben und damit entsprechende Schranken der Bevölkerungszahl für einen bestimmten interessierenden Zeitpunkt bestimmen.

4. Die jährliche Wachstumsrate der Bevölkerungszahl einer Stadt wird für den Zeitraum der nächsten 5 Jahre auf mindestens 2% und höchstens 3,5% geschätzt. Damit gilt $0{,}02 \le k \le 0{,}035$. Die gegenwärtige Einwohnerzahl beträgt 300000.
a) Zeichnen Sie die Funktionsgraphen für die Bevölkerungsentwicklung der Stadt für die beiden Randwerte von k.
b) Schätzen Sie die Bevölkerungszahl für $t=5$ Jahre.
c) Bestimmen Sie die jeweiligen Verdoppelungszeiten unter der Annahme, daß $0{,}02 \le k \le 0{,}035$ über einen längeren Zeitraum gültig bleibt.

5. Eine Kolibakterienkultur wächst in Wasser, das anorganische Salze und Glucose enthält. Der Ausgangsbestand ist 10^8 Bakterien pro Milliliter.
Der Bestand wächst mit einer konstanten stündlichen Wachstumsrate, die durch die Wachstumskonstante $k=0{,}6$ gegeben ist.
a) Beschreiben Sie den Bestand N als Funktion der Zeit t.
b) Geben Sie die Verdoppelungszeit D an.
c) Bestimmen Sie t als Funktion von N, und berechnen Sie den Zeitpunkt t, zu dem der Bestand auf 10^9/ml angewachsen ist.
d) Vergleichen Sie die Wachstumsgeschwindigkeit zu den Zeitpunkten $t=0{,}5$; 1; 2; 10 Stunden.

6. Man schätzt, daß die Nachfrage nach Erdöl in den nächsten 25 Jahren mit einer jährlichen Zuwachsrate von höchstens 2,4% wächst. Bestimmen Sie die Verdoppelungszeit D für die Nachfrage unter dieser Annahme.

Exponentieller Zerfall

Beim radioaktiven Zerfall eines chemischen Elementes beobachten wir einen ähnlichen Zusammenhang wie beim exponentiellen Wachstum. Auch hier ist die zum Zeitpunkt t vorhandene Zerfallsrate proportional zur gerade vorhandenen Substanzmenge.
Es gilt:

$$M'(t) = -\lambda M(t), \quad (\lambda > 0)$$

wobei $M(t)$ die Menge der zum Zeitpunkt t vorhandene Substanz angibt.
Einen Vorgang, der dieser Differentialgleichung genügt, nennen wir **exponentiellen Zerfall.** Der Proportionalitätsfaktor λ heißt in diesem Fall **Zerfallskonstante;** entsprechend gibt man die **Halbwertszeit** H an, in der sich die Menge der vorhandenen Substanz gerade halbiert.

Die Lösung dieser Differentialgleichung ist

$$M(t) = c \cdot e^{-\lambda t}$$

Für die Halbwertszeit H erhält man

$$H = \frac{\ln 2}{\lambda}$$

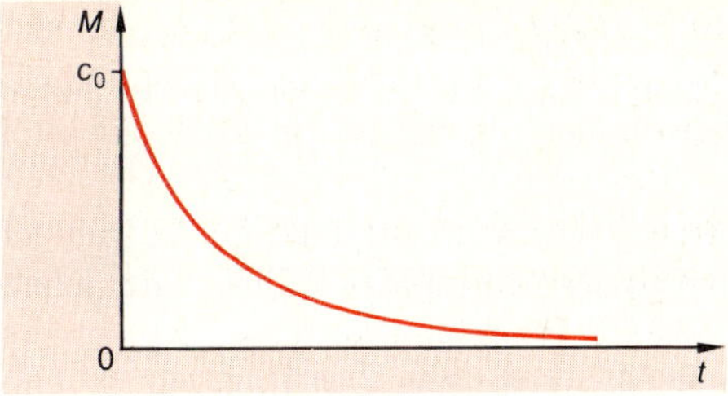

Bild 2

7. Plutonium 239 ist ein verbreitetes Reaktor-Produkt und auch Bestandteil nuklearer Bomben. Dieses Element braucht eine sehr lange Zeit zum Zerfall. Dies ist mit ein Grund für die großen Gefahren bei einem Reaktorunfall und die Probleme bei der Lagerung, da sich Nachwirkungen über eine sehr lange Zeit einstellen.
Plutonium 239 hat eine jährliche Zerfallskonstante von $\lambda = 285 \cdot 10^{-7}$.
a) Geben Sie die Menge $M(t)$ Plutonium als Funktion der Zeit an, wenn die Ausgangsmenge $M(0) = 20$ Gramm beträgt. Zeichnen Sie den Graphen.
b) Wieviel Plutonium bleibt nach 1000 Jahren?
c) Wann bleibt ein Gramm übrig?
d) Bestimmen Sie die Halbwertszeit von Plutonium 239.

Weitere Anwendungsaufgaben

8. *(Lambertsches Gesetz der Lichtabsorption)* Wenn ein Lichtstrahl mit einer bestimmten Intensität I_0 auf eine Schicht eines absorbierenden Stoffes trifft, so nimmt seine Intensität mit der Dicke d dieser Schicht ab.
Dabei ist die Abnahmerate nach der Dicke d proportional zur dort noch vorhandenen Intensität des Lichtes. Es gilt

$$I = I_0 \cdot e^{-\mu d}$$

wobei $\mu > 0$ die „Absorptionskonstante" des betreffenden Stoffes ist.
Klares Meerwasser hat eine Absorptionskonstante $\mu = 1{,}4$, wenn d in Metern gemessen wird.
a) Welcher Prozentanteil der an der Oberfläche vorhandenen Lichtintensität I_0 ist noch vorhanden in 1 m, 2 m, 3 m Tiefe?
b) In welcher Tiefe ist die Intensität des einfallenden Lichtes auf die Hälfte reduziert?
c) Pflanzliches Leben kann unterhalb von 10 m Wassertiefe nicht mehr gedeihen. Welcher Anteil der an der Oberfläche vorhandenen Lichtintensität verbleibt noch in 10 m Tiefe?
d) Vergleichen Sie die Verlustrate der Lichtintensität in 1 m und 10 m Tiefe.

9. *(Newtons Gesetz der Abkühlung)* Die Temperatur T eines abkühlenden Objekts (Körper, Flüssigkeit) fällt mit einer Rate, die proportional ist zu der Differenz $T - C$, wobei C die konstante Temperatur des umgebenden Mediums ist. $(T \geq C)$.
Der Abkühlungsvorgang wird durch die Differentialgleichung

$$T'(t) = -k \cdot (T - C)$$

beschrieben.
a) Zeigen Sie, daß $T(t) = a \cdot e^{-kt} + C$ eine Lösung der Differentialgleichung ist.
b) Zeichnen Sie den Graphen dieser Funktion.
c) Die Temperatur einer frisch gebrühten Tasse Kaffee sei 95° und die umgebende Raumtemperatur 20°. Die Temperatur des Kaffees fällt in 5 Minuten auf 90°.
Welche Temperatur hat der Kaffee nach 10 Minuten?
Wie lange braucht er, bis er auf 30° abgekühlt ist?

10. *(Altersbestimmung mit Hilfe der ^{14}C-Methode)* Das radioaktive Isotop ^{14}C des Kohlenstoffs entsteht durch Einwirkung kosmischer Strahlung in der Atmosphäre. Das gewöhnliche stabile Isotop des Kohlenstoffs ist ^{12}C.

Man geht davon aus, daß das Mengenverhältnis von ^{12}C zu ^{14}C im Kohlenstoffdioxyd (CO_2) der Atmosphäre während der letzten 50000 Jahre konstant geblieben ist.
Lebende Pflanzen absorbieren Kohlendioxid bei der Photosynthese. Sie enthalten ^{14}C und ^{12}C im gleichen Verhältnis wie die Atmosphäre. Dies gilt auch für andere Lebewesen, die sich von Pflanzen ernähren. Insbesondere findet sich auch in den Knochen solcher Lebewesen ^{12}C und ^{14}C im gleichen Mengenverhältnis wie in der Atmosphäre.
Wenn nun eine Pflanze oder ein Tier stirbt, so nimmt die Menge des darin enthaltenen ^{14}C-Isotops auf Grund des radioaktiven Zerfalls ständig ab, während die Menge des stabilen ^{12}C-Isotops sich nicht verändert. Deswegen wird der Quotient $^{14}C : {}^{12}C$ im Vergleich zur lebenden Substanz im Laufe der Zeit immer kleiner.
Werden Teile einer abgestorbenen Pflanze oder die Knochen eines Tieres gefunden, so verbrennt man eine bestimmte Menge dieser Substanz, um Kohlendioxid freizusetzen. Anschließend wird die Radioaktivität eines gegebenen Volumens davon gemessen und mit der höheren Radioaktivität des gleichen Volumens von einer lebenden Substanz verglichen. Mit Hilfe der Zerfallsgleichung lassen sich dann die gewünschten Rückschlüsse auf das Alter ziehen.

Beispiel: Die Halbwertszeit von ^{14}C beträgt 5750 Jahre. Die Messung der Radioaktivität eines gefundenen Tierknochens ergibt, daß dieser 30% des ursprünglichen Anteils an ^{14}C verloren hat.
Wir ermitteln zunächst die Zerfallskonstante λ aus der bekannten Gleichung für die Halbwertszeit

$$H=\frac{\ln 2}{\lambda}, \quad \lambda=\frac{\ln 2}{H}=\frac{0{,}6931}{5750}=0{,}00012$$

Dies entspricht einem Verlust von radioaktivem ^{14}C von 0,012% pro Jahr.
Damit gilt

$$M(t)=M_0 \cdot e^{-0{,}00012 \cdot t}$$

Da der Tierknochen 30% der ursprünglichen Menge M_0 von ^{14}C verloren hat, sind noch 70% von M_0 vorhanden.

$$\begin{aligned} 70\% \cdot M_0 &= M_0 \cdot e^{-0{,}00012 \cdot t} \\ 0{,}7 &= e^{-0{,}00012 \cdot t} \\ \ln 0{,}7 &= -0{,}00012 \cdot t \\ t &= \frac{0{,}3567}{0{,}00012} \\ t &= 2972{,}5 \end{aligned}$$

Also ist der Tierknochen, der 30% seines ursprünglichen ^{14}C-Anteils verloren hat, etwa 2970 Jahre alt.
a) In einem antiken Grab werden Reste einer Holztruhe gefunden. Die von dem ^{14}C-Anteil verursachte Radioaktivität einer Holzprobe beträgt 40% im Vergleich zu einer entsprechenden Menge lebender Substanz.
Wie alt ist die Truhe?
b) Wie groß ist der ^{14}C-Anteil eines aus Holz angefertigten chinesischen Kunstwerks, das etwa 7600 Jahre alt ist, im Vergleich zu dem ^{14}C-Anteil in lebendem Holz?

11. *(Verbreitung von Nachrichten)* In der Soziologie ist das Studium der Verbreitung von Informationen von Bedeutung. Man geht davon aus, daß die Verbreitung von Gerüchten oder Nachrichten innerhalb einer Gruppe von untereinander in Verbindung stehenden Individuen (Population) vorhersagbar ist. Damit wird es möglich, bestimmte Gesetze der Interaktion aufzustellen.
Die Annahme ist naheliegend, daß die Verbreitungsgeschwindigkeit einer Nachricht proportional ist zu dem Anteil der Population, der die Nachricht bereits erhalten hat und ebenfalls zu dem Anteil, der die Nachricht noch nicht erhalten hat.
Mit $N(t)$ bezeichnen wir den Anteil der Gruppe, der die Nachricht zum Zeitpunkt t bereits erhalten hat $(0 \leq N(t) \leq 1)$. Dann ist $(1 - N(t))$ entsprechend der Anteil, der die Nachricht noch nicht erhalten hat. Also gilt

$$N'(t) = k \cdot N(t) \cdot (1 - N(t)),$$

wobei k den Proportionalitätsfaktor bezeichnet. Er ist abhängig von der Art und Weise und der Dichte, mit der die Individuen untereinander in Kontakt treten, und der Bedeutung der Information.
a) Zeigen Sie, daß $t \to N(t)$ eine streng monoton wachsende Funktion ist.
Begründen Sie, daß $N'(t)$ ein Maximum annimmt, wenn $N(t) = \frac{1}{2}$ gilt. Was bedeutet dies für die Nachrichtenverbreitung?
b) Bestätigen Sie mit Hilfe einiger in der Tabelle errechneter Werte von $N'(t)$, daß der Graph von $t \to N(t)$ einen S-förmigen Verlauf aufweist.
Welchen Einfluß hat die Konstante k auf diesen Verlauf?

$N(t)$	$N'(t)$
$\frac{1}{10}$	$\frac{1}{100} \cdot K$
$\frac{1}{5}$	
$\frac{3}{10}$	
⋮	

Um die Funktionsgleichung von $t \to N(t)$ zu ermitteln, benutzen wir folgende Umformung unserer Ausgangsgleichung

$$\frac{N'(t)}{N(t)\,(1 - N(t))} = K$$

Da außerdem $\frac{1}{N(1-N)} = \frac{1}{N} + \frac{1}{1-N}$, erhalten wir

$$\frac{N'(t)}{N(t)} + \frac{N'(t)}{1 - N(t)} = K.$$

Die Integration beider Seiten liefert uns schließlich die gesuchte Funktionsgleichung.

$$\ln(N(t)) - \ln(1 - N(t)) = K \cdot t + c$$

$$\ln\left(\frac{N(t)}{1 - N(t)}\right) = K \cdot t + c$$

$$\frac{N(t)}{1 - N(t)} = e^{Kt+c}$$

$$N(t) = \frac{c_0 \cdot e^{Kt}}{1 + c_0 \cdot e^{Kt}} \quad \text{mit } c_0 = e^c$$

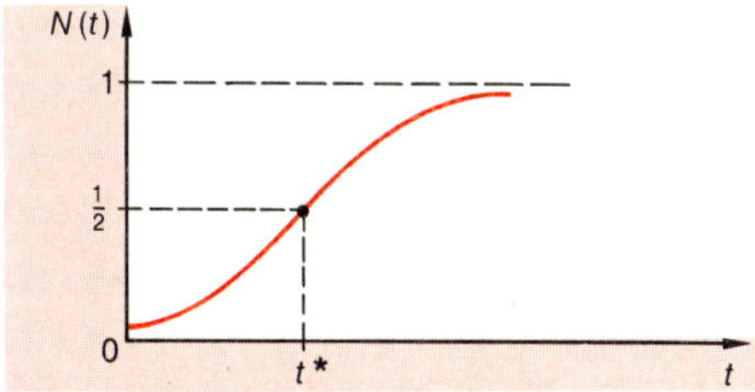

c) Zeichnen Sie den Graphen der Funktion $t \to N(t)$ für $k = 0{,}5$; $k = 1$; $k = 2$.
d) Diskutieren Sie den Einfluß von c_0 auf den Graphen.
Ermitteln Sie den Wert von c_0 aus der speziellen Anfangsbedingung $N(0) = 0{,}001$.
e) Berechnen Sie den Zeitpunkt t^*, für den $N(t^*) = \frac{1}{2}$ gilt.

Register